中国民猪资源研究

张冬杰　主编

中国农业科学技术出版社

图书在版编目（CIP）数据

中国民猪资源研究 / 张冬杰主编 .—北京：中国农业科学技术出版社，2021. 6
ISBN 978-7-5116-5230-0

Ⅰ. ①中…　Ⅱ. ①张…　Ⅲ. ①猪-种质资源-研究-中国　Ⅳ. ①S828. 8

中国版本图书馆 CIP 数据核字（2021）第 049734 号

责任编辑　张国锋
责任校对　李向荣
责任印制　姜义伟　王思文

出 版 者　中国农业科学技术出版社
北京市中关村南大街 12 号　邮编：100081
电　　话　(010)82106625(编辑室)　(010)82109702(发行部)
(010)82109709(读者服务部)
传　　真　(010)82106625
网　　址　http://www.castp.cn
经 销 者　各地新华书店
印 刷 者　北京建宏印刷有限公司
开　　本　710mm×1 000mm　1/16
印　　张　18. 25
字　　数　360 千字
版　　次　2021 年 6 月第 1 版　2021 年 6 月第 1 次印刷
定　　价　68. 00 元

《中国民猪资源研究》

编写人员名单

主　　编：张冬杰

副 主 编：杨秀芹　汪　亮

参编人员：何鑫淼　王文涛　李忠秋　马　红
付　博　亓美玉　田　明　冯艳忠
刘自广　吴赛辉　何海娟　孟祥人
张海峰　陈赫书　郭镇华　于晓龙
唐晓东　任　洋　杨国伟

主　　审：刘　娣

前　言

编者于2001年开始师从刘娣教授从事猪的分子遗传育种研究，2007年博士毕业后参加工作，专注于民猪种质特性的分子遗传机制研究。先后对民猪的优良肉质特性、耐粗饲特性以及耐寒特性等开展了大量细致而深入的研究工作，在国内外学术期刊发表多篇研究性论文。2020年新冠肺炎疫情在中国大地上肆虐之时，人们都集体在家隔离，闲来无事，编者突然萌生出要把近年来关于民猪的研究报道收集整理成书的想法，希望能有更多人认识和了解黑龙江省珍贵地方猪种质资源。

20世纪60年代，以东北农业大学为中心，以许振英教授等老一辈育种学家为代表的多名专家学者开始了民猪资源的系统研究，覆盖内容非常全面，包括民猪的杂交选育研究、肉品质研究、繁殖性能研究、抗寒性能研究、饲料营养与养殖研究等。而且当时畜牧和兽医还未分开，许多从事兽医研究的专家也从骨骼、肌纤维分类、组织结构等角度对民猪开展了大量研究。综合编者以及所在团队这些年的研究结果，通过中国知网、百度等多种渠道，收集和整理了20世纪关于民猪的研究成果，并结合21世纪其他团队的研究成果以及编者所在团队的主要研究成果，编者将其分类汇总后形成较为全面的民猪资源研究，方便更多人认识与了解中国民猪。

书内所引资料除课题组自己完成的部分试验外，其余的全部来自正式刊发的文章，为了能够真实还原当时的研究结果，许多与现在研究中不一致的地方编者没有做任何修改，包括一些计量单位的使用以及对一些生产性状的描述等，均保留了当时的记录方式。针对编者所在团队的研究结果，因为有第一手的数据资料，所以在陈述上更为详细一些。在资料的整理过程中，难免会有些疏漏，不当之处希望能得到民猪研究者和广大读者的谅解，也希望大家多提宝贵意见，在此一并感谢！

张冬杰

2020年9月

目　录

第一章　民猪的起源历史

民猪原称“东北民猪”，是我国优良的地方猪种，具有繁殖力高、肉质优、抗寒、抗逆、耐粗饲等诸多优点，曾是东北地区的主要养殖猪品种。后来虽受到引进猪种的冲击，但进入21世纪后，随着人们对优质猪肉需求的增加，民猪又重新回归生猪市场。目前，纯种民猪的养殖规模并不大，市场销售的也主要以民猪为母本生产的杂交猪为主，但已形成品牌，主打优质绿色猪肉，古老的地方品种又重新焕发出新的光彩。

现存文字记载认为，民猪是200年前的华北黑猪随着河北和山东移民进入东三省地区，历经多年选育而成。但也有人通过考古学证据认为，民猪起源于东三省本地，是本地猪种经多年选育而成。笔者在查阅了大量纸质文献以及网络相关信息后，将两种说法进行了梳理，以供大家交流探讨。同时，笔者所在团队近10年来也一直从事民猪资源的研究工作，并从分子水平上对民猪的起源进行了分析，以期通过更先进的分子手段为民猪起源的判断提供证据。

第一节　东三省的历史沿革

东三省（辽宁省、吉林省、黑龙江省），尤其是黑龙江省，在大家的记忆中一直是蛮荒之地，是古时重犯的流放之地。但其实早在先秦时期，自有文字时起，东北作为一个地区就已载入典籍。《尚书·禹贡》最早将东北载入典籍，将远古中国划分“九州”，其中“冀州”已涵盖今辽宁省西部地区；“青州”则将今辽宁南部（主要是辽东半岛）置于州的辖境之内。相传“九州”为禹治水后所设，而舜又析“九州”为“十二州”，其中分冀州东北是幽州，即辽宁北镇以西地区简称辽西；分青州“东北”为营州，即今北镇以东地区称辽东。“东北”一词，最早发现于《周礼·夏官司马》。“东北曰幽州，其山镇曰医巫闾。”《山海经·大荒北经》中，“东北海之外，大荒之中”“有山名曰不咸。有肃慎氏之国。”

公元前109年，汉武帝派兵由水陆两路进攻，消灭了盘踞在朝鲜半岛北部的卫氏朝鲜。公元前108年，汉武帝统一其旧域后，在那里划分地方行政区域，在朝鲜设置了乐浪郡、玄菟郡（约在今朝鲜咸镜道）、真番郡（约在今朝鲜黄海道、京畿道各一部）、临屯郡（约在今朝鲜江原道），史称“汉四郡”。四郡其下各辖若干县，郡县长官由汉朝中央派遣汉人担任。很显然，“汉四郡”的设置，说明汉武帝已经将朝鲜半岛北部地区纳入了汉帝国的统治范围。公元前 82 年，西汉将真番、临屯二郡撤销，将玄菟郡西迁至辽东地方，并将此三郡之属县合并于乐浪郡。新的玄菟郡（郡治在今辽宁省新宾北汉城），在其下新设高句丽、上殷台、西盖马三县。西汉末，高句丽族及其王国政权兴起于辽东玄菟郡。

两汉、魏、晋时期，公孙氏是辽东大姓，长为辽东郡郡吏，东汉末（公元 189—238 年），辽东公孙氏政权在 50 多年里，前后经历了公孙度、公孙康、公孙恭和公孙渊三代四位统治者，辽东太守公孙康管辖乐浪郡地区，将乐浪南部分割出来，设立带方郡。

唐高宗总章元年（公元 668 年），唐朝灭亡高句丽后，在平壤设置安东都护府以统辖其地，所辖包括辽东半岛全部、朝鲜半岛北部、吉林西北地区和朝鲜半岛西南部的百济故地，包括今乌苏里江以东和黑龙江下游西岸及库页岛直至大海。罗唐战争后，安东都护府从平壤搬到辽东，成为唐朝管理辽东以及高句丽、渤海国等地的一个军政机构。有唐一代，辽东即鸭绿江南北的高句丽故地其主体部分仍然属于大唐王朝，新罗的疆域仍然在大同江及平壤以南，仍然臣服于唐朝。公元 722 年（唐开元十年），黑水靺鞨首领倪属利稽至唐朝贡，唐玄宗设立黑水军，以后改设黑水都督府，由部落首领担任都督和刺史职位，中央也派内地官员到此任长史（副都督、副刺史）。

辽金时期，唐末，契丹首领耶律阿保机统一两大部落，自立为王。公元 916 年耶律阿保机称帝，国号契丹。阿保机逝世后，其子耶律德光继位，公元 947 年改国号为辽，改都城为上京。辽朝鼎盛时的疆域，东至当今的色楞格河、石勒喀河一带；东北到外兴安岭和鄂霍次克海；南抵天津市、河北省霸县、山西省雁门关一带，与北宋对峙。

五代十国，此为营州、平州之地。后梁和后唐时，在卢龙城设平州、卢龙县治。同光三年（公元 925 年），契丹占据了营、平等州，后晋、后汉、后周时，一直为契丹所据。

公元 1113 年，女真完颜部首领阿骨打举兵夺取松花江流域。公元 1115 年阿骨打称帝，国号金，建都会宁（今黑龙江阿城以南）。金建国后继续征战，公元 1125 年灭辽，公元 1127 年灭北宋。大金最盛时超过极盛时期的辽国，囊有当时的北方。

元朝时期，公元 1287 年元末元顺帝（元惠宗）回到东北祖先之地：锡林郭勒盟正蓝旗元上都——赤峰应昌府——呼伦贝尔盟捕鱼儿海（贝尔湖），而没有回漠北，东北的岭北行省东部和辽阳行省是元朝大本营；他的后代达延汗公元1470年又重新在东北察哈尔建立北元中心，元朝设立辽阳行省和岭北行省东部，统辖东北全境。

明朝时期，公元1368年，朱元璋在应天（今南京市）称帝，建立明朝，同年灭元。在辽东都司，农业、手工业都得到很大发展。辽阳地区，明朝时是“岁有羡余，数千里阡陌相连，屯堡相望的富饶地方”。当时，辽东都司的冶铁、制盐等手工业也很发达。辽东的三万卫与四川的龙州、顺天的遵化，是当时全国闻名的三大冶铁中心。吉林市是明朝设在东北的造船基地。洪武四年（公元1371年）明在辽东设置定辽卫都卫，洪武八年（公元1375年）明改定辽卫都卫为辽东都指挥使司，管辖辽东二十五卫，一百三十八所，二州，一盟。

清朝时期，公元1616年，建州女真领袖爱新觉罗·努尔哈赤在赫图阿拉称大汗，重建大金国，史称“后金”。天聪十年（公元1636年）四月，皇太极在盛京（今沈阳）称帝，改国号为“大清”，改女真族号为“满洲”。顺治元年（公元1644年）清军入关，逐步统一全国。清朝初期对东北实施军府制，1661年开始建立柳条边，封禁汉人移民。晚清边疆危机日甚，清朝被迫开放边禁，采取“移民实边”的政策。公元1861—1890年陆续开放了吉林围场、阿勒楚喀围场、大凌河牧场等官地和旗地。光绪八年（公元1882年）首先在吉林招垦，设立珲春招垦总局，此后又开放了黑龙江地区的土地开垦。并且在公元1907年，清廷裁撤盛京、吉林、黑龙江三将军，改置奉天、吉林、黑龙江三省，设巡抚，并设东三省总督。

民国时期，公元1912—1931年为张作霖父子的奉系东北军统治，包括奉天、吉林、黑龙江、热河和部分时期的察哈尔特别区。

日据时期，日本关东军在东北建立了伪蒙疆联合自治政府和伪满洲国。

1948年至今，东北从东北人民政府的共同行政区过渡到东北经济区。

第二节 民猪起源于东三省的考古学证据

一、两处考古遗址出土的陶猪

1963年，黑龙江省宁安县镜泊湖南端莺歌岭出土了距今约3 000年的原始社会陶猪；1973年，旅顺郭家村发掘了晚期龙山文化遗址陶猪，经中国科学院古脊椎动物和古人类研究所鉴定两者体态与野猪有明显区别（高健，2014），说明东三省地区很早就开始了野猪的驯化，并不是简单地由河北或山东引入的。

莺歌岭遗址位于黑龙江省宁安县镜泊湖南端东岸上，北距学园屯1.5km，南距南湖头屯2km。侨居哈尔滨的俄罗斯人B. B. 包诺索夫于1931年到镜泊湖的珍珠门、老鹳砬子、南湖头等地进行调查；1939年，日本人奥田直荣曾到镜泊湖地区进行调查，并对金明水、腰岭子、南湖头等遗址进行小规模的发掘。

该遗址文化层堆积分上、下两层。说明这里曾居住过两个时代的古肃慎人，存在文化迭代。上层文化距今3 000年左右，应为商周之际；下层文化较上层文化更早，是迄今已知牡丹江流域最早的一处新石器时代的文化遗存，年代为公元前3 500—前2 500年。“莺歌”，满语意为“稠李子”。现在这里植被多为阔叶林，有柞、桦、杨等林木。山坡上有1座古代遗址，属新石器时代遗址，是牡丹江流域典型的古遗存。这里出土有大量陶器、石器、骨器、陶制艺术品，其中包括以陶猪为代表的原始小型陶制艺术品和大量农具，说明当时人们过着较稳定的农业生活。这些与历史记载的肃慎文化相符。

当年在莺歌岭文化遗址发掘出土的13件陶猪现存黑龙江省博物馆。它们造型惟妙惟肖，体态各异，形象逼真。但陶猪之中多数已残损，只有5件较为完整(图1-1)。这只长5.1cm、高3.6cm的黑褐色陶猪（左一）形象最为生动，它仿佛受到了外界的某种惊吓，两耳竖起，后腿用力蹬，做奔跑状；旁边的幼猪(左二）虽仅仅用泥球简略加工而成，却显得肥胖溜圆，格外小巧可爱；姿态悠然、体态匀称、比例得当的母猪（左三），可能是这里身材最“魁梧”的，它身长6.9cm、高4.6cm，尾巴自然地搭在丰满的臀部，以小木棍所戳的两个三角形小孔作为眼睛，却使其显得异常活泼；带有明显野性的公猪（右二），它长6.0cm、高3.9cm，脊背高耸，吻端前突，躯体稍瘦，四肢短小，前肢却占有较大比例，可能是刚被人类驯养不久的野猪，是野猪向家猪过渡的品种；一头身材适中的猪（右一），它脊高耸，嘴闭拢，无目无尾，长有5.5cm，高达4.1cm(来自网络：黑龙江省博物馆张尧、蒋萃)。

图1-1　莺歌岭文化遗址出土的5只陶猪

1976年，由辽宁省博物馆和旅顺博物馆共同考察发掘了旅顺口铁山镇郭家村文化遗址。这里位于郭家村北面，东南是老铁山，西北距海1 000m，遗址长

152m，东西宽77m，面积1.1万m^2。据考证，郭家村遗址下层文化，距今大约有5 000年。房屋仍为半地穴式，纵横近5m，并用柱子支撑屋顶。生产工具有打制的石刀、石铲、石镞、石网坠；磨制的石斧、石锛、石刀以及烧制的陶纺轮等。生活用具除陶器外，还有骨锥、骨针等。说明当时已经用网捕鱼虾，用带有石箭头的弓箭狩猎，人们已学会纺织。从遗址中发掘出完整的猪骨架和陶塑猪，说明当时已开始饲养猪以及猪在人们生活中的作用。

综合两处遗址的发掘结果可知，在东三省地区，从距今5 000—3 000年开始，就已经有人类活动和野猪的驯养，而这些猪极有可能是现存民猪的原始祖先。

二、基于猪化石的分子生物学证据

2017年，来自德国波茨坦大学的Michael Hofreiter和中国农业大学的赵兴波利用古遗址中收集到的猪骨化石（骨头或牙齿），对生活在古代中国北方的家猪进行了DNA测定，他们发现黄河中游和东北地区很有可能是中国北方家猪的两个独立发源地。他们在中国北方的15处古家猪遗迹采集了大量样本，年代跨度1万年，并对这些样本进行了线粒体DNA测序。结果发现，最早生活在黄河中游的家猪已经携带了后来遍布较晚古家猪与现代中国家猪的母系遗传基因。他们的数据还支持了另一个可能的发源地：中国东北在新石器时代已经开始利用家猪，并且在距今8 000—3 500年长时间作为家猪原产地。距今3 500年之后，古中国东北家猪之间发生了基因替换（Xiang等，2017）。

第三节　东北地区养猪历史的文字记载

据黑龙江省志记载，渤海时期（公元698—926年），各族部落都饲养猪。据1924年版的《宁安县志》记载，勿吉、鄚颉、室韦、夫余等民族都养猪。渤海人还驯育出良种“鄚颉之豕”。居住在嫩江、黑龙江、松花江流域的各族先民，养猪除食其肉之外，还用作交换物，互相换取各自所需要的物资。

辽金时期，黑龙江地区的养猪业已很发达。辽代有的民族将养猪作为部分生活来源，女真人的衣食很大一部分仰赖于养猪。金建国后，仅上京地区的女真人每年向国家贡猪两万头。公元1126年（金天会四年）7月金赐给铁勒部部长的牲畜中，猪有100头，赏赐的牲畜中猪占的比例最大。自元代以后，猪已成为城乡人民普遍饲养的家畜。可见，黑龙江地区很早就已经开始饲养家猪。

但据《吉林省志》和《中国畜禽遗传资源志·猪志》（图1-2）介绍，约300年前，河北省小型华北黑猪，由陆路经山海关随移民带入辽宁省西部。山东省中型华北黑猪，由海路随移民带入东北的南部和中部。后来中型猪和小型猪进行杂配，向北延伸到吉林省长春、德惠等地。由于当地饲养管理条件的改变，如舍饲兼放牧、精饲料充足等，猪体型不断增大，肥育成熟期亦逐渐变晚，从而形成大型民猪。

图 1-2 《中国畜禽遗传资源志·猪志》

第四节 利用现代生物技术解析民猪起源历史

一、基于线粒体基因序列的民猪起源分析

张冬杰等从我国 14 个省份收集整理了 21 个中国地方猪样品（表 1-1）。采用克隆测序的方法，对这些地方猪样品的线粒体 DNA D-Loop 区序列和线粒体全基因组序列进行扩增及测序。利用 MEGA 6.0 软件对试验测得的线粒体全基因组序列和 NCBI 中下载的序列以邻接法（Neighbor joining，NJ）构建品种间聚类关系（张冬杰等，2015）。部分研究结果如下。

表 1-1　21 个中国地方猪样本信息

编号	品种	省份	数量	编号	品种	省份	数量
1	安庆六白	安徽	4	12	大花白	广东	5
2	定远猪	安徽	2	13	蓝塘猪	广东	5
3	霍寿黑猪	安徽	3	14	通城猪	湖北	5
4	盆周山地猪	重庆、四川	4	15	金华猪	浙江	5
5	隆林猪	广西	2	16	八眉猪	陕西	5
6	内江猪	四川	2	17	陆川猪	广西	4
7	五指山猪	海南	4	18	圩猪	安徽	4
8	荣昌猪	重庆	5	19	杭猪	江西	4
9	莱芜猪	山东	5	20	皖南黑猪	安徽	5
10	槐猪	福建	5	21	马身猪	山西	3
11	丫杈猪	四川	5				

（一）线粒体 D-Loop 区和线粒体全基因组序列分析

通过序列比对，发现在 D-Loop 区中间位置处出现了数量不等的“ACG-TACGTAC”重复序列，导致不同个体的 D-Loop 区表现出序列长度多态性。

测定了 12 个中国地方猪的线粒体全基因组序列，同时从 NCBI 数据库中检索到 31 个中国地方猪线粒体全基因组序列，共计 43 个，选择皮特兰、约克夏、杜洛克、汉普夏作为参考群体（表 1-2）。

表 1-2　中国 43 个地方猪线粒体全基因组序列情况

编号	猪种	长度（bp）	GenBank 登录号	编号	猪种	长度（bp）	GenBank 登录号
1	定远猪*	16 750	KJ737417*	10	盆周山地猪*	16 619	KJ746664*
2	杭猪*	16 729	KJ737418*	11	丫杈猪*	16 692	KJ746665*
3	槐猪*	16 685	KJ737419*	12	民猪*	16 728	KF971862*
4	霍寿黑猪*	16 678	KJ737420*	13	金华猪	16 610	KC469586
5	莱芜猪*	16 780	KJ737421*	14	黔邵花猪	16 700	KF660222
6	隆林猪*	16 682	KJ737422*	15	梅山猪	16 770	JN601071
7	陆川猪*	16 700	KJ737423*	16	皖南花猪	15 978	AF486873
8	马身猪*	16 677	KJ746662*	17	桃源黑猪	16 710	KF601700
9	内江猪*	16 661	KJ746663*	18	桃园猪	16 728	DQ534707

（续表）

编号	猪种	长度（bp）	GenBank登录号	编号	猪种	长度（bp）	GenBank登录号
19	八眉猪	16 690	EF545583	34	碧湖猪	16 689	EF545590
20	雅南猪	16 841	KC505409	35	乌金猪	16 700	KC505408
21	沙子岭猪	16 690	KF472177	36	大围子猪	16 690	KF472179
22	撒坝猪	16 690	EF545574	37	玉山黑猪	15 977	AF486871
23	兰屿小耳猪	16 747	DQ518915	38	通城猪	15 977	AF486862
24	巴马小型猪	16 609	GQ220328	39	荣昌猪	15 977	AF486860
25	宁乡猪	16 690	KF472178	40	姜曲海猪	15 977	AF486872
26	香猪	16 709	KC250273	41	糯谷猪	16 678	DQ466081
27	大花白	15 977	AF486870	42	清平猪	15 978	AF486865
28	五指山猪	15 977	AF486867	43	大河猪	16 610	GQ220329
29	二花脸猪	15 978	AF486861	44	皮特兰	16 612	KC469587
30	沂蒙黑猪	16 690	EF545589	45	约克夏	16 770	JN601074
31	蓝塘猪	16 620	KC250274	46	杜洛克	16 585	AY337045
32	迪庆藏猪	16 690	EF545576	47	汉普夏	16 541	AY574046
33	圩猪	16 690	EF545577				

注：* 标注的是试验测得的序列。

（二）线粒体 D-Loop 区序列的核苷酸多态性

利用 MEGA 6.0 软件对所测得的 mtDNA D-Loop 区序列进行比对，同时辅以人工校对，共获得 86 个个体的 638bp 片段。该 DNA 片段中 T、C、A、G 的平均含量分别为 27.8%、23.9%、32.6%和 15.7%，“A+T” 的含量明显高于 “G+C” 的含量。638 个位点中，变异位点 20 个，占分析位点总数的 3.14%，其中简约信息位点 16 个，单碱基突变位点 4 个。

（三）线粒体 D-Loop 序列的单倍型分析

86 个序列共检测到 32 种单倍型，其中 Hap3 分布较为广泛，分布于 5 个群体中，可能是原始的单倍型，18 种单倍型存在于单个群体中。86 个序列的平均单倍型多样性（Hd）和平均核苷酸多样性（Pi）分别为 0.966 ± 0.006 和 0.005 92± 0.000 23。

用 MEGA 6.0 软件，根据 Kimura 2-parameter 进化参数模型，构建单倍型的 UPGMA 分子系统树（图 1-3）。32 种单倍型可明显地聚为两大类，但是单倍型的聚类与地理分布没有显著相关性。

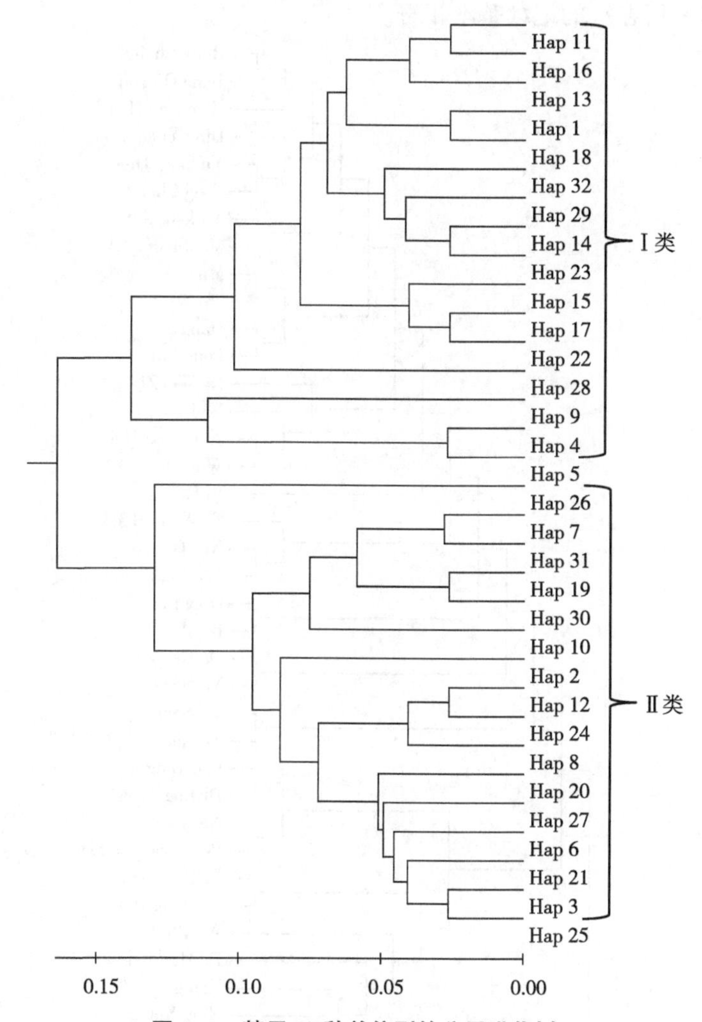

图 1-3　基于 32 种单倍型的分子进化树

（四）聚类分析

利用自行测得的 12 个中国地方猪线粒体全基因组序列，以及从 NCBI 数据库中下载的 31 个中国地方猪线粒体全基因组序列，利用 MEGA 6.0 构建了分子进化树（图 1-4）。国外猪种除约克夏之外，均单独聚在一类，而中国地方猪并没有明显的聚类，而且聚类关系与地理分布不存在显著相关，这与我国历史上南部地区人口密集、人类迁徙频繁相关，不同猪种间均存在不同程度的基因交流（国家畜禽遗传资源委员会，2011）。但在小的分支上，符合亲缘关系较近的品种聚为一类的原则。民猪与来自山东的莱芜猪亲缘关系最近，这与《中国畜禽遗传资源志·猪志》的记载基本相符。

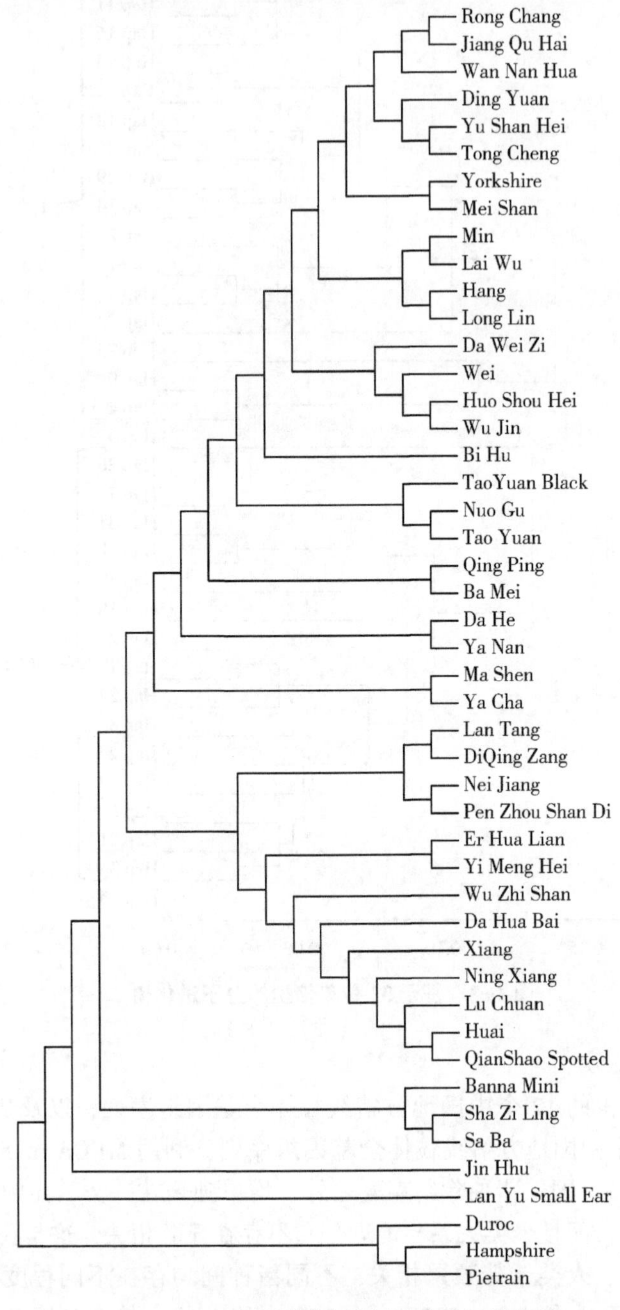

图 1-4　43 个中国地方猪品种的分子进化树

二、基于全基因组序列的民猪起源分析

张冬杰等（2018）利用二代高通量测序技术完成了民猪全基因组序列的测定与分析工作。10 头无血缘关系的民猪，均来自黑龙江省农业科学院畜牧研究所民猪保种场，采集耳组织样品，提取总 DNA，送交上海派森诺公司测序。4 头东北野猪均采自小兴安岭。利用 Illunima Hiseq2000 测序平台，采用双末端测序法，进行深度为 10×左右的测序，将测得的结果与 NCBI 数据库中已有的猪基因组序列进行比对，构建分子进化树，从全基因组水平上分析民猪的起源进化。部分研究结果如下。

（一）文库的构建

共构建了 14 个文库，每个文库的构建方式见表 1-3。

表 1-3　文库构建模式

猪种	样品	文库	插入片段	测序平台	测序方式
民猪	1	PE450	430	Illumina Hiseq2000	Paired-End，2100
	2	PE450	445	Illumina Hiseq2000	Paired-End，2100
	3	PE450	448	Illumina Hiseq2000	Paired-End，2100
	4	PE450	436	Illumina Hiseq2000	Paired-End，2100
	5	PE450	425	Illumina Hiseq2000	Paired-End，2100
	6	PE450	436	Illumina Hiseq2000	Paired-End，2100
	7	PE450	434	Illumina Hiseq2000	Paired-End，2100
	8	PE450	430	Illumina Hiseq2000	Paired-End，2100
	9	PE450	435	Illumina Hiseq2000	Paired-End，2100
	10	PE450	441	Illumina Hiseq2000	Paired-End，2100
东北野猪	1	PE450	481	Illumina Hiseq2000	Paired-End，2100
	2	PE450	429	Illumina Hiseq2000	Paired-End，2100
	3	PE450	471	Illumina Hiseq2000	Paired-End，2100
	4	PE450	478	Illumina Hiseq2000	Paired-End，2100

（二）原始数据过滤、整理及质量评估

测序得到的原始序列，包含一些带接头的、低质量的序列，这些序列会对后续的信息分析造成很大的干扰，为了保证信息分析质量，必须对下机数据进行处理。处理后民猪获得 29.1Gb 的过滤数据。东北野猪获得 33.8Gb 的过滤数据（表 1-4）。

表 1-4　基因组重测序原始数据及过滤后数据统计

猪种	样品编号	文库	原始数据（Gb）	过滤后数据（Gb）	有效率（%）
民猪	1	PE500	39.65	31.88	80.40
	2	PE500	33.85	28.45	84.05
	3	PE500	40.06	26.10	65.15
	4	PE500	38.79	34.28	88.37
	5	PE500	37.72	33.66	89.24
	6	PE500	37.51	33.38	88.99
	7	PE500	36.66	32.87	89.66
	8	PE500	34.74	31.11	89.55
	9	PE500	35.27	31.58	89.54
	10	PE500	34.89	29.55	84.69
东北野猪	1	PE500	39.07	34.24	87.64
	2	PE500	42.75	33.87	79.23
	3	PE500	45.64	37.96	83.17
	4	PE500	46.58	39.06	83.86

（三）SNP 的筛选与鉴定

民猪平均每个个体获得了8 255 874个 SNPs 位点，SNP 发生的类型与情况见表1-5、表1-6。在民猪中共筛选到44 682个错义突变，涉及10 812个功能基因。

表 1-5　民猪 10 个样本的 SNP 统计数据

样本编号	纯和 SNP 数量（个）	杂合 SNP 数量（个）	总计 SNP 数量（个）
1	3 186 070	6 232 593	9 418 663
2	2 661 536	5 269 367	7 930 903
3	3 706 517	2 946 618	6 653 135
4	3 149 133	5 760 611	8 909 744
5	2 861 163	5 957 736	8 818 899
6	2 612 029	5 834 411	8 446 440
7	2 081 534	5 118 913	7 200 447
8	3 034 207	5 287 341	8 321 548
9	3 060 299	5 061 787	8 122 086
10	3 711 545	5 025 330	8 736 875
平均	3 006 403	5 249 471	8 255 874

表 1-6　民猪 10 个样本的 SNP 统计与注释　　（单位：个）

分类	1	2	3	4	5	6	7	8	9	10
总计	9 418 663	7 930 903	6 653 135	8 909 744	8 818 899	8 446 440	7 200 447	8 321 548	8 122 086	8 736 875
外显子的	45 363	40 987	32 813	46 243	45 897	45 320	38 073	46 543	43 123	46 722
错义突变	16 791	15 661	12 372	17 138	16 947	16 662	14 408	17 046	15 956	17 009
提前终止转录	168	164	125	172	176	177	128	181	152	160
延长转录	30	25	22	32	27	26	26	28	28	34
同义突变	28 339	25 105	20 275	28 868	28 706	28 425	23 463	29 243	26 948	29 475
编码区序列	35	32	19	33	41	30	48	45	39	44
非编码 RNA	50 269	36 195	34 686	47 824	48 522	46 263	40 274	39 690	36 794	42 241
内含子的	2 238 492	1 909 237	1 575 626	2 140 904	2 125 100	2 052 264	1 747 267	2 025 560	1 969 447	2 126 558
UTR 区的	34 289	29 717	24 473	34 515	34 159	33 459	28 172	33 789	31 169	34 975
剪切的	264	289	196	283	290	279	237	253	263	260
上/下游区间	633 829	542 774	456 675	618 915	616 576	597 198	510 756	588 192	565 992	613 550
基因间的	6 416 157	5 371 704	4 528 666	6 021 060	5 948 355	5 671 657	4 835 668	5 587 521	5 475 298	5 872 569

东北野猪每个样本的 SNP 统计数据见表 1-7，平均每个个体获得了 10 275 059个 SNPs 位点，SNP 发生的类型与情况见表 1-8。在东北野猪群体中平均检测到 18 423个错义突变，涉及 9 739个功能基因。

在 14 个个体中，保留那些测序深度大于 8 而小于 1 400的 SNP 位点后，共计获得了 27 208 632个 SNP 位点。这些位点中有 18 190 197个（约占总 SNP 位点的 66.85%）SNP 位点发生在基因间，有 6 722 554 个（约占总 SNP 位点的 24.71%）SNP 位点发生在内含子区，有 143 272 个（约占总 SNP 位点的 0.53%）SNP 位点发生在外显子区。

表 1-7　东北野猪 4 个样本的 SNP 统计数据　　（单位：个）

编号	纯和 SNP 数量	杂合 SNP 数量	总计 SNP 数量
1	4 991 649	4 253 572	9 245 221
2	3 078 366	7 008 158	10 086 524
3	5 374 945	5 588 873	10 963 818
4	5 316 657	5 488 014	10 804 671
平均	4 690 404	5 584 654	10 275 059

表 1-8　东北野猪 4 个样本的 SNP 统计与注释

类型	1	2	3	4
总计	9 245 221	10 086 524	10 963 818	10 804 671
外显子的	43 926	53 504	55 326	51 313
错义突变	15 882	19 426	19 794	18 589
提前终止突变	145	199	200	193
终止密码子突变	28	33	31	30
同义突变	27 837	33 804	35 256	32 465
编码区序列突变	34	42	45	36
非编码 RNA	40 152	44 016	50 530	52 917
内含子的	2 219 214	2 484 735	2 671 856	2 623 524
UTR 区的	33 390	39 159	41 515	39 109
剪接变异的	251	330	342	308
上/下游调控区	622 472	702 374	753 970	732 908
基因间的	6 285 816	6 762 406	7 390 279	7 304 592

（四）选择性清除分析

受选择性清除区域应满足以下两个条件：①显著低或高 θπ 比率（5%左右尾，θπ 比率分别是 0.659 和 1.770）；②显著高 Fst 值（5%右尾，Fst 值是 0.364）。民猪基因组大约有 15.71Mb 的区间受到了选择性清除，大约占总基因组的 0.559%，涉及 181 个基因，其中有功能注释的基因共计 118 个。东北野猪基因组中大约有 29.81Mb 的区间受到选择性清除，大约占总基因组的 1.061%，涉及 411 个基因，其中有功能注释的基因共计 279 个基因（图 1-5）。

民猪基因组中受选择基因包括与肌节中能量转移相关的肌酸激酶线粒体 2 基因（*CKMT2*）；作为动力蛋白与细胞骨架相关的肌球蛋白基因（*MYO1C*）；与脂质转运相关的脂质运载蛋白 9、15（*LCN9* 和 *CN15*），载脂蛋白 A-V（*APOA5*）；与过氧化物酶合成有关的过氧化物酶体的生物合成因子 1（*PEX1*）；与脊椎发育相关的 VRTN 基因（*VRTN*）；与视神经发育相关的视神经萎缩基因（*OPA1*）；与脂类代谢相关的促肾上腺激素释放激素 2（CRHR2）。野猪基因组中受选择基因包括与神经系统有关的，如嗅觉受体基因（Olfactory Receptor），包括 OR2B6、OR8b8 和 OR8b4，光传感因子 3（PDCL3）、激素肽 3（TAC3）；与免疫相关的，如 NLR 基因家族中含有热蛋白结构域的 NLRP4 和 NLRP11、干扰素-Ω2（IFN-OMEGA-2）、叉头框蛋白 1（Foxn1）；与免疫球蛋白相关的，如破骨细胞受体基因（*OSCAR*）；与雄性生殖相关，如羟甾类（17beta）脱氢酶 6（HSD17B6）、精子酵素结合蛋白（ACRBP）、附睾的精子结合蛋白 1（ELSPBP1）、鱼精蛋白（PRM1）等；与线粒体的能量代谢相关的，如细胞色素 C 氧化酶（COX）、NADH 脱氢酶（NDUFA9）等。

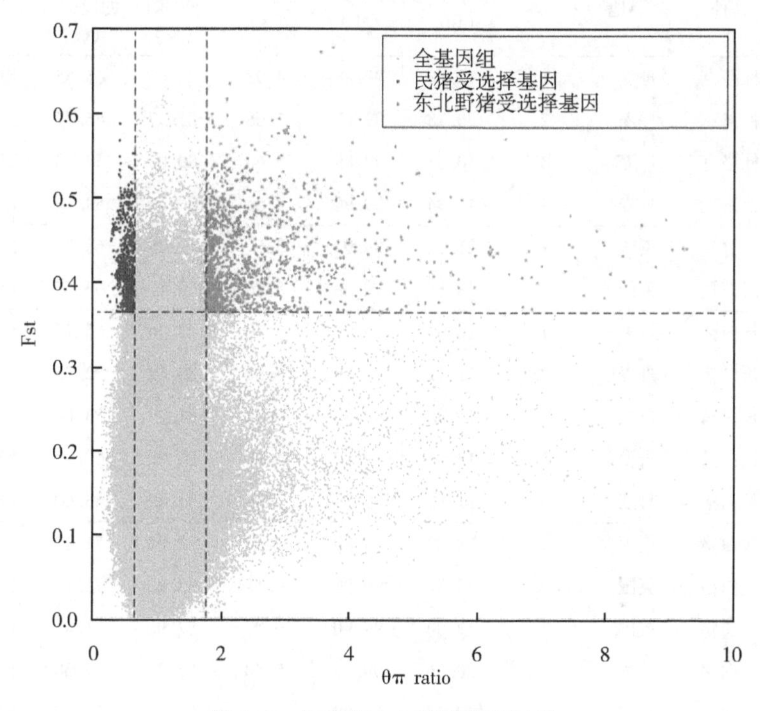

图 1-5　民猪和大白猪受选择区间

（五）基于全基因组 SNP 信息构建的分子进化树

利用 NCBI 数据库和 Ensembl 数据库共下载 66 个不同猪个体的全基因组重测序数据（表 1-9），66 个不同个体共涉及亚洲家猪 16 头、亚洲野猪 20 头、欧洲家猪 21 头、欧洲野猪 5 头、疣猪 4 头。亚洲家猪发现24 349 675个 SNP 位点，亚洲野猪发现30 515 074个 SNP 位点，欧洲家猪发现15 404 592个 SNP 位点，欧洲野猪发现8 845 374个 SNP 位点，疣猪发现45 371 170个 SNP 位点。66 个个体共享3 802 562个 SNP 位点（表 1-9）。

将测得的 SNP 位点与 NCBI 数据库中已有猪 SNP 数据库相比（dbSNP database 138），其中 68. 06%（19 469 459个 SNPs）与数据库中已有数据信息相符，另有7 739 173个 SNPs 为该项目新发现的 SNP 位点，这些数据将丰富猪的 SNP 数据库。将民猪、大白猪和东北野猪的 SNP 信息进行比对后发现，民猪、东北野猪和大白猪分别有6 858 528个、4 642 136个和1 092 046个 SNPs 位点是不同于另外两个猪种的（表1-10）。

表1-9　66个个体的基因组序列信息

群体	品种	来源地	个体	有效数据（Gb）	比对效率（%）	测序深度（×）	至少1×的覆盖度（%）	至少4×的覆盖度（%）	GenBank登录号
家猪（欧洲）	杜洛克	丹麦	1	19.69	99.88	4.98	82.63	65.55	ERS177302
	杜洛克	丹麦	2	20.78	99.92	5.68	81.97	66.77	ERS177303
	杜洛克	丹麦	3	10.53	99.89	3.60	80.03	52.33	ERS177304
	杜洛克	丹麦	4	13.34	99.90	4.58	80.79	59.14	ERS177305
	汉普夏	英国	1	21.28	99.92	5.67	82.79	68.95	ERS177306
	汉普夏	英国	2	18.84	99.88	5.16	82.20	63.65	ERS177307
	长白猪	丹麦	1	16.54	99.91	5.70	81.46	65.15	ERS177312
	长白猪	丹麦	2	25.12	99.89	6.62	83.02	72.25	ERS177313
	长白猪	丹麦	3	15.85	99.86	4.32	81.29	58.64	ERS177314
	长白猪	丹麦	4	13.02	99.89	4.46	81.22	60.98	ERS177315
	长白猪	丹麦	5	13.42	99.89	4.64	81.52	63.00	ERS177316
	大白猪	英国	1	18.22	99.89	6.06	82.93	71.12	ERS177318
	大白猪	英国	2	18.34	99.90	6.11	82.82	71.10	ERS177319
	大白猪	英国	3	17.94	99.90	6.07	82.90	71.03	ERS177320
	大白猪	英国	4	20.96	99.88	5.40	82.29	67.38	ERS177322
	大白猪	英国	5	17.55	99.89	6.00	82.95	71.12	ERS177325
	皮特兰	比利时	1	19.60	99.92	4.18	81.71	60.88	ERS177336
	皮特兰	比利时	2	18.78	99.89	6.47	82.33	70.00	ERS177337
	皮特兰	比利时	3	15.33	99.77	5.11	80.28	59.09	ERS177338
	皮特兰	比利时	4	10.03	99.68	3.48	75.98	45.61	ERS177339
	皮特兰	比利时	5	19.88	99.87	4.11	80.77	57.10	ERS177340
家猪（中国）	眉山猪	中国江苏	1	16.56	99.82	5.52	82.48	68.93	ERS177331
	眉山猪	中国江苏	2	16.44	99.83	5.42	82.11	66.88	ERS177332
	眉山猪	中国江苏	3	15.50	99.78	4.88	80.86	61.27	ERS177333
	眉山猪	中国江苏	4	17.82	99.84	6.17	81.13	66.05	ERS177334
	香猪	中国广西	1	16.79	99.84	5.33	81.63	66.83	ERS177355
	香猪	中国广西	2	16.48	99.82	5.19	81.63	66.29	ERS177356

（续表）

群体	品种	来源地	个体	有效数据（Gb）	比对效率（%）	测序深度（×）	至少1×的覆盖度（%）	至少4×的覆盖度（%）	GenBank登录号
野猪（亚洲）		中国北部	1	8.70	99.61	3.02	71.91	37.54	ERS177353
		中国北部	2	16.97	99.85	5.84	81.16	65.25	ERS177354
		中国南部	1	8.93	99.64	3.12	74.12	41.21	ERS177351
		中国南部	2	17.88	99.85	6.14	81.85	68.19	ERS177352
		印度尼西亚	1	18.94	99.81	6.42	80.63	66.21	ERS177308
		印度尼西亚	2	18.63	99.83	6.45	80.65	65.61	ERS177310
		中国西南部	1	9.77	87.04	2.98	89.31	39.73	SRS387320
		中国西南部	2	12.66	89.73	3.97	93.45	57.15	SRS387323
		中国西南部	3	12.46	90.46	3.89	92.74	54.35	SRS387324
		中国四川甘孜	1	12.53	89.57	3.91	93.83	56.65	SRS387202
		中国云南迪庆	2	15.39	90.02	4.85	95.22	66.70	SRS387217
		中国林芝	3	16.73	89.57	5.22	95.83	70.92	SRS387238
		中国日喀则	4	13.08	89.51	4.02	91.91	54.78	SRS387249
		中国甘南	5	12.86	90.05	4.07	92.68	56.28	SRS387265
		中国阿坝	6	15.59	90.21	4.93	94.71	67.30	SRS387278
		日本	1	18.99	99.87	6.53	81.04	66.44	ERS177344
野猪（欧洲）		法国	1	16.92	99.90	5.86	81.87	67.34	ERS177349
		荷兰	1	9.62	99.74	3.36	76.30	45.60	ERS177347
		荷兰	2	14.21	99.91	4.84	81.51	63.52	ERS177348
		瑞士	1	26.40	99.92	5.27	82.58	67.91	ERS177350
		荷兰	1	20.89	99.90	6.04	82.78	70.02	ERS177346
疣猪		坦桑尼亚	1	20.10	98.91	6.50	77.96	62.81	ERS177335
		印度尼西亚	1	11.89	99.65	4.05	77.26	51.72	ERS177309
		菲律宾	1	17.52	99.63	6.01	80.83	67.33	ERS177341
		印度尼西亚	1	32.99	99.71	11.34	82.30	74.02	ERS177342

表 1-10　66 个猪种的 SNP 信息

	亚洲家猪	亚洲野猪	欧洲家猪	欧洲野猪	猪属和疣猪	总计
群体数量	$n=16$	$n=20$	$n=21$	$n=5$	$n=4$	$n=66$
SNPs 数量	24 349 675	30 515 074	15 404 592	8 845 374	45 371 170	28 411 844
共享的 SNPs 数量	3 802 562					

用该项目测得的 10 头民猪、4 头东北野猪的基因组序列 SNP 位点信息，结合从公共数据库中下载获得的 66 个个体的基因组序列 SNP 位点信息，利用 NJ 算法，构建了基于 80 个个体的分子进化树（图 1-6）。从该树上可以看到民猪聚在中国东北野猪和欧洲猪种之间。

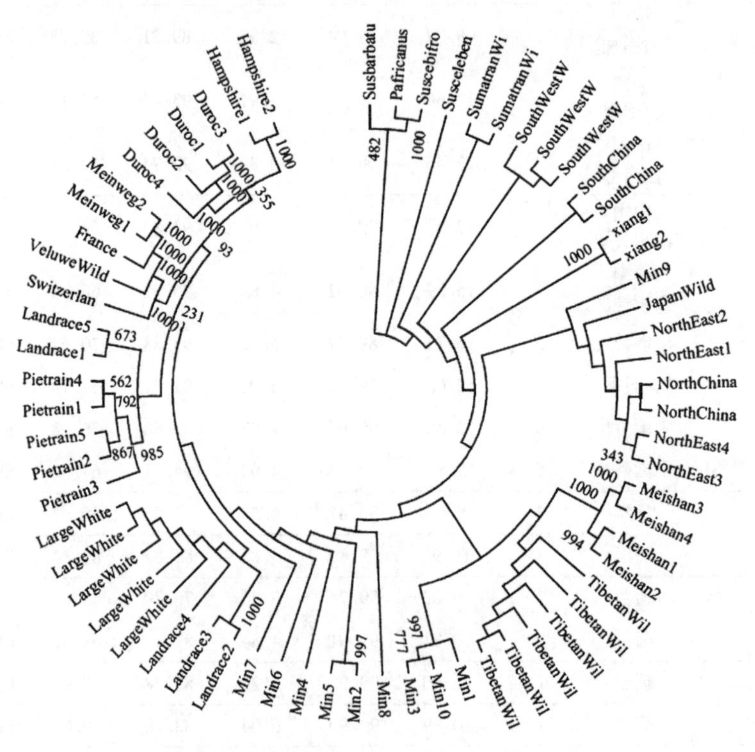

图 1-6　基于 NJ 算法的猪分子进化树

（六）主成分分析

使用 EIGENSOFT 5.0.2 软件对常染色体上的 SNPs 进行了主成分分析（Principle Component Analysis，PCA）。X 坐标代表了亚洲的 36 个个体、欧洲的 26 个个体以及疣猪的地理分布，Y 坐标代表了不同猪种间的生物分化（图 1-7）。从该图可以看到，代表民猪的方块分布于代表欧洲家猪的三角形和代表亚洲野猪的圆形之间，而代表东北野猪的星形则与代表亚洲家猪的正方形和代表亚洲野猪的圆形聚在一起。这说明东北野猪与亚洲类群猪种亲缘关系更近，而民猪则介于亚洲和欧洲猪种之间。

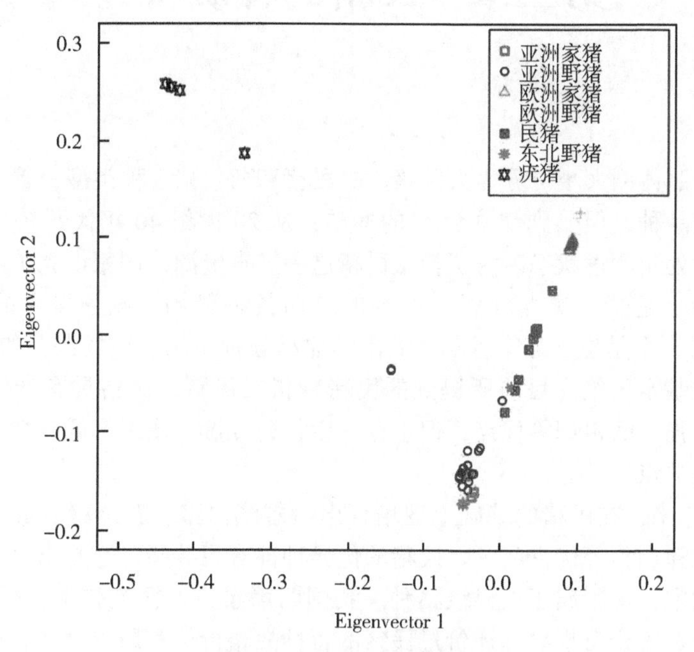

图 1-7　主成分分析结果

参考文献

高健，2014. 东北民猪的培育历程及优良特性［J］. 养殖技术顾问（3）：39.

国家畜禽遗传资源委员会，2011. 中国畜禽遗传资源志（猪志）［M］. 北京：中国农业出版社.

张冬杰，何鑫淼，王文涛，等，2018. 民猪全基因组序列测定与分析［J］. 东北农业大学学报，49（11）：9-17.

张冬杰，刘娣，何鑫淼，等，2015. 中国地方猪品种的遗传多样性与聚类分析［J］. 畜牧与兽医，47（10）：1-4.

XIANG H，GAO J，CAI D，et al.，2017. Origin and dispersal of early domestic pigs in northern China［J］. Scientific Reports，7（1）：5602.

第二章　民猪的种质特性

民猪按照体型大小可分为大民猪、二民猪和荷包猪 3 种类型，曾是东北地区的主要养殖品种，但受到“洋猪”的冲击，从 20 世纪 40 年代开始，养殖数量锐减，一度处于濒危状态。为了挽救民猪这一宝贵资源，国家设立了两个国家级保种场，一个是位于黑龙江省兰西县的兰西县种猪场，该场保存的是二民猪(民猪)，另一个是位于辽宁省葫芦岛市的建昌县种畜场，该场保存的是荷包猪。而大民猪已基本灭绝。目前所提到的民猪皆指二民猪。民猪具有产仔多、肉质好、抗寒性强、耐粗饲等优点，但也存在生长速度慢、瘦肉率低、料肉比高、出栏时间长等缺点。

近 50 年来，在民猪的基础上曾培育出哈尔滨白猪、新金猪、吉林黑猪、三江白猪、天津白猪等优良品种。民猪的优异种性有目共睹，它曾出口到日本、美国等发达国家，民猪属于世界级猪种。我国前辈泰斗许振英先生、张仲葛先生、李炳坦先生都曾亲自指导和评价过民猪的育种战略价值和历史意义。在民猪的育种和种质测定方面，老一辈科学家盛志廉先生、陈润生先生、赵刚先生、齐守荣先生、王连纯先生等做了大量的翔实工作（张伟力等，2012）。最难能可贵的是，这些研究从未中断过，一直持续至今，以东北农业大学的王希彪教授、黑龙江省农业科学院的刘娣研究员、吉林省农业科学院的张树敏研究员等为代表的新一代育种学家，他们带领各自的团队，在民猪种质特性的遗传机制、杂交利用以及产业化推广开发等方面，做了大量的开创性工作。

本章主要介绍了从 20 世纪 60 年代至今开展的关于民猪肉质、繁殖、生长以及抗寒等一些特色性状的研究情况。

第一节　民猪肉质性状研究

民猪与引进的“洋猪”相比，肉质优良是其显著特点之一。2012 年，著名的肉质鉴定专家张伟力教授在亲自完成民猪肉的切块研究后，特赋诗一首：“瘦如挂线纹理直，肥如珊瑚水晶石。喜看市场多变换，推陈出新正当时。”该诗的前两句恰如其分地形容了民猪肉品质的特点（图 2-1 是民猪肉与大白猪肉品质的比较）。

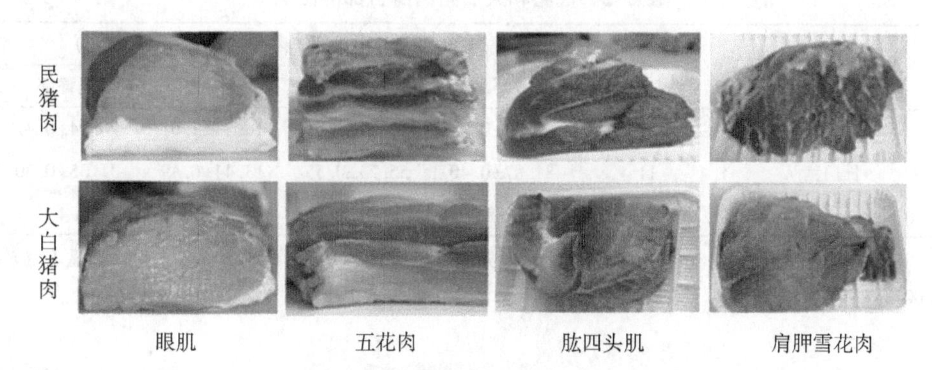

图 2-1　民猪肉与大白猪肉品质的比较

对民猪肉品质的研究据现有文献记载，最早可追溯到 20 世纪 70 年代，适逢许振英先生等正在开展利用民猪培育三江白猪的育种工作，因此民猪、三江白猪以及长白猪等一些引入猪种的肉品质得到了集中、系统的测定，获得了一批宝贵的数据，为后续民猪肉品质的评定以及杂交选育提供了理论基础。

一、民猪与长白猪肉质性状的比较结果

1973—1976 年，许振英等（1981）系统地测定了 12 头民猪和 12 头长白猪的肉质性状。当时供试猪活重为 90kg，民猪和长白猪的屠宰率分别为 71.56%和 72.14%，都达到了较高的水平。两品种间的屠宰率差异不显著，这为后续研究胴体各种性状的品种间差异提供了可比的有利条件。部分检测指标及检测结果见表 2-1。

表 2-1　民猪和大白猪的屠宰率

品种	头数	宰前活重（kg）	胴体重（kg）	屠宰率（%）
民猪	12	88.60±0.37	63.40±0.52	71.56±0.45
长白猪	12	89.57±0.58	64.62±0.88	72.14±0.66

两品种猪的肉身各部比例存在着非常显著的差异（表 2-2）。民猪腰部占肉身重量为 16.49%，而大白猪为 13.44%。腰部是大量沉积板油的部位，民猪腰部特别发达，从外形上看，腹大而下垂（图 2-2），这与其高产板油的性能相适应。腿臀部是主要产瘦肉的部位，作为瘦肉型猪种的长白猪，其腿臀发育良好，腿臀部占肉身重量 31.35%，这与其高度的产肉力一致，民猪为 28.94%（图 2-

3)，比长白猪低2个百分点。

表2-2 民猪和大白猪肉身各部的比例

品种	头数	左侧肉身重量（kg）	各部占肉身重量的百分数（%）		
			颈肩胸部	腰部	腿臀部
民猪	11	31.03±0.03	54.54±0.81	16.49±1.01	28.94±0.41
长白猪	11	31.87±0.40	55.23±0.55	13.44±0.49	31.35±0.30
民猪比长白猪+或-		-0.84	-0.69	+3.05*	-2.41*

注：*表示差异显著（$P<0.05$）；**表示差异非常显著（$P<0.01$）；***表示差异极其显著（$P<0.001$）。

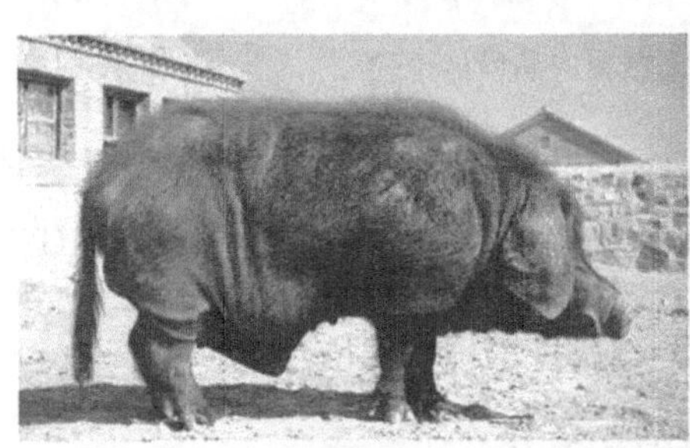
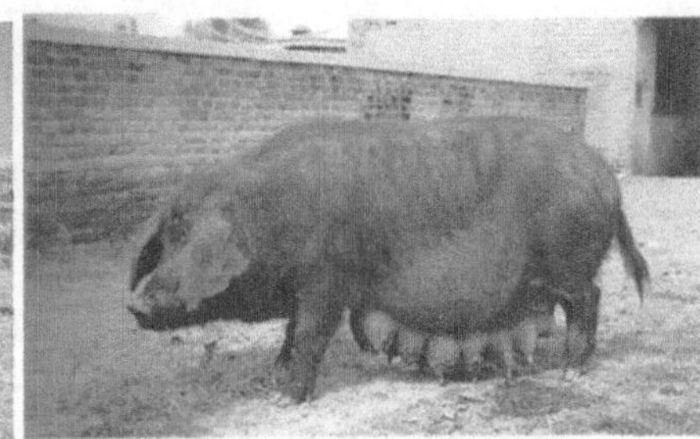

图2-2 民猪（左侧为公猪，右侧为母猪）

图2-3 长白猪（左侧为公猪，右侧为母猪）

民猪的胸椎数和肋骨数平均比长白猪少两个，因此，其肉身长度较小。但其背膘厚度超过长白猪0.61cm（$P<0.01$），即比长白猪大23.7%。由于背膘厚与胴体脂肪率呈强正相关，这标志民猪有较高的产脂能力。眼肌面积是标志产肉力的重要性状之一，长白猪在该方面占有很大的优势，其眼肌面积超过民猪7.93cm^2（$P<0.001$），即比民猪大34%。此外，两品种猪的皮肤厚度也存在显著差异，民猪超过长白猪0.25cm（$P<0.001$），即比长白猪厚80.6%（表2-3）。

表 2-3　民猪和长白猪肉身测量指标

品种	头数	肉身长（cm）	背膘厚（cm）	眼肌面积（cm^2）	皮厚（cm）	胸椎数（个）	肋骨数（个）
民猪	12	90.03±1.11	3.18±0.18	23.18±1.16	0.56±0.03	14.00±0.19	14.21±0.11
长白猪	12	97.60±1.03	2.57±0.10	31.11±1.62	0.31±0.01	15.90±0.24	16.10±0.14
民猪比长白猪+或-		−7.57***	+0.61**	−7.93***	+0.25***	−1.9***	−1.93***

注：*表示差异显著（$P<0.05$）；**表示差异非常显著（$P<0.01$）；***表示差异极其显著（$P<0.001$）。

将两猪种左侧肉身的骨骼、肌肉、脂肪和皮肤进行组织剥离。结果表明，除骨骼以外，其他3种组织的品种间差异均达到统计学极其显著的水平。在左侧肉身重量几乎相同的条件下，两品种猪骨骼的相对重量基本一致，但在肌肉、总脂肪和皮肤的相对重量上，民猪分别比长白猪低11.02、高7.54和高3.62，亦即分别相当于后者的0.80倍、1.27倍和1.58倍（表2-4）。民猪表现为脂多、肉少和皮肤厚，而长白猪则表现出肉多、脂少和皮肤薄的品种特征。

表 2-4　肉身组成（各种组织占肉身重量的百分数）

品种	头数	左侧肉身重（kg）	骨骼（%）	肌肉（%）	总脂肪（%）	皮肤（%）
民猪	11	31.03	9.22±0.35	45.36±1.04	35.61±1.32	9.81±0.43
长白猪	11	31.87	9.28±0.31	56.38±0.58	28.07±0.80	6.19±0.22
民猪比长白猪+或-		−0.84	−0.06	−11.02***	+7.54***	+3.62***

注：*表示差异显著（$P<0.05$）；**表示差异非常显著（$P<0.01$）；***表示差异极其显著（$P<0.001$）。

在胴体重没有显著差异的情况下，民猪板油的绝对和相对重量分别超过长白猪1.29kg和2.09%，即分别相当于后者的1.84倍和1.88倍。民猪水油的绝对和相对重量分别超过长白猪0.762kg和1.24%，即分别相当于后者的1.76倍和1.80倍。民猪腹外脂肪的绝对和相对重量分别超过长白猪3.186kg和5.47%，即分别相当于后者的1.2倍和1.22倍，所有这些指标的差异均达到了统计学极其显著的水平。这些资料充分表明，民猪具有高产脂肪的能力，尤其沉积腹内脂肪的能力大大超过长白猪（表2-5）。

表 2-5　民猪和大白猪三种脂肪的比较

品种	头数	胴体重（kg）	板油		水油		腹外脂肪	
			重量（kg）	占胴体重（%）	重量（kg）	占胴体重（%）	重量（kg）	占胴体重（%）
民猪	12	63.40±0.52	2.83±0.15	4.46±0.22	1.76±0.06	2.78±0.09	19.19±0.38	30.27±1.07

（续表）

品种	头数	胴体重（kg）	板油		水油		腹外脂肪	
			重量（kg）	占胴体重（%）	重量（kg）	占胴体重（%）	重量（kg）	占胴体重（%）
长白猪	12	64.62±0.88	1.54±0.15	2.37±0.22	0.998±0.076	1.54±0.12	16.00±0.71	24.80±0.67
民猪比长白猪+或-		-1.22	+1.29***	+2.09***	+0.762***	+1.24***	+3.186***	+5.47***

注：*表示差异显著（$P<0.05$）；**表示差异非常显著（$P<0.01$）；***表示差异极其显著（$P<0.001$）。

二、民猪与北京黑猪肉质性状的比较结果

北京黑猪（图2-4）是我国自主培育的一个新品种，起源于20世纪60年代，发源于京郊各国营猪场。其血统源自亚、欧、美三大洲的诸多品种，有丰富的遗传背景。育种群的血统来源有3个分支，其一有中国猪种（优良种质基因）：主要是北京当地的华北型本地猪，耐粗饲、抗应激、性早熟、产仔多、母性强、肉质风味浓郁。其二有国产培育猪种（遗传基础广泛）：是中国本地猪与西方品种杂交后形成的猪种，如定县猪。其三有欧洲猪种（体大快长基因）：如巴克夏猪、约克夏、苏联大白猪、高加索猪。北京黑猪中期生长迅速，从保育期后期至90kg上市日增重可达700g，并能大量沉积蛋白质形成瘦肉，胴体细致，骨量较小，膘厚适度，瘦肉率可达57%~58%，脂肪洁白，瘦肉鲜红，纹理细致，肉面干爽，大理石纹均匀而丰富，系水力良好，无PSE和DFD。

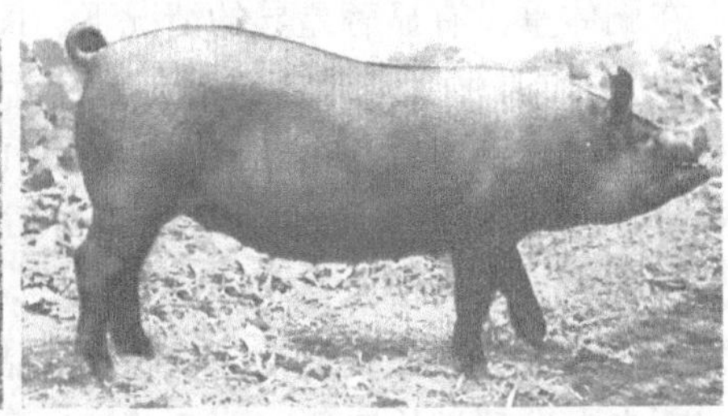

图2-4　北京黑猪（左侧为公猪，右侧为母猪）

王楚端等（1995）比较了21头民猪和33头北京黑猪的肉质性状，发现民猪背最长肌6~7肋及最后肋背最长肌的pH值分别为6.44及6.42，与北京黑猪的6.39及6.35无显著差异（$P>0.05$）。屠宰后45min眼肌颜色民猪比北京黑猪深（$P<0.05$）。民猪的失水率为33.29%，显著低于北京黑猪的36.16%（$P<0.01$）。

民猪的肌肉剪切力值为4.42kg，与北京黑猪的4.67kg间无显著差异。民猪和北京黑猪的肌内脂肪含量分别为5.11%和3.43%，两品种间差异极显著（$P<0.01$）。

三、民猪与哈尔滨白猪肌肉密度的比较结果

哈尔滨白猪的培育于1948年开始，先用本地白猪与引进的大白猪公猪杂交改良。由于改良猪体短，后躯不丰满，产仔少，肥育性不高。因此1958年又从苏联引入“苏白”公猪进行杂交、回交、横交，最后育成体质健壮、生长发育快、生产性能高、肉质好的肉脂兼用型的哈尔滨白猪，简称哈白猪（图2-5）。哈白猪平均产仔数为11.3头，双月育活9.8头（早期双月断奶），断奶体重16.1kg，8月龄体重120.6kg，日增重594g，肉料比例1：3.7，屠宰率73.5%，膘厚4cm，肉脂比例54.7：45.3。早熟肥育6月龄90kg，日增重613g，肉料比例1：3.5。

图2-5　哈尔滨白猪（左侧为公猪，右侧为母猪）

孙艳香等（1995）测量了民猪和哈尔滨白猪在正常饲养、维持饲养和低维持饲养条件下的肌肉密度，比较了不同品种间、不同营养水平和不同生长阶段间的肌肉密度差异。他们分3个阶段进行屠宰：入场到30kg为预试期，达30kg时各宰6头。30~50kg为试验前期，分正常饲养（自由采食）、维持饲养和低维持饲养（只给维持饲养料量的60%），当正常饲养组体重达50kg时，品种内的3个营养组各屠宰4头。从50~70kg为试验后期，正常饲养组仍正常饲养，而限制饲养组则恢复正常饲养，各种营养水平组均达到70kg体重时，每组屠宰4头。将半胴体在腰荐结合处断开，皮肤分离，测量肌肉的重量和体积。用天平测量肌肉重量，用自制工具根据阿基米德排水法原理测量肌肉的体积，然后按公式：密度=质量/体积求出肌肉密度，最后用计算机进行二因素方差分析。

试验前期的饲料比例为玉米63.5%，豆饼20%，麦麸10%，豆粉5%，贝粉

1%，盐0.5%。试验后期的饲料比例为玉米68.5%，豆饼15%，麦麸10%，豆粉5%，贝粉1%，盐0.5%。

结果发现，在正常饲养和维持饲养情况下，民猪和哈白猪的各肌群密度差异很小，但在低维持饲养时，背最长肌、后肢肌、前肢肌、颈部肌群、胸腰杂肌和胸带肌群的密度在品种间差异显著增大。限制饲养在前期末对民猪、哈白猪各肌群密度无显著影响；然而当限制饲养组恢复到正常饲养后，胸腰杂肌、颈部肌群、前肢肌以及腹壁肌群的密度在营养水平间差异显著加大。生长阶段对民猪维持饲养组的背最长肌、颈部肌群、胸腰杂肌和后肢肌的密度有显著影响；但对哈白猪不仅影响低维持饲养组的胸带肌群、前肢肌、背最长肌、后肢肌的密度，同时也影响正常饲养组的大多数肌群。半胴肌密度在品种间、营养水平间以及生长阶段间均无显著差异；即3种因素对其均无显著影响。

四、民猪与大白猪肉品质比较结果

大白猪又称大约克夏，原产于英国。全身皮毛白色，允许偶有少量暗黑斑点，头大小适中，鼻面直或微凹，耳竖立，背腰平直，肢蹄健壮，前胛宽，背阔，后躯丰满，呈长方形体型。100kg体重屠宰时，屠宰率70%以上，背膘厚18mm以下，眼肌面积30cm^{2}以上，后腿比例32%以上，瘦肉率62%以上。肉质优良，无灰白、柔软、渗水、暗黑、干硬等劣质肉。

吴赛辉等屠宰测定了6头平均体重为（65.53±2.73）kg的民猪育肥猪、6头平均体重为（95.93±7.37）kg的民猪出栏猪以及6头平均体重为（95.12±7.47）kg的大白猪出栏猪。屠宰后采集第13至14肋间背最长肌用于肉质测定。按照农业行业标准《猪肌肉品质测定技术规范》（NY/T 821—2004）规定的方法对两个猪种进行肉质检测。

结果发现，160日龄时大白猪活体重95.12kg，民猪活体重65.53kg，同大白猪相比，同日龄民猪的活体重、眼肌面积和瘦肉率均显著低于大白猪，而背膘厚却显著高于大白猪，是同日龄大白猪的2.1倍。230日龄时，民猪活体重95.93kg，与同体重大白猪相比眼肌面积和瘦肉率显著低于大白猪，背膘厚同样显著高于同体重的大白猪，是大白猪的2.7倍。不同日龄民猪相比，160日龄的民猪活体重和眼肌面积均显著低于230日龄的民猪，瘦肉率和背膘厚在两者间差异不显著。

与同日龄大白猪相比，民猪肌肉的红度和肌内脂肪含量均显著高于大白猪，肌内脂肪为大白猪的2倍，滴水损失、剪切力显著低于大白猪，其他肉质指标，如黄度、亮度、含水量、pH_{24}等差异不显著。与同体重大白猪相比，民猪肌肉的红度和肌内脂肪含量显著高于大白猪，肌内脂肪含量为大白猪的2.2倍，滴水损失和剪切力显著低于大白猪，其他肉质指标，如黄度、亮度、含水量、pH_{24}等差异不显著。不同日龄民猪间相比，肉色、含水量、剪切力、pH_{24}等差异不显著，170 日龄的滴水损失和肌内脂肪显著低于 230 日龄的民猪（表 2-6）。

表 2-6　民猪和大白猪屠宰性能及肉质比较

性状	民猪（160 日龄）	大白猪（160 日龄）	民猪（230 日龄）
活体重（kg）	$65.53±2.73^b$	$95.12±7.47^a$	$95.93±7.37^a$
瘦肉率（%）	$57.93±1.61^b$	$64.83±1.25^a$	$56.97±1.40^b$
眼肌面积（cm^2）	19.81±1.17c	$40.53±2.46^a$	$29.23±0.51^b$
背膘厚（cm）	$2.17±0.34^b$	$1.01±0.16^c$	$3.78±0.22^a$
红度 a*	$11.67±0.47^a$	$9.83±1.12^b$	$12.56±0.60^a$
黄度 b*	6.79±0.74	7.21±0.25	7.09±1.08
亮度 L*	53.73±1.10	52.70±3.75	56.66±3.30
滴水损失（%）	$4.54±0.21^b$	$6.37±1.04^a$	4.06±0.53c
含水量（%）	75.44±0.96	74.43±1.26	75.37±1.02
剪切力 N	32.21c	$44.19±8.11^a$	$37.17±5.01^b$
肌内脂肪（%）	$2.80±0.34^b$	1.40±0.12c	$3.98±0.48^a$
pH_{24}	5.68±0.05	5.71±0.12	5.69±0.09

注：同列相同字母表示差异不显著（$P>0.05$），同列不同小写字母间表示差异显著（$P<0.05$），不同大写字母间表示差异极显著（$P<0.01$）。

五、民猪和大白猪肌纤维类型的比较结果

李忠秋等（2019）对 6 头 300 日龄 95kg 体重民猪、6 头 160 日龄 50kg 体重民猪和 6 头 160 日龄 95kg 体重大白猪，采用 Real-time PCR 方法对其背最长肌内决定肌纤维类型的 MyHC Ⅰ、MyHC Ⅱa、MyHC Ⅱx 和 MyHC Ⅱb 基因表达水平进行了测定。结果发现，在相同体重下，民猪的 MyHC Ⅰ、MyHC Ⅱa、MyHC Ⅱx 基因 mRNA 表达量显著高于大白猪，而 MyHC Ⅱb 基因的 mRNA 表达量显著低于大白猪。说明民猪氧化型和中间型纤维含量高于大白猪，而酵解型纤维含量低于大白猪（图 2-6 和图 2-7）。

在相同日龄下，民猪 MyHC Ⅰ、MyHC Ⅱa、MyHC Ⅱx 基因的 mRNA 表达量显著高于大白猪，而 MyHC Ⅱb 基因的 mRNA 表达量显著低于大白猪。说明在相同日龄下民猪氧化型和中间型纤维含量高于大白猪，酵解型纤维含量低于大白猪。

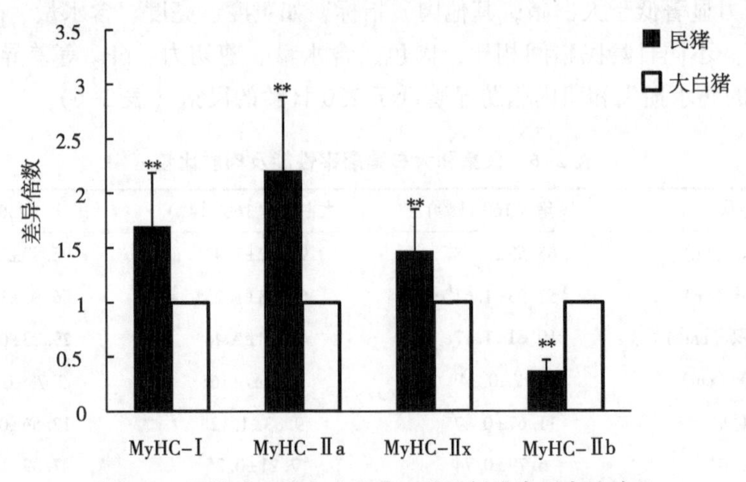

图 2-6　同体重民猪和大白猪 4 种肌纤维类型表达情况

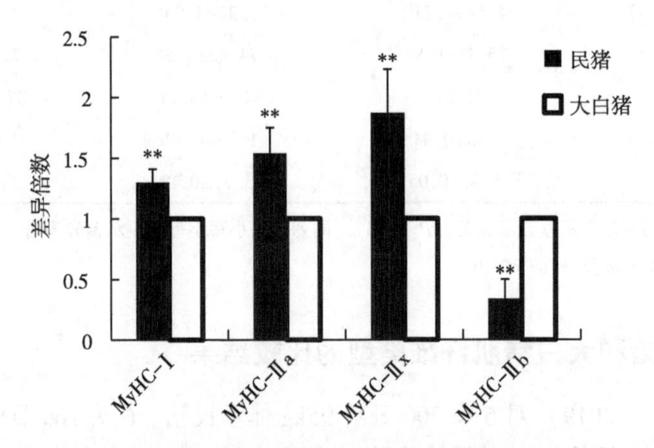

图 2-7　同日龄民猪和大白猪 4 种肌纤维类型表达情况

六、利用候选基因法对民猪肉质性状的分析

在二代测序技术出现之前，很多科研人员利用基于一代测序技术的候选基因法对可能影响/决定民猪肉质性状的功能基因进行了检测与分析。很多在活体动物上很难直接测定、遗传力低或者需要等成年之后才能测定的性状，如肉质性状、生长性状和繁殖性状等，这些性状采用常规育种方法进展较慢。但如果利用易于鉴定的遗传标记，在育种计划中纳入分子标记信息进行辅助选择，则可以在动物出生早期即开展选择，提高选择效率和加快遗传进展。目前分子遗传标记辅助育种已被广泛应用于重要经济性状的遗传改良。很多科研人员也对民猪候选基

因的 SNP 位点进行了检测与分析，部分研究结果如下。

（一）脂肪细胞型脂肪酸结合蛋白基因（A-FABP）

肌内脂肪含量是判断猪肉品质的非常重要的指标之一。脂肪型脂肪酸结合蛋白4（Adipocyte FattyAcid Binding-Protein，A-FABP4）是脂肪酸结合蛋白（FABP）家族的重要成员之一。早期研究发现，A-FABP 的主要功能为加强脂肪酸的转运扩散、促进细胞膜吸附脂肪酸、缓解不饱和脂肪酸对细胞的损伤作用、调节长链脂肪酸的氧化供能及磷脂和甘油三酯的代谢；调节细胞内脂肪酸浓度，调控多种细胞内的生化反应过程，参与细胞内长链脂肪酸隔室化分布。Gerbens 等首次发现猪 A-FABP 基因内含子上的 1 个微卫星，其多态性与肌内脂肪含量呈显著正相关（Gerbens 等，2001）；后续研究发现，A-FABP 基因在脂肪组织中表达量较高，其表达活性增强与脂肪细胞的分化有显著性关系，此外还与代谢综合征、糖尿病等疾病有关。由此推测，A-FABP 是影响肌内脂肪沉积重要的候选基因（刘瑞莉等，2019）。

李祥辉等（2011）利用 PCR-RFLP 方法对民猪、三江白猪、长白猪和大白猪 A-FABP 基因第 1 内含子区域的多态性进行检测。结果发现，在检测区域内，存在 2 处多态位点，在 Bsu36I 酶切位点上，4 个品种猪均存在多态性（基因型 CC、CD 和 DD）；而在 BsmI 酶切位点上，各群体间基因型分布差异较大。民猪和三江白猪中，存在 EF 和 FF 2 种基因型，而长白猪和大白猪群体中存在 EF 和 EE 2 种基因型（表 2-7）；在 Bsu36I 位点上，民猪群体的 PIC 为 0.242 4，属于低度多态，其余猪种为中度多态；在 BsmI 位点上，4 个品种猪的 PIC 均为中度多态。

表 2-7　不同猪种 A-FABP 基因 PCR-RFLP 的基因型分布和等位基因频率

品种	头数	Bsu36 I-RFLP				Bsm I-RFLP			
		基因型分布			基因频率	基因型分布			基因频率
		CC	CD	DD	C	EE	EF	FF	F
长白猪	32	17	9	7	0.67^{Bab}	18	14	0	0.79^{A}
大白猪	28	13	9	6	0.63^{bB}	15	13	0	0.77^{A}
三江白猪	28	14	10	4	0.67^{abAB}	0	12	16	0.22^{B}
民猪	26	20	3	3	0.83^{aA}	0	14	12	0.27^{B}

注：同列相同字母表示差异不显著（$P>0.05$），同列不同小写字母间表示差异显著（$P<0.05$），不同大写字母间表示差异极显著（$P<0.01$）。

民猪、长白猪、大白猪和三江白猪肌内脂肪含量（IMF）最高的基因型组合依次为 CC-EE、CC-EE、DD-FF 和 DD-FF，IMF 的最小二乘均值分别为 1.766、1.968、3.468 和 4.195（表 2-8）。

表 2-8　A-FABP 基因不同位点基因型组合与 IMF 的关联性分析

猪种	多态性位点		组合数（头）	平均值
	Bsu36 I	BsmI		
长白猪	CC	EE	5	1.766±0.127[a]
	CD	EE	5	1.704±0.156[b]
	CD	EF	2	1.685±0.007[c]
	DD	EF	3	1.553±0.042[c]
大白猪	CC	EE	5	1.968±0.059[a]
	CD	EE	4	1.765±0.024[b]
	CD	EF	4	1.805±0.096[b]
	DD	EF	2	1.810±0.042[ab]
三江白猪	CC	EF	6	3.340±0.119[c]
	CD	FF	10	3.415±0.086[b]
	DD	FF	4	3.468±0.071[a]
民猪	CC	EF	6	3.855±0.103[b]
	CD	EF	2	4.065±0.103[b]
	CD	FF	2	3.995±0.177[b]
	DD	FF	2	4.195±1.592[a]

注：同列相同字母表示差异不显著（$P>0.05$），同列不同字母表示差异显著（$P<0.05$）。

（二）抑肌素基因（MSTN）

肌肉生长抑制素（Myostatin，MSTN，简称抑肌素，又称 GDF8），首先在小鼠中发现，并证明是骨骼肌发育的负调节因子。瘦肉率是猪育种中重要的目标性状之一，其高低与骨骼肌的含量密切相关。对猪 MSTN 在个体发育过程中表达变化规律的研究表明，其表达量与骨骼肌的发育程度有关，说明 MSTN 可能是影响猪瘦肉率的候选基因之一（关学敏等，2012）。

姜运良等采用 PCP-RFLP 和 PCP-SSCP 的方法，对民猪、“双肌臀”大白猪、大白猪、长白猪、杜洛克、汉普夏、皮特兰、二花脸、湖北白猪和部分杂交猪等不同品种猪的 MSTN 基因 3′编码区、5′调控区及内含子 1 区 3 个单核苷酸多态性位点（SNPs）进行了分析。结果发现该基因 3′编码区的 SNP 发生频率较低，在 274 头猪中未检出突变纯合体。该基因 5′调控区的 SNP，民猪的 3 种基因型基本相等，处于 Hardy-Weinberg 平衡状态，引进猪种（大白猪、长白猪、杜洛克、汉普夏和皮特兰）及其杂交猪以等位基因 T 为主，二花脸和湖北白猪则以等位基因 A 为主，均偏离 Hardy-Weinberg 平衡状态（$P<0.01$）。该基因内含

子1区的SNP，民猪的等位基因G和A基本相等，处于Hardy-Weinberg平衡状态；大白猪及其与长白猪的杂交猪等位基因G占优势，二花脸和湖北白猪则以等位基因A为主，均偏离Hardy-Weinberg平衡状态（$P<0.01$）（姜运良等，2001）。

杨秀芹等（2002，2005）通过克隆测序和PCR-RFLP技术检测了36头民猪MSTN基因5′调控区及部分外显子1序列。结果发现3个SNP位点，分别是第35位的1个插入性突变（G）、第620位的1个插入性突变（T）和第352位的A→G。在MSTN基因的607bp处存在1个点突变（T→A），由此造成了DraⅠ酶切位点的增加。研究中所检测的36头民猪个体，存在3种基因型。其中野生型11头，突变纯合体11头，杂合体14头，T、A基因频率相等。23头三江白猪，40头军牧Ⅰ号猪个体中，基因型全部是TT，没有检测到1例突变；在检测的110头大白猪中，TT、Tt和tt 3种基因型的个体数分别为85、21和4；在53头长白猪中分别为47、5和1；在43头杜洛克猪中，只检测到37头TT和6头Tt，无1例突变纯合体。以上结果表明，该突变产生的3种等位基因与品种有关：长白、大白、杜洛克等引进猪种以TT为主；民猪3种基因型均存在，且频率基本相等；而检测的40头军牧Ⅰ号和23头三江白猪全部是TT型，无1例发生突变，这揭示该位点的突变可能与MSTN基因的表达有关。大白、长白、杜洛克是从国外引进的瘦肉型品种，军牧Ⅰ号、三江白猪有民猪和长白猪的血缘，其显著特点是瘦肉率高，揭示了品种的育成历史。经过长期的选育，等位基因T已经基本固定。民猪是我国的地方品种，脂肪沉积能力强，肉质好，并且长期处于小群保种状态，使其优良性状得以保存。

（三）钙激活酶基因（CAPN）

μ-钙激活酶（μ-calpain）是机体内普遍表达的一种蛋白水解酶，在动物宰后能够分解肌原纤维蛋白，促进肉的嫩化，是肉嫩化的基本酶类。Smith等（2000）将CAPN1作为牛肉嫩度的候选基因。从此，人们开展了大量的CAPN1基因变异与肉嫩度的相关性研究。

杨秀芹等（2017）对民猪的CAPN1基因序列进行了克隆、测序，并利用PCR-SSCP方法对其编码区序列进行了分子扫描，寻找多态位点，分析不同基因型在民猪、野猪、大白猪中的种间分布规律。获得了民猪CAPN1基因的15个内含子序列；根据GenBank上提供的CAPN1 CDS及克隆的内含子序列设计了5对多态性引物进行PCR-SSCP分析；共找到8个SNPs，其中7个位于外显子上，1个位于内含子上，并且外显子上的突变有3个是错义突变，分别造成了蛋白质多肽链上第54位氨基酸的S/T、第192位氨基酸的G/E、第363位氨基酸的V/I替代；χ^2独立性检验表明不同基因型在大白猪与野猪、民猪之间存在着极显著的差异（$P<0.01$），野猪和民猪之间除S1引物3种基因型的分布存在显著差异外（$0.01<P<0.05$），其他引物上差异不显著（$P>0.05$）。这些多态位点具有成为分子标记的潜在可能。

随后，对该基因的3′-UTR进行了SNPs检测和多态性分析，结果表明，共发现7个SNPs，分别是C114T、G220C、C344T、T380C、G501A、T543C、T610C；对G220C/T380C两处突变建立了基于限制性内切酶HinfⅠ/AlwNⅠ的PCR-RFLP检测技术；群体遗传学分析表明，两个位点不同基因型在不同品种（品系）猪中的分布都存在着极显著的差异（$P<0.01$），野猪和民猪之间的差异都不显著（$P>0.05$），并且HinfⅠ位点的B等位基因频率具有随着品种瘦肉率的增加而增多的趋势。

七、民猪肌肉组织表达序列标签（ESTs）的分析

王秀利等（2007）构建了民猪肌肉组织cDNA文库，并在文库中随机挑选克隆进行测序，获得107个高质量的ESTs。经生物信息学分析，所研究的107个ESTs中，有98个单一克隆，其中71个为人类及其他物种的同源序列，23个为猪的已知ESTs，4个为未知ESTs。对4个未知ESTs进行开放阅读框预测并进行BLASTn分析，没有找到高度同源的氨基酸序列。对已知功能基因表达谱的构建和分析结果表明：最多的是未分类，占47.88%；然后依次是基因/蛋白表达占26.76%、细胞代谢占9.86%、细胞结构/迁移占8.45%、细胞/机体防御占4.23%和细胞信号/传导占2.82%。

八、民猪肌肉组织数字基因表达谱的构建

张冬杰等（2013）选择8月龄同期饲养的民猪和大白猪各3头，取背最长肌，通过二代测序技术获得了民猪和大白猪背最长肌中差异表达基因，并进行了相应的生物信息学分析。部分试验结果如下。

通过对成年民猪和大白猪背最长肌组织进行高通量测序，分别获得了5 819 321条和5 710 350条clean tag序列，分别占总tag数的97.58%和96.68%。其中，拷贝数大于100的tag数占总tag数比例最高，而拷贝数介于6和10的tag数占总tag数比例最低，两品种间的分布规律相似，无显著差异。

表2-9 总clean tag读数的分布

拷贝数（n）	民猪		大白猪	
	tag	占比（%）	tag	占比（%）
$2\leq n\leq 5$	122 076	2.10	164 315	2.88

（续表）

拷贝数（n）	民猪		大白猪	
	tag	占比（%）	tag	占比（%）
$6 \leq n \leq 10$	75 283	1.29	97 731	1.71
$11 \leq n \leq 20$	100 276	1.72	127 374	2.23
$21 \leq n \leq 50$	178 888	3.07	242 333	4.24
$51 \leq n \leq 100$	185 925	3.19	246 536	4.32
$n \geq 100$	5 156 873	88.62	4 832 061	84.62

将测得的民猪和大白猪的 clean tag 分别比对到参考基因组数据库，其中民猪完全比对到正义链的 1 个 tag 比对到 1 个基因的共计2 351 788条，占总数的 40.41%，大白猪为2 388 175条，占总数的 41.82%；1 个 tag 比对到基因组 1 个位置的民猪为354 272条，占总数的 6.09%，大白猪为496 803条，占总数的 8.70%；没有比对上的 tag，民猪为379 449条，占总数的 6.52%，大白猪为457 812条，占总数的 8.02%。

以大白猪为对照组，民猪与之相比，差异倍数在 2 倍以上的共有 44 个表达上调基因，1 054个表达下调基因，其中有 11 个基因只在民猪中表达，256 个基因只在大白猪中表达。许多转录因子和基因与肌内脂肪沉积、骨骼肌发育以及肌肉嫩度、肉色等相关（表 2-10）。

表 2-10　民猪和大白猪背最长肌 19 个基因表达情况

基因名称	基因符号	标准化后的基因表达量		差异倍数	基因功能
		大白猪	民猪		
肌球蛋白重链	MYHC	1.58	0.01	−7.303	肌纤维类型
I 型兰尼定受体	RYRI	2 222.28	1 294.48	−0.779	肌肉生长发育
脂肪细胞定向分化因子 1	ADD1	6.83	4.12	−0.729	肌内脂肪含量
脂肪酸合成酶	FAS	0.35	0.01	3.129	肌内脂肪含量
肌细胞生成素	MyoG	1.58	0.34	−2.216	终止成肌细胞的增殖
脂蛋白酯酶	LPL	5.08	1.03	−2.302	脂类代谢
真核细胞翻译起始因子	eIF4E	11.73	6.01	−0.965	起始蛋白质翻译
脂肪酸结合蛋白	FABP4	3.85	0.34	3.501	肌间脂肪
钙蛋白酶抑制蛋白	CAST	16.29	10.14	−0.684	肌肉嫩度
钙蛋白酶 1	CAPN1	1.23	0.01	−6.942	肌肉嫩度

（续表）

基因名称	基因符号	标准化后的基因表达量		差异倍数	基因功能
		大白猪	民猪		
活化转录因子 4	ATF4	997.49	1735.6	0.799	脂肪和能量代谢
组织蛋白酶 B	CTSB	191.06	23.54	-3.021	参与肌肉蛋白质水解，影响肌肉嫩度
肌红蛋白	Mb	1 481.35	399.87	-1.889	肉色
血红蛋白	Hb	0.35	0.01	-5.129	肉色
胰岛素样生长因子结合蛋白 3	IGFBP3	0.01	0.34	5.087	肌肉生长发育
胰岛素样生长因子结合蛋白 5	IGFBP5	13.13	7.73	-0.764	肌肉生长发育
胰岛素样生长因子 2 受体	IGF2R	0.01	0.34	5.087	肌肉生长发育
小窝蛋白 1	Cav-1	171.27	26.81	2.675	脂肪在肌细胞中的沉积
抑肌素	MSTN	1.75	1.89	0.111	抑制肌肉生长

民猪能够比对到基因反义链的 tags 为6 558条，占 clean tag 总数的 0.11%，大白猪能够比对到基因反义链的 tags 为8 528条，占 clean tag 总数的 0.15%。民猪和大白猪分别预测23 853个和34 731个定位在猪基因组不同位置的新转录本，其中包括含有 1 个碱基发生错配的 tags。

民猪和大白猪之间的差异基因在细胞所处位置方面显著富集的条目有 18 个，主要有细胞质、膜旁细胞器、胞内膜旁细胞器、色素粒、水解性液泡、部分细胞内等；在基因分子功能方面显著富集的条目有 2 个，一个是蛋白结合（Protein Bining），另一个是氧化还原酶活性，供体为含硫基，受体为 NAD 或 NADP（oxidoreductase activity，acting on a sulfur group of donors，NAD or NADP as acceptor）；在参与的生物过程方面显著富集的条目共计 14 个，排在前三位的分别为对压力的应答、对活性氧的应答和羧酸代谢过程。

民猪和大白猪背最长肌间差异表达基因显著富集的通路共计 7 个（表 2-11），其中包括著名的 PPAR 信号通路。

表 2-11　民猪和大白猪间差异基因显著富集的 7 个通路

编号	通路名称	通路中有注释的差显基因数目	Q 值	通路 ID 号	通路注释
1	溶酶体	31	0.007 8	ko04142	参与细胞膜上细胞表面分子与受体的调节以及抵御细胞外侵害

（续表）

编号	通路名称	通路中有注释的差显基因数目	Q 值	通路 ID 号	通路注释
2	PPAR 信号通路	23	0.007 8	ko03320	参与调节脂类代谢、机体免疫、细胞分化及细胞凋亡等
3	基本的胆汁酸合成	8	0.025 3	ko00120	合成胆汁酸
4	内吞作用	45	0.025 3	ko04144	将细胞外物质转运入细胞内
5	过氧化物酶体	20	0.025 3	ko04146	参与脂肪酸的 β 氧化、解毒
6	氧化磷酸化	25	0.025 3	ko00190	有机物包括糖、脂、氨基酸等在分解过程中释放能量，驱动 ATP 合成
7	帕金森症	27	0.036 1	ko05012	帕金森病

九、民猪脂肪组织转录组测序分析

王文涛等（2019）采集了 2 头 100kg 体重民猪和 3 头 100kg 体重大白猪的背部脂肪组织，利用 Illumina Hiseq2000 测序平台，比较和筛选了民猪与大白猪背脂内差异表达基因。

以平均水平计算，大约有 86%的测序数据通过了质量检测（表 2-12），可以用于后续分析；大约有 80%的有效数据比对到猪的基因组上。数据比对到猪基因组的位置见图 2-8。大部分数据都比对到基因组的外显子区，5′-UTR 和 3′-UTR 区。

表 2-12　5 个样本的有效数据及比对到基因组的比例

品种		读长（双末端）	有效数据占比（%）	比对到基因组的占比（%）
大白猪	7	21 519 314	85.94	85.42
	8	32 039 466	86.81	80.04
	9	22 585 243	86.69	80.13
民猪	11	20 678 342	86.77	79.04
	12	25 986 910	86.86	79.86

将民猪与大白猪间的相同基因利用标准化后的 PRKM 值进行比较，两者间 $P<0.05$ 的基因归为差异表达基因。统计后发现，民猪与大白猪相比，有 635 个差异基因的差异倍数在 2 倍以上。在 635 个差异基因中，有 523 个为下调基因，112 个为上调基因。在所有有注释的基因中，436 个基因通过 BLAST 比对到唯一

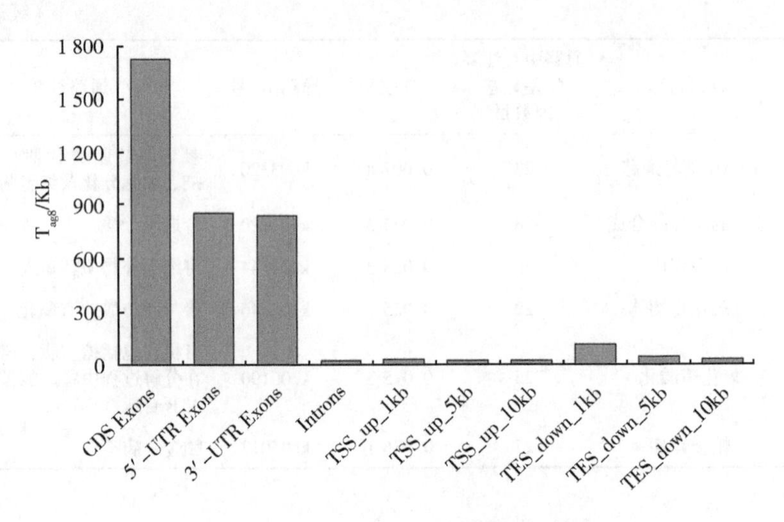

图 2-8　比对到基因组的数据分析情况

注：横坐标表示序列比对到基因组的位置，纵坐标表示比对到该位置的序列数量。

的基因，其余的基因则比对到无特征蛋白质或无命名转录体。635 个差异基因的差异倍数情况见表 2-13，差异基因的差异倍数主要集中在 3~10 倍，大白猪的基因表达水平要高于民猪的。在大白猪中高表达差异基因见表 2-14。

表 2-13　635 个差异基因的差异倍数情况（民猪 vs 大白猪）

差异倍数	DEGs 数量（下调）	DEGs 数量（上调）
2<multiple<3	120	44
3≤multiple<10	371	55
multiple≥10	32	13
总计	523	112

表 2-14　在大白猪背部脂肪中高表达的差异基因

差异倍数	*P*-val	基因注释	数据库来源	基因缩写	基因 ID 号
454.67	2.70E-18	ATPase, H + transporting, lysosomal V0 subunit a4	HGNC	ATP6V0A4	50 617
129.79	1.48E-07	transporter 2, ATP - binding cassette, sub - family B (MDR/TAP)	Sus scrofa 1-0.2	TAP2	733 650

（续表）

差异倍数	*P*-val	基因注释	数据库来源	基因缩写	基因 ID 号
62. 61	1. 42E-06	Uncharacterized protein	UniProtKB/TrEMBL	/	/
52. 21	5. 29E-12	Uncharacterized protein	UniProtKB/TrEMBL	/	/
46. 68	1. 10E-02	fibroblast growth factor binding protein 1	HGNC	FGFBP1	9 982
44. 84	1. 27E-07	Uncharacterized protein	UniProtKB/TrEMBL	/	/
29. 21	9. 02E-05	pheromaxein A	Sus scrofa 10. 2	PHEROA	449 006
27. 76	7. 42E-08	pheromaxein C	Sus scrofa 10. 2	PHEROC	100 144 470
26. 34	4. 80E-04	NADPH oxidase 1	HGNC	NOX1	27 035
25. 84	1. 86E-08	glycine - N - acyltransferase - like 2	HGNC	GLYATL2	219 970

GO 富集分析发现，在生物学过程层面（Biological Process，BP），与代谢过程、细胞的氮化合物代谢过程、解旋酶活性、氧化还原酶活性和蛋白质折叠的生物过程被富集；在分子功能层面（Molecular Function，MF），与细胞骨架蛋白结合和离子束缚相关的分子功能被富集。但是 pathway 分析中，没有发现任何显著富集的调控通路。

共计 137 个差异表达基因富集到代谢过程中，包括 123 个在大白猪中高表达，14 个在民猪中高表达。其中 NADPH 氧化酶 1（NADPH oxidase 1，NOX1），配对盒基因 9（Paired box 9，PAX-9），可溶性载质转运蛋白 SLC24A5（Solute carrier family 24 member 5，SLC24A5），TANK 结合激酶 1（TANK-binding kinase 1，TBK1），Toll 样受体 3（Toll-like receptor 3，TLR3），Oleoyl-ACP 水解酶（Oleoyl-ACP hydrolase，OLAH），雌激素相关受体 γ（estrogen-related receptor γ，ESRRG），FBJ 鼠科骨肉瘤病毒癌基因同源物（FBJ murine osteosarcoma viral oncogenehomolog，FOS），转录因子 A 线粒体（Transcription factor A mitochondrial，TFAM），转录因子 AP-2 β（Transcription factor AP-2 β，TFAP2B），酰基辅酶 A 合成酶中链家族成员 3（Acyl-CoA synthetase medium-chain family member 3，ACSM3），微粒体谷胱甘肽 S-转移酶 2（Microsomal glutathione S-transferase 2，MGST2）和锌指蛋白 527（Zinc finger protein 527，ZNF527）在大白猪中显著高表达，差异倍数均在 5 倍以上。在民猪的背部脂肪组织中，骨形成蛋白 7（Bone morphogenetic protein 7，BMP7），CCCTC 结合因子（CCCTC-binding factor，CTC-

FL)，磷酸烯醇丙酮酸羧基酶 1（Phosphoenolpyruvate carboxykinase 1，PCK1），肾上腺素能受体 β1（Adrenergic receptor β-1，ADRB1），丙酮酸脱氢酶激酶同工酶 4（Pyruvate dehydrogenase kinase isozyme 4，PDK4），SRY-盒 12（SRY-box 12，SOX12）和磷脂酰肌醇聚糖锚定生物合成 S 类（Phosphatidylinositol glycan anchorbiosynthesis class S，PIGS）显著高表达，差异倍数在 5 倍以上。

NOX1 是 NADPH 氧化酶家族的一个成员，主要负责催化一个氧离子的转移，从而促进超氧化物和过氧化氢的形成，对超氧化物的形成以及细胞增殖起着重要作用；另外，对于流感病毒感染，它可以修饰先天的和适应性细胞免疫性反应。PAX-9 是 PAX 转录因子家族的一员，*Pax* 基因在胚胎发生中起着重要作用，对很多器官的发育起着重要作用，其中包括神经和肌肉系统等。PAX9 在小鼠和人的牙齿发育中起着重要作用。TLR3 是 Toll 样受体超家族的一员，TLRs 是先天免疫系统的受体。TLR3 可以识别与病毒性感染有关的 dsRNA，而且诱导 NF-kappaB 的活性，在宿主防御病毒中起着重要作用。ESRRG 是一个孤儿核受体，结构上类似于 ER，在能量平衡上起着广泛的转录调节作用，在胚胎发育过程中也起着主要作用。FOS 也被称作 c-fos，它是 AP-1 复合体家族的一个转录因子，在原始脂肪细胞分化中起着重要作用，启动子区的一个突变与先天脂肪代谢障碍有关。TFAM 编码线粒体的一个关键转录因子，编码的蛋白在线粒体 DNA 的复制和修复中起着重要作用。TFAP2B 是 AP-2 转录因子家族的一名成员，与人身高体重指数相关。BMP7 是一个对抗 TGF-β1 纤维化细胞因子，BMP7 既可以阻止肾脏、肺脏和肝脏的纤维化，也可以促进啮齿类动物和人类褐色脂肪细胞的形成。它可以促进人类的脂肪干细胞分化成有代谢活性的米黄色脂肪细胞。PCK1 和 PDK4 在调节糖质新生方面起着重要作用，这两个基因的表达水平可被胰岛素、糖皮质激素、胰高血糖素、cAMP 和食物调节。SOX12 是 SOX 基因家族的一员，广泛表达于各个组织，在几种细胞的分化和维护中起作用。

165 个差异基因与细胞内的氮化合物代谢过程相关。它们中的 145 个差异基因在大白猪中高表达，20 个差异基因在民猪中高表达。在大白猪的 145 个差异基因中，28 个基因的差异倍数在 5 倍以上，但是有 12 个差异基因是未知的蛋白基因。16 个有注释的差异基因中除 PAX-9，FOS，MGST2，ESRRG，TLR3，ZNF527，TFA 外，还有 ATP 酶 H^+ 转运溶酶体 V0 亚基 a4（ATPase H^+ transporting lysosomal V0 subunit a4，ATP6V0A4），转运蛋白 2，ATP 结合家族，亚家族（MDR/TAP）B（Transporter 2 ATP-binding cassette sub-family B（MDR/TAP），TAP2），PARP1 结合蛋白（PARP1 binding protein，PARPBP），受磷蛋白（Phospholamban，PLN），上皮剪接调节蛋白（Epithelial splicing regulatory protein 1，ESRP1），色氨酸 2，3-加二氧酶（tryptophan 2，3-dioxygenase，

TDO2）和 Gypsy 反转录转座子 1（Gypsy retrotransposon integrase 1，GIN1）。ATP6V0A4 的差异倍数达到 454 倍，TAP2 的差异倍数达到 129 倍。在民猪，组氨酸脱羧酶（Histidine decarboxylase，HDC）和含激酶非催化的 C-叶域蛋白质 1（Kinase non-catalytic C-lobe domain containing 1，KNDC1）在背部脂肪组织中高表达，差异倍数达到 5 倍以上。ATP6V0A4 编码液泡的 ATP 酶的一部分，ATP 酶是一个多亚基酶。该基因突变与肾小管酸中毒有关。TAP2 是 ATP 结合盒转运蛋白超家族的一员，ATP2 和 ATP1 在主要组织相容性复合体区可以形成一个异质二聚体，与免疫缺陷和支气管扩张发育相关。PLN 是一个肌质网钙离子泵的一个调节器。PLN 和肌质网钙离子泵对于维护心血管正常功能起着重要作用。PLN 的突变会导致人类可遗传的扩张性心肌病，并伴有心力衰竭。TDO2 是犬尿酸通路上的一个关键酶，能催化吲哚环在 C2-C3 位置与 L 左旋色氨酸相连处开环。增加 TDO2 蛋白的活性会导致犬尿素产物的增加，它们通过抑制抗肿瘤免疫应答反应在癌症中起作用。HDC 编码Ⅱ型脱羧酶家族的一个成员，可以将 L-组氨酸转化成组胺。组胺可调节许多生理过程，包括神经传递、胃酸分泌、炎症和平滑肌张力。

39 个差异基因与氧化还原酶活性相关。其中 31 个差异基因在大白猪中高表达，8 个差异基因在民猪中高表达。其中 17β-羟基类固醇脱氢酶 2（17-β hydroxysteroiddehydrogenase 2，HSD17B2）（差异倍数 13.24 倍），TDO2（差异倍数 11.23 倍），4-羟苯丙酮酸二加氧酶（4-hydroxyphenylpyruvate dioxygenase，PDS1）（差异倍数 22.61 倍），NOX1（差异倍数 26.34 倍），细胞色素 P450 家族 4 亚家族 X 成员 1（Cytochrome P450 family 4 subfamily X member 1，CYP4X1）（差异倍数 11.17 倍），铜蓝蛋白（Ceruloplasmin，CP）（差异倍数 9.12 倍）在大白猪中高表达。在民猪，仅有碘化酪氨酸脱碘酶（Iodotyrosine deiodinase，IYD）（差异倍数 5.5 倍）是高表达的。基于上述数据，我们推测大白猪背部脂肪组织的氧化还原酶活性要远高于民猪。

12 个差异基因与解旋酶活性相关，均表达于大白猪背脂中，比如，类 RecQ 螺旋酶（RecQ Like Helicase，RECQL），ATP 酶家族 AAA 域包含 1（ATPase family AAA domain conting 1，ATAD1），染色质域解旋酶 DNA 结合蛋白（Chromodomain helicase DNA binding protein 1，CHD1），和 YTH 结构域家族蛋白 2（YTH domain containing 2，YTHDC2）等。但这些基因的差异倍数均未超过 5 倍。

9 个差异基因与蛋白质折叠相关，其中 7 个差异基因在大白猪中高表达，2 个差异基因在民猪中高表达。其中 DnaJ 热休克蛋白家族（Hsp40）成员 A4（DnaJ heat shock protein family（Hsp40）member 4，DNAJB4），DnaJ 热休克蛋白家族（Hsp40）成员 10（DnaJ heat shock protein family（Hsp40）member 10，

DNAJB10)，FK506 结合蛋白 3（FK506 binding protein 3，FKBP3）和肽基异构酶（亲环）3［peptidylprolyl isomerase（cyclophilin）-like 3，PPIL3］都在大白猪中高表达，但差异倍数未超过 5 倍。

十、民猪不同部位肌肉的转录组测序

柳樱子等（2018）对民猪背肌和腿肌两个不同部位间差异表达的基因进行了筛选。结果发现基因表达量的分布方式在背肌和腿肌间无显著差异，均为高水平表达基因占比最小，极低表达水平的基因和较低表达水平的基因占比基本相等（图 2-9）。

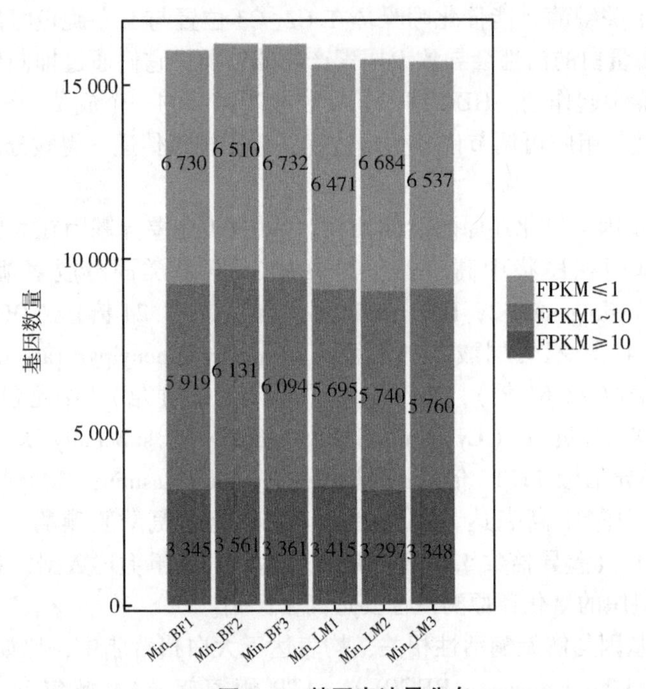

图 2-9　基因表达量分布

注：*X* 轴表示样品名称，*Y* 轴表示基因数目，颜色深浅表示不同表达量水平：FPKM≤1 的为极低表达水平的基因，FPKM 在 1～10 的为较低表达水平的基因，FPKM≥10 的为中高表达水平的基因。

背肌组共检测到15 581个基因，组内 3 个样品之间共同表达基因13 987个，占总基因数的 89.77%，各自特异表达基因分别为 647 个、706 个和 701 个（图 2-10）；腿肌组共检测到15 994个基因，组内 3 个样品之间共同表达基因 14 431个，占总基因数的 90.23%，各自特异表达基因分别为 581 个、707 个和 720 个。民猪背肌和腿肌间共表达基因 13 514个，背肌特异表达基因 473 个，腿肌特异表达基因 917 个（图 2-11），腿肌中特异表达基因的数量约是背肌的 2 倍（表 2-15）。

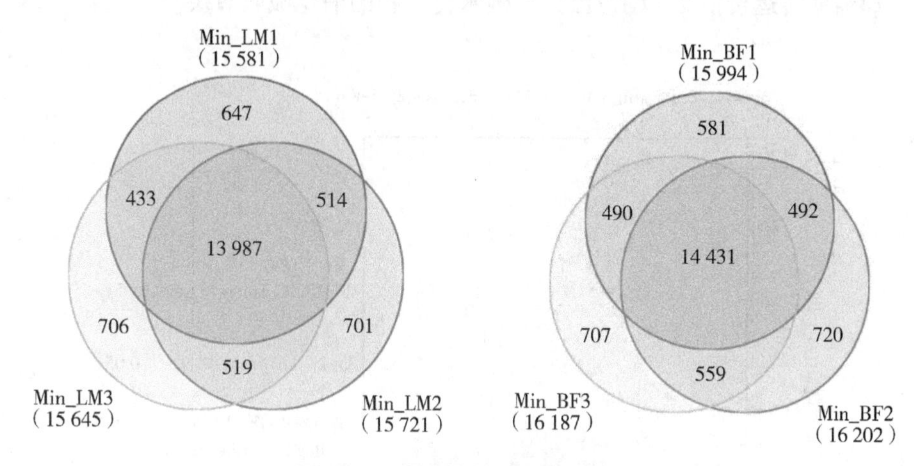

图 2-10　各组样品间韦恩图分析

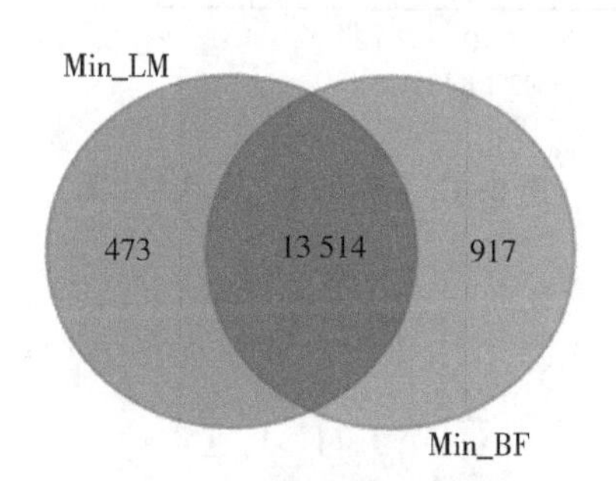

图 2-11　组间韦恩图分析

民猪腿肌组与背肌组相比有 97 个基因高表达，17 个基因低表达（$P<0.05$，$|\log_2 \text{FoldChange}| \geq 1$）（图 2-12、图 2-13）。其中高表达基因 $\log_2$ FoldChange>3 的基因共计 11 个，$2 \leq \log_2 \text{FoldChange} \leq 3$ 的差异基因共计 13 个，$1 \leq \log_2 \text{FoldChange} < 2$ 的差异基因共计 73 个；低表达基因 $\log_2 \text{FoldChange} < -4$ 倍的基因共计 2 个，$-4 \leq \log_2 \text{FoldChange} < -3$ 的差异基因共计 2 个，$-3 \leq \log_2 \text{FoldChange} < -2$ 的差异基因 4 个，$-2 \leq$ 差异倍数 < -1 的差异基因共计 9 个。由此可知，民猪背肌和腿肌中差异基因的倍数更多的集中在 2~4 倍，这与民猪和大白猪背肌内基因的差异倍数分布趋势基本一致，但差异基因的数量要远少于民猪和大白猪间的差异数量。

在民猪腿肌高表达基因中，4-羟基苯丙酮酸双加氧酶和伯胺氧化酶在苯丙氨酸代谢、甘氨酸、丝氨酸、苏氨酸代谢以及络氨酸代谢中起重要作用。参与此作用的还有在民猪腿肌中低表达的肌氨酸氧化酶基因。民猪腿肌低表达的基因中，葡萄糖转运蛋白 2（GLUT2）与碳水化合物的消化吸收有关。

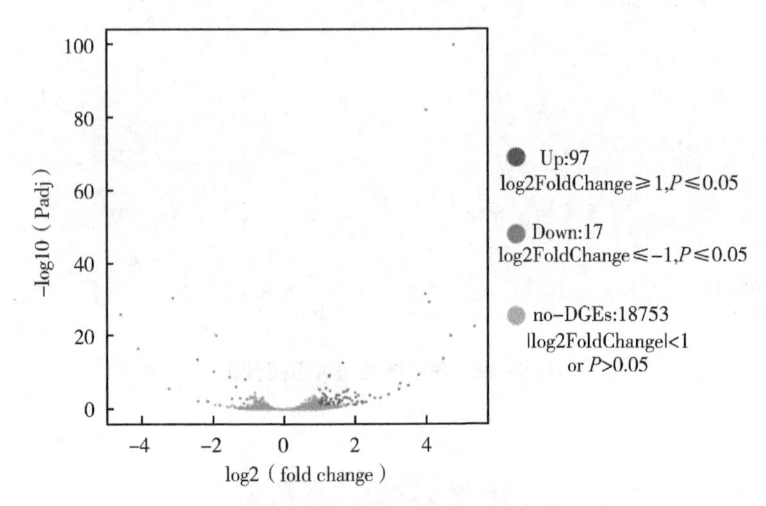

图 2-12　差异表达基因火山图

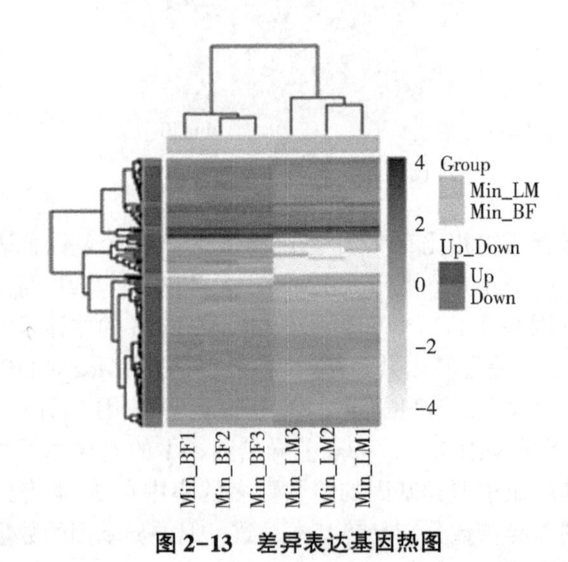

图 2-13　差异表达基因热图

表 2-15　民猪腿肌与背肌相比差异倍数在 8 倍以上的差异基因列表

编号	基因 ID	差异倍数 （腿肌/背肌）	*P* 值	基因名称
上调基因				
1	110260668	5. 409 171 09	1. 10E-26	NA
2	100861538	4. 815 704 931	1. 67E-104	RN18S
3	100628033	4. 728 808 286	4. 06E-24	HOXC11
4	BGI_ novel_ G000085	4. 515 677 84	7. 93E-18	NA
5	102158335	4. 115 061 697	1. 81E-33	LOC102158335
6	102158401	4. 038 147 245	1. 52E-86	LOC102158401
7	102723301	4. 010 395 008	6. 24E-36	LOC102723301
8	100621842	3. 822 542 949	3. 06E-13	SH3BGRL3
9	100329126	3. 530 145 672	2. 99E-10	ATP1A3
10	397029	3. 298 233 184	7. 81E-11	PLP1
11	100620588	3. 267 889 645	3. 64E-09	SNAP25
下调基因				
1	100739594	-3. 119 422 983	1. 16E-34	HOXC8
2	100519623	-3. 237 307 305	2. 60E-09	ZIC4
3	106505375	-4. 109 358 706	1. 35E-20	LOC106505375
4	100153570	-4. 612 604 633	4. 03E-30	ZIC1

（一）差异表达基因的 GO 功能分析

差异表达基因的 GO 分析统计结果见图 2-14，各类别富集基因数最多的 5 个功能分类分别如下。

（1）生物过程。①细胞过程；②单一生物过程；③代谢过程；④多细胞生物过程；⑤生物调节。

（2）细胞成分。①细胞；②细胞组分；③细胞器；④生物膜；⑤细胞器组分。

（3）分子功能。①结合；②催化活性；③核酸结合转录因子活性；④信号转导活性；⑤结构分子活性。

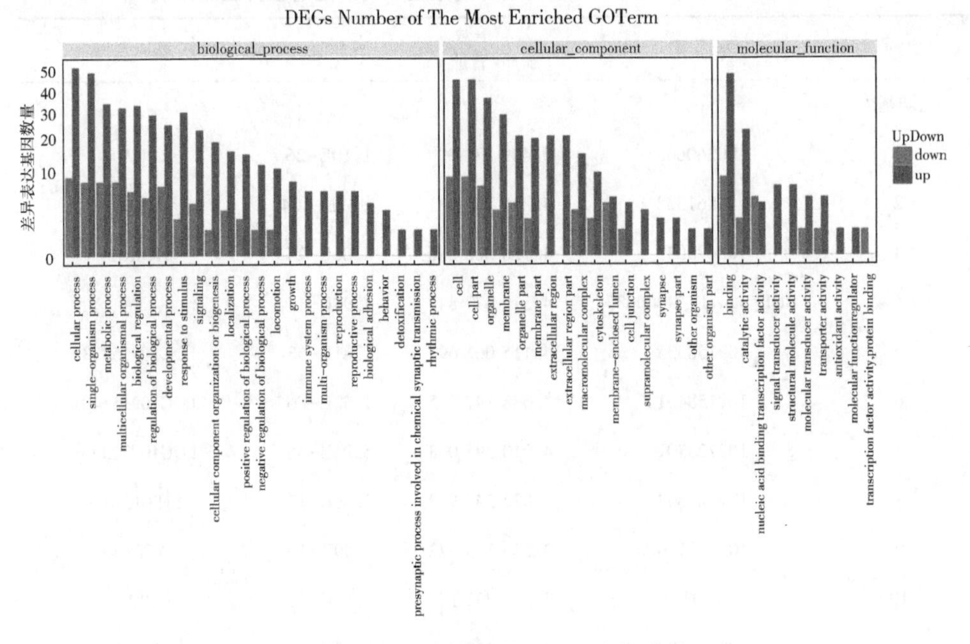

图 2-14　差异表达基因 GO 富集分类

（二）差异表达基因 Pathway 分析

根据 KEGG pathway 分析结果，可将基因根据参与的代谢通路分为 6 个分支：细胞过程（Cellular processes）、环境信息处理（Environmental information processing）、遗传信息处理（Genetic information processing）、人类疾病（Human diseasea）、代谢（Metabolism）、有机系统（Organismal systems）。每一分支中进一步按功能细分后，每组 DEGs 的富集结果以富集基因数排序统计如图 2-15 所示。

将 KEGG 分析结果按 pathway 富集的显著性进行了统计，结果获得显著富集通路 28 个（$P<0.05$），根据 P 值大小列出了这 28 个富集通路（表 2-16）。其中包含蛋白质的消化吸收、PI3K-Akt 信号通路、细胞骨架的调节、碳水化合物的消化吸收、血管平滑肌收缩等信号通路。

综合考虑富集 DEG 数目、富集显著性与富集因子值（注释上某一通路的前景值即 DEG 个数与注释上某一通路的背景值即所有基因个数的比值）3 个指标后，对 pathway 富集结果再次进行了统计（图 2-16）。据此我们发现，PI3K-Akt 信号通路和黏着斑信号通路上所聚集的 DEGs 数目最多，苯丙氨酸代谢通路（Phenylalanine metabolism）和丁酸代谢通路（Butanoate metabolism）富集效果最明显。

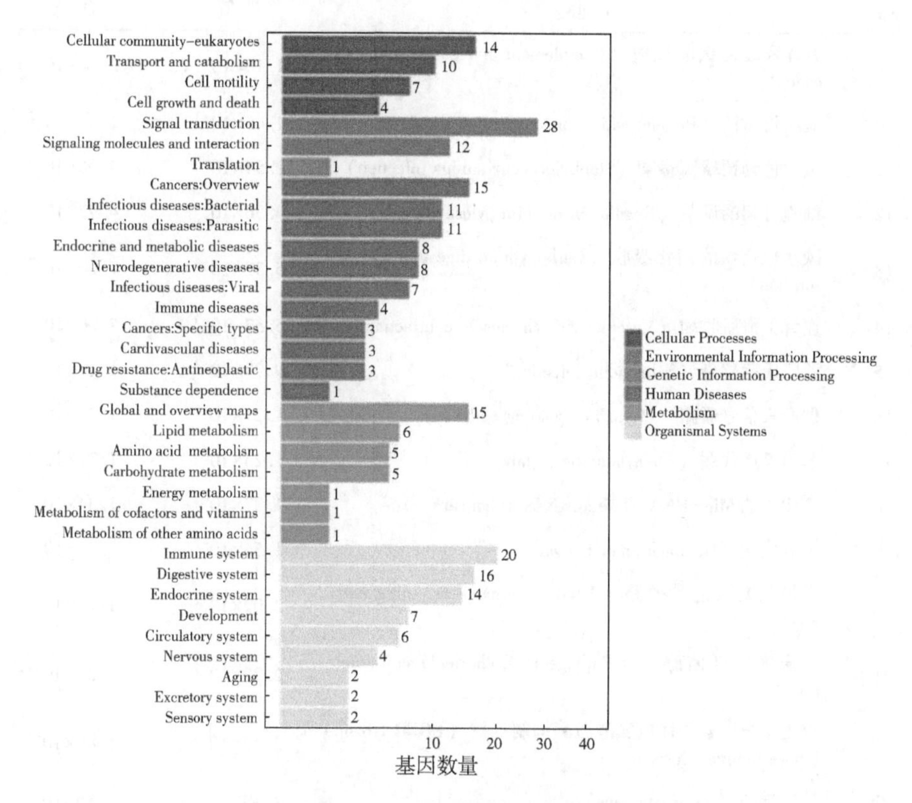

图 2-15　差异基因通路分类图

表 2-16　民猪背肌和腿肌间差异表达基因的显著富集通路

No.	通路	*P*-值	Q-值
1	黏着斑（Focal adhesion）	1.74×10^{-6}	3.05×10^{-4}
2	百日咳（Pertussis）	9.30×10^{-5}	5.45×10^{-3}
3	蛋白质的消化吸收（Protein digestion and absorption）	9.58×10^{-5}	5.45×10^{-3}
4	阿米巴病（Amoebiasis）	1.44×10^{-4}	5.45×10^{-3}
5	ECM 受体互作（ECM-receptor interaction）	1.55×10^{-4}	5.45×10^{-3}
6	PI3K-Akt 信号通路（PI3K-Akt signaling pathway）	6.42×10^{-4}	1.68×10^{-2}
7	朊病毒病（Prion diseases）	7.24×10^{-4}	1.68×10^{-2}
8	AGE-RAGE 信号通路在糖尿病并发症中的作用（AGE-RAGE signaling pathway in diabetic complications）	7.65×10^{-4}	1.68×10^{-2}

（续表）

No.	通路	P-值	Q-值
9	补体和凝血级联反应（Complement and coagulation cascades）	1.10×10^{-3}	2.14×10^{-2}
10	血小板激活（Platelet activation）	1.45×10^{-3}	2.55×10^{-2}
11	金黄色葡萄球菌感染（Staphylococcus aureus infection）	2.54×10^{-3}	4.06×10^{-2}
12	细胞骨架的调节（Regulation of actin cytoskeleton）	3.36×10^{-3}	4.92×10^{-2}
13	碳水化合物的消化吸收（Carbohydrate digestion and absorption）	5.37×10^{-3}	7.00×10^{-2}
14	血管平滑肌收缩（Vascular smooth muscle contraction）	5.57×10^{-3}	7.00×10^{-2}
15	沙门氏菌感染（Salmonella infection）	9.99×10^{-3}	1.17×10^{-1}
16	催产素信号通路（Oxytocin signaling pathway）	1.21×10^{-2}	1.27×10^{-1}
17	苯丙氨酸代谢（Phenylalanine metabolism）	1.23×10^{-2}	1.27×10^{-1}
18	癌症中的 MicroRNAs（MicroRNAs in cancer）	1.37×10^{-2}	1.34×10^{-1}
19	丁醇代谢（Butanoate metabolism）	1.56×10^{-2}	1.45×10^{-1}
20	甲状腺激素信号通路（Thyroid hormone signaling pathway）	2.02×10^{-2}	1.78×10^{-1}
21	致病大肠杆菌感染（Pathogenic Escherichia coli infection）	2.20×10^{-2}	1.84×10^{-1}
22	表皮生长因子受体酪氨酸激酶抑制抵抗（EGFR tyrosine kinase inhibitor resistance）	2.42×10^{-2}	1.86×10^{-1}
23	轴突导向（Axon guidance）	2.43×10^{-2}	1.86×10^{-1}
24	白细胞跨内皮迁移（Leukocyte transendothelial migration）	2.77×10^{-2}	2.03×10^{-1}
25	甘氨酸、丝氨酸、苏氨酸代谢（Glycine，serine and threonine metabolism）	3.22×10^{-2}	2.27×10^{-1}
26	酪氨酸代谢（Tyrosine metabolism）	3.46×10^{-2}	2.34×10^{-1}
27	胰岛素分泌（Insulin secretion）	3.70×10^{-2}	2.41×10^{-1}
28	脂肪消化吸收（Fat digestion and absorption）	4.76×10^{-2}	2.91×10^{-1}

十一、民猪和大白猪肌肉的转录组测序

柳樱子等（2018）利用 RNA-Seq 技术比较了民猪和大白猪背最长肌内的差异表达基因，结果发现基因表达量的分布方式在民猪和大白猪间无显著差异，均为高水平表达基因占比最小，极低表达水平的基因和较低表达水平的基因占比基本相等（图 2-17）。

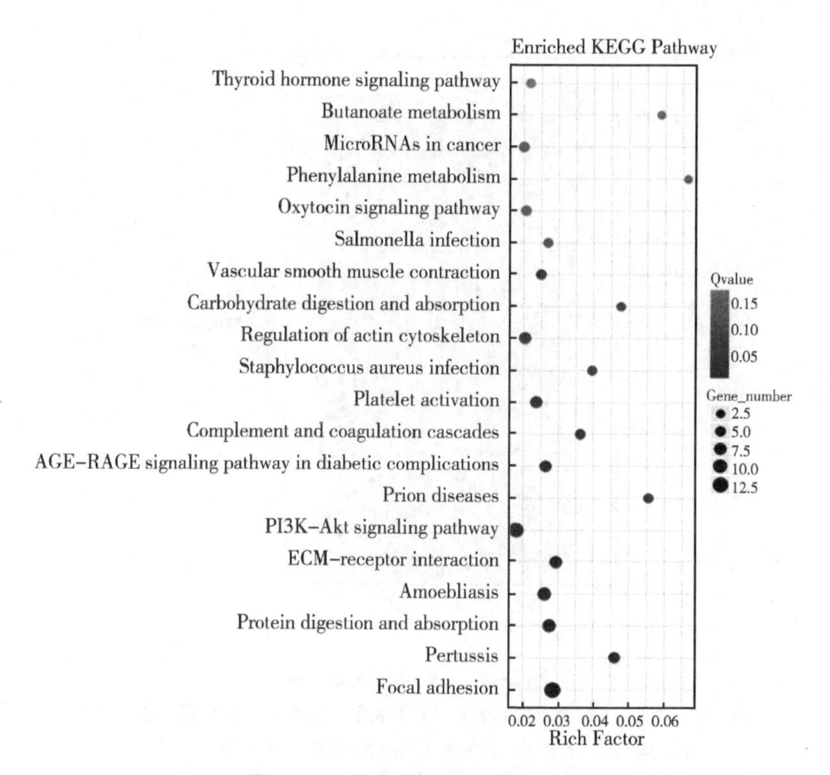

图 2-16　差异基因通路富集结果

注：X 轴代表富集因子值，Y 轴代表通路名称。富集因子是注释上某一通路的前景值（差异基因个数）与注释上某一通路的背景值（所有基因个数）之商，数据越大，说明富集结果越明显。颜色代表 Q-值，颜色越白值越大，越蓝值越小。点的大小代表 DEG 数目，点越大代表数目越大，越小代表数目越少。

民猪与大白猪相比，背最长肌中共表达基因 13 484个，大白猪特异表达基因 1 082个，民猪特异表达基因 503 个（图 2-18），大白猪背最长肌中特异表达基因的数量是民猪的 2 倍（表 2-17）。

民猪与大白猪相比背最长肌中有 470 个基因高表达，901 个基因低表达（$P<0.05$，$|\log_2 \text{FoldChange}| \geq 1$）（图 2-19、图 2-20）。其中高表达基因 $\log_2 \text{FoldChange}>3$ 的基因共计 18 个，$2\leq\log_2 \text{FoldChange}\leq3$ 的差异基因共计 81 个，$1\leq\log_2 \text{FoldChange}<2$ 的差异基因共计 371 个；低表达基因 log2FoldChange<-4 的基因共计 17 个，-4≤log2FoldChange<-3 的差异基因共计 49 个，-3≤log2FoldChange<-2 的差异基因 207 个，-2≤log2FoldChange<-1 的差异基因共计 628 个。由此可知，民猪和大白猪背最长肌中差异基因的倍数更多的集中在 2~4 倍。

民猪背肌高表达的基因中，*IRS*1 参与细胞信号转导，在多种生物学过程中

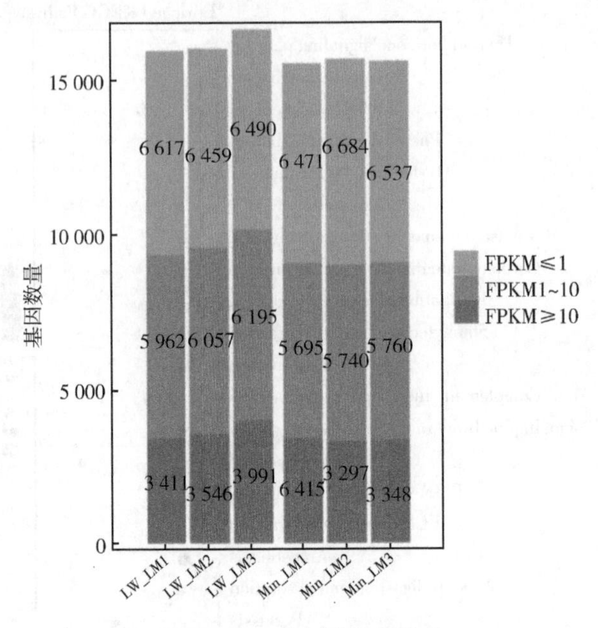

图 2-17　基因表达量分布

注：*X* 轴表示样品名称，*Y* 轴表示基因数目，颜色深浅表示不同表达量水平：FPKM≤1 的为极低表达水平的基因，FPKM 在 1~10 的为较低表达水平的基因，FPKM≥10 的为中高表达水平的基因。

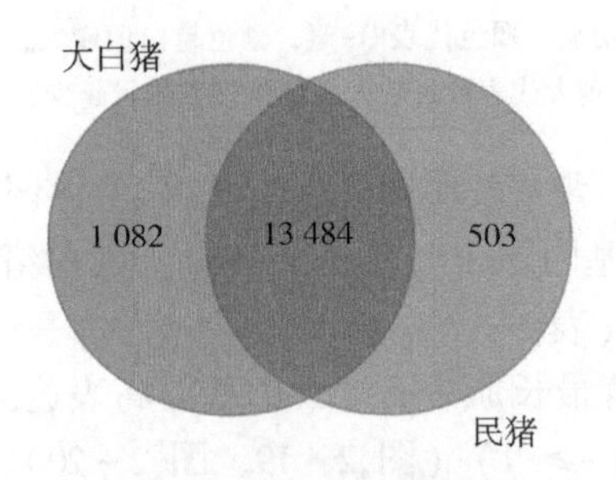

图 2-18　组间韦恩图分析

发挥作用，比如，肌肉生长发育、肌纤维类型调节及脂类代谢；固醇调节元件结合蛋白-1c（SREBP-1c）是脂肪合成基因的重要转录调节因子，主要调节动物脂肪合成和葡萄糖代谢相关基因的表达；肝 X 受体 α（LXRα）是与代谢相关的核受体之一，参与影响糖脂代谢、调节胆固醇平衡。

民猪背肌低表达的基因中，激素敏感性脂肪酶（HSL）、脂蛋白脂肪酶（LPL）、长链脂酰 CoA 合成酶（ACSL）与脂肪分解代谢相关；肉碱棕榈酰转移酶 1（CPT1）参与脂肪酸 β-氧化；对比相似性基因-58（CGI-58）是甘油三酯水解酶的辅助激活因子，协助水解甘油三酯。

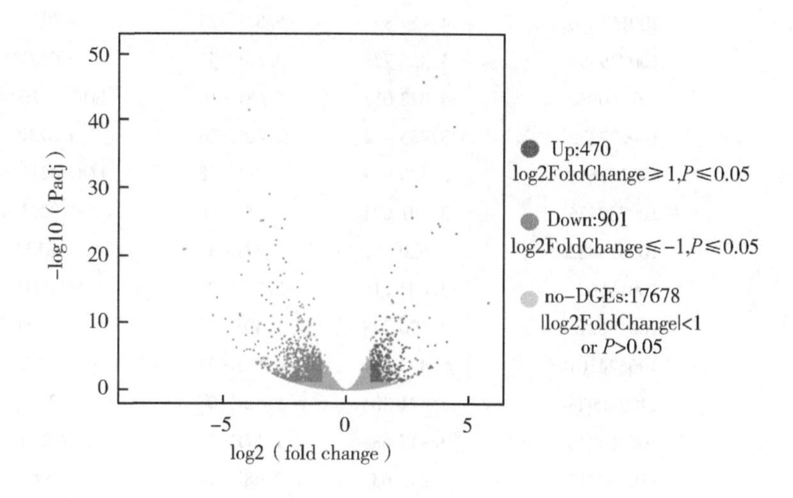

图 2-19　差异表达基因火山图

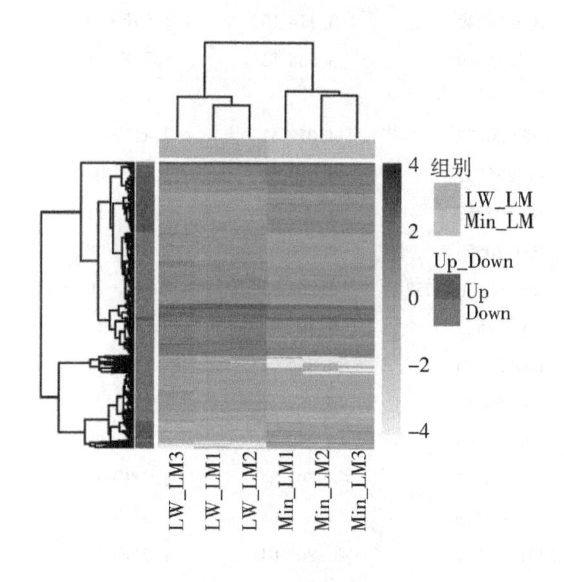

图 2-20　差异表达基因热图

表 2-17　民猪与大白猪相比差异倍数在 8 倍/16 倍以上的差异基因列表

编号	基因 ID	$\log_2$FoldChange（民猪/大白猪）	*P*-值	基因名称
上调基因				
1	100518848	5. 784 186	2. 76E-16	LOC100518848
2	100153570	4. 469 8	5. 81E-27	ZIC1
3	100739594	4. 365 751	2. 18E-43	HOXC8
4	102160938	4. 078 057	5. 68E-10	LOC102160938
5	100627932	3. 785 472	3. 83E-28	HOXC6
6	102167611	3. 720 919	1. 39E-28	LOC102167611
7	100737436	3. 691 071	1. 78E-06	LOC100737436
8	100513882	3. 630 492	3. 37E-51	GRIP2
9	100155671	3. 602 218	2. 11E-09	MAB21L1
10	100156215	3. 490 728	1. 40E-05	MSS51
11	100624161	3. 473 161	4. 03E-27	G0S2
12	110260925	3. 421 304	6. 62E-06	NA
13	100155948	3. 417 688	1. 17E-05	NRN1
14	110258215	3. 375 639	7. 48E-14	NA
15	100156863	3. 367 756	1. 86E-05	ZIC3
16	100514055	3. 308 133	2. 93E-09	LRRC38
17	100518749	3. 114 109	3. 59E-50	PLEKHH3
18	100155909	3. 035 131	7. 86E-05	SLITRK5
下调基因				
1	100520233	-4. 017 51	2. 41E-30	ARRDC3
2	110255397	-4. 024 51	1. 26E-08	NA
3	106505263	-4. 076 59	6. 05E-11	LOC106505263
4	100620553	-4. 138 3	2. 55E-08	DONSON
5	BGI_ novel_ G000052	-4. 264 45	1. 76E-20	NA
6	100512562	-4. 302 61	4. 15E-14	CDHR1
7	100620275	-4. 325 01	1. 98E-14	NTSR2
8	100153434	-4. 338 1	1. 60E-55	ABHD2
9	102160869	-4. 462 04	6. 01E-09	LOC102160869
10	110260888	-4. 591 84	3. 31E-10	NA
11	100157423	-4. 634 08	5. 34E-13	ARMC12
12	110255534	-4. 802 01	1. 71E-11	NA
13	106509869	-4. 907 79	1. 48E-13	LOC106509869
14	100621842	-5. 240 31	5. 25E-17	SH3BGRL3

（续表）

编号	基因 ID	$\log_2$FoldChange（民猪/大白猪）	*P*-值	基因名称
15	100153442	-5.370 06	1.40E-47	SMPDL3A
16	100689266	-5.400 74	3.62E-14	PITX1
17	100286778	-8.664 41	0	PDK4

（一）对筛选到的差异基因进行 Gene Ontology（GO）功能分类以及富集分析

分析结果包括三大类，即分子功能（Molecular function）、细胞组分（Cellular component）和生物过程（Biological process）。GO 分析统计结果见图 2-21，各类别富集基因数最多的 5 个功能分类分别如下。

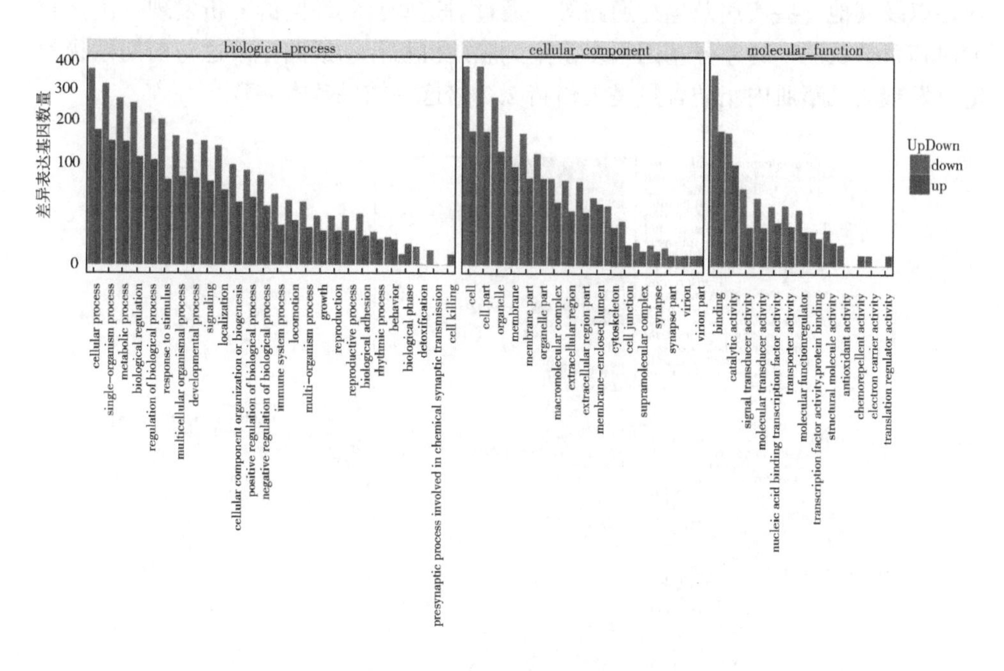

图 2-21　差异表达基因 GO 富集分类

（1）生物过程。①细胞过程；②单一生物过程；③代谢过程；④生物调节；⑤生物过程的调控。

（2）细胞成分。①细胞；②细胞组分；③细胞器；④生物膜；⑤生物膜组分。

(3) 分子功能。①结合；②催化活性；③信号转导活性；④分子传感器活性；⑤核酸结合转录因子活性。

(二) 差异表达基因 Pathway 分析

根据 KEGG 分析结果，可将基因根据参与的代谢通路分为 6 个分支：细胞过程（Cellular processes）、环境信息处理（Environmental information processing）、遗传信息处理（Genetic Information processing）、人类疾病（Human diseasea）、代谢（Metabolism）、有机系统（Organismal systems）。每一分支中进一步按功能细分后，每组 DEGs 的富集结果以富集基因数排序统计如图 2-22 所示。

将 KEGG 分析结果按 pathway 富集的显著性进行了统计，结果获得显著富集通路 63 个（$P<0.05$），根据 P 值大小列出了排名前 30 位的富集通路（表 2-18）。其中包含胰岛素抵抗和胰岛素信号通路、淀粉和蔗糖代谢通路、PPAR 信号通路、脂肪细胞脂解作用调节通路、脂肪细胞因子信号通路、胰高血糖素信号通路以及其他一些疾病及癌症通路等。通过对这些富集通路的分析发现，民猪和大白猪背最长肌中的差异基因很多富集到脂肪沉积代谢通路上。这与前期性状测定时发现的民猪肌内脂肪含量是大白猪 2.2 倍这一结果基本一致。

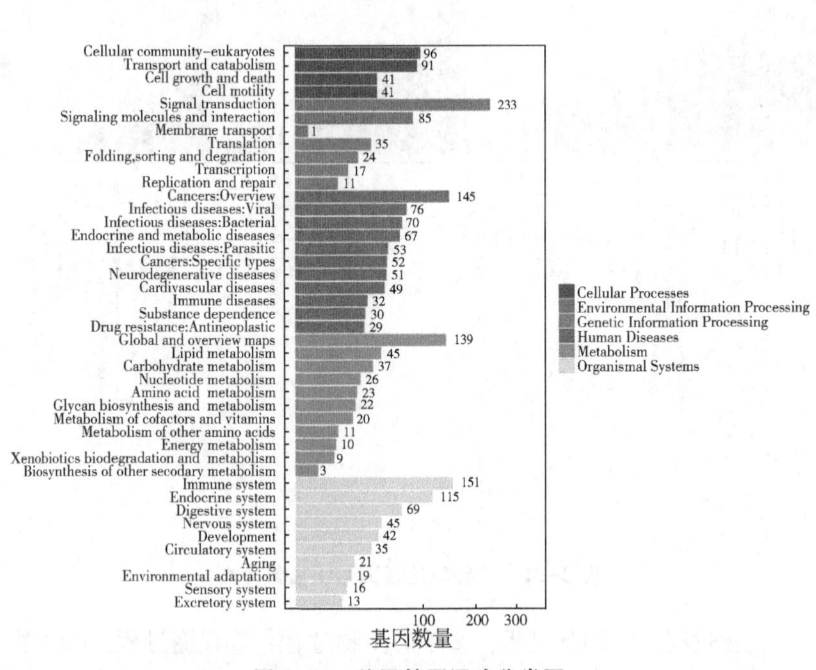

图 2-22 差异基因通路分类图

表 2-18 背肌组通路富集表（前 30）

通路	*P*-值	Q-Value
胰岛素抵抗（Insulin resistance）	1.53×10^{-10}	4.59×10^{-8}
淀粉和蔗糖代谢（Starch and sucrose metabolism）	7.09×10^{-6}	1.06×10^{-3}
细胞骨架调节（Regulation of actin cytoskeleton）	4.09×10^{-5}	3.96×10^{-3}
胰岛素信号通路（Insulin signaling pathway）	5.28×10^{-5}	3.96×10^{-3}
PPAR 信号通路（PPAR signaling pathway）	8.21×10^{-5}	4.82×10^{-3}
脂肪细胞脂解作用的调节（Regulation of lipolysis in adipocytes）	1.07×10^{-4}	4.82×10^{-3}
脂肪细胞因子信号通路（Adipocytokine signaling pathway）	1.12×10^{-4}	4.82×10^{-3}
胰高血糖素信号通路（Glucagon signaling pathway）	1.46×10^{-4}	4.97×10^{-3}
膀胱癌（Bladder cancer）	1.49×10^{-4}	4.97×10^{-3}
PI3K-Akt 信号通路（PI3K-Akt signaling pathway）	2.20×10^{-4}	6.60×10^{-3}
癌症通路（Pathways in cancer）	2.81×10^{-4}	7.51×10^{-3}
补体和凝血级联反应（Complement and coagulation cascades）	3.01×10^{-4}	7.51×10^{-3}
血小板激活（Platelet activation）	3.63×10^{-4}	7.63×10^{-3}
MAPK 信号通路（MAPK signaling pathway）	3.67×10^{-4}	7.63×10^{-3}
癌症中的 MicroRNAs（MicroRNAs in cancer）	3.82×10^{-4}	7.63×10^{-3}
昼夜节律（Circadian rhythm）	6.99×10^{-4}	1.27×10^{-2}
阿米巴病（Amoebiasis）	7.21×10^{-4}	1.27×10^{-2}
AMPK 信号通路（AMPK signaling pathway）	9.67×10^{-4}	1.46×10^{-2}
小细胞肺癌（Small cell lung cancer）	9.72×10^{-4}	1.46×10^{-2}
FoxO 信号通路（FoxO signaling pathway）	9.74×10^{-4}	1.46×10^{-2}
癌症蛋白聚糖（Proteoglycans in cancer）	1.62×10^{-3}	2.32×10^{-2}
黏着斑（Focal adhesion）	2.19×10^{-3}	2.89×10^{-2}
核黄素代谢（Riboflavin metabolism）	2.22×10^{-3}	2.89×10^{-2}
Rap1 信号通路（Rap1 signaling pathway）	2.36×10^{-3}	2.95×10^{-2}
ECM 受体互作（ECM-receptor interaction）	2.96×10^{-3}	3.44×10^{-2}
可卡因成瘾（Cocaine addiction）	2.98×10^{-3}	3.44×10^{-2}
肥厚性心肌病（Hypertrophic cardiomyopathy）	3.50×10^{-3}	3.88×10^{-2}
碳水化合物消化吸收（Carbohydrate digestion and absorption）	4.85×10^{-3}	5.20×10^{-2}
百日咳（Pertussis）	6.19×10^{-3}	6.40×10^{-2}
蛋白质消化吸收（Protein digestion and absorption）	6.48×10^{-3}	6.48×10^{-2}

综合考虑富集 DEG 数目、富集显著性与富集因子值（注释上某一通路的前景值即 DEG 个数与注释上某一通路的背景值即所有基因个数的比值）3 个指标

后，对 pathway 富集结果再次进行了统计（图 2-23）。据此我们发现 P13K-Akt 信号通路和与癌症相关的信号通路上所聚集的 DEGs 数目最多，昼夜节律通路（Circadian rhythm）和淀粉和蔗糖代谢通路（Starch and sucrose metabolism）富集效果最明显。

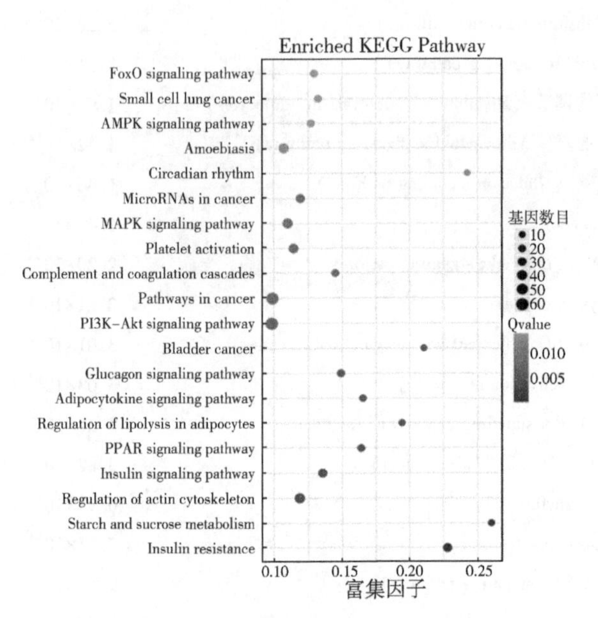

图 2-23　差异基因通路富集结果

注：*X* 轴代表富集因子值，*Y* 轴代表通路名称。富集因子是注释上某一通路的前景值（差异基因个数）与注释上某一通路的背景值（所有基因个数）之商，数据越大，说明富集结果越明显。颜色代表 Q-值，颜色越白值越大，越蓝值越小。点的大小代表 DEG 数目，点越大代表数目越大，越小代表数目越少。

第二节　民猪繁殖性状研究

繁殖力高是民猪的第二个显著特点。性成熟早，繁殖力高，4 月龄左右出现初情期，发情征候明显，配种受胎率高，护仔性强。母猪 8 月龄、体重 80kg 初配。平均头胎产仔 11 头，经产母猪产仔 12~14 头。虽然现在经产 12~14 头的数量并没有显著高于大白猪等引进猪种的产仔量，但在 20 世纪 40—50 年代，营养、环境等生产水平整体低下的情况下，产仔数量绝对是高产数量。育种学家从垂体性腺轴、公母猪生殖器官、繁殖基因等方面分析了民猪的高繁性能。

一、民猪垂体组织结构的研究

垂体，位于丘脑下部的腹侧，为一卵圆形小体，是机体内最复杂的内分泌腺，所产生的激素不但与身体骨骼和软组织的生长有关，且可影响内分泌腺的活动（图2-24）。垂体可分为腺垂体和神经垂体两大部分。神经垂体由神经部和漏斗部组成。垂体借漏斗连于下丘脑，呈椭圆形，位于颅中窝、蝶骨体上面的垂体窝内，外包坚韧的硬脑膜。位于前方的腺垂体来自胚胎口凹顶的上皮囊，包括远侧部、结节部和中间部。位于后方的神经垂体较小，由第三脑室底向下突出形成。

垂体各部分都有独自的任务。腺垂体细胞分泌的激素主要有7种，它们分别为生长激素、催乳素、促甲状腺激素、促性腺激素（黄体生成素和卵泡刺激素）、促肾上腺皮质激素和黑色细胞刺激素。神经垂体本身不会制造激素，而是起一个仓库的作用。下丘脑的视上核和室旁核制造的抗利尿激素和催产素，通过下丘脑与垂体之间的神经纤维被送到神经垂体贮存起来，当身体需要时就释放到血液中。垂体是机体最重要的内分泌腺，是利用激素调节身体健康平衡的总开关，控制多种对代谢、生长、发育和生殖等有重要作用激素的分泌。

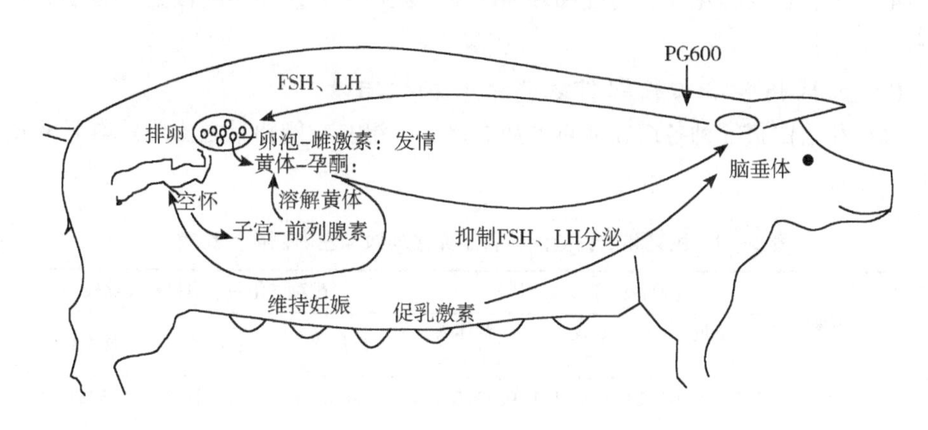

图2-24　猪脑垂体位置及调控路线

垂体同样也是调控猪繁殖性能的重要器官。杨庆章等（1982）随机选取了4头初生、2头30kg体重、4头60kg体重的民猪垂体，利用切片的方法研究了民猪垂体的组织结构特点。发现民猪垂体的形态接近圆形，它有一个发达的分枝状的神经部；含有3种不同着色细胞的中间叶，被神经部分成几个部分。腺垂体部明显可见4种不同染色的细胞，分别表现为嗜橙黄-G细胞数量稳定，一般分布在腺垂体的中部。嗜碱性细胞表现出深蓝与淡蓝两类细胞，深蓝色细胞（强嗜碱性细胞）数量伴有年龄的变化，幼龄比成年少，差异非常显著（$P<0.01$），淡蓝色细胞（弱嗜碱性细胞）的数量随着年龄的增长而减少，到60kg体重时则不见。然而，嫌色细胞却随年龄的成长而增加，雌性比雄性多，两性差异显著（$P<0.05$）（杨庆章等，1982）。

二、民猪发情排卵期生殖器官的形态学研究

母猪的生殖器官包括：卵巢、生殖道（包括输卵管、子宫、阴道）、外生殖器（包括尿生殖前庭、阴唇和阴蒂）。秦鹏春等（1981）在详细研究了民猪发情排卵期生殖器官的形态学特征，并以哈尔滨白猪为对照。他们选择9月龄民猪和哈尔滨白猪后备母猪各24头，分成配种组与不配种组两大群，于4~5个情期时用同种公猪试情。当允许公猪爬跨时计时，将配种群再分成3个时间组，即允爬后24h用同种同年龄公猪交配1次，6~8h以后再配1次，分别于24h、48h和72h以后屠杀。各组民猪3头，哈尔滨白猪4头。未配种组民猪15头，哈白猪12头，则在允许爬跨后分别于12h、18h、24h、36h和48h以后屠杀。放血后，猪只于腹后部中线开腹取出内生殖器。分离系膜后，分别观察各器官的外部形态并测量重量、长度、宽度、高度和外经。据此获得了大量翔实的数据，部分研究结果如下。

（一）民猪和哈白猪配种组卵巢的比较结果

民猪和哈白猪配种各组在卵巢均数之比、各组左右侧卵巢之比差异均不显著（表2-19）。

表2-19 民猪和哈白猪配种各组卵巢均数和左右侧卵巢比较

时间(h)	品种	配种各组卵巢均数比较			配种各组左、右侧卵巢比较		
		重量(g)	长度(mm)	黄体数(个)	重量比	长度比	黄体数比
24	民猪	2.65±0.304	24.32±0.577	9.50±0.764	0.300±0.289	0.767±1.33	0.33±0.88
	哈白猪	2.45±0.288	24.26±1.616	8.13±1.329	0.235±0.586	0.425±1.55	1.25±1.79
48	民猪	2.95±0.351	25.88±3.188	11±2.566	0.430±0.240	−1.630±1.11	−1.33±3.18
	哈白猪	3.11±0.408	26.84±1.560	7.67±1.740	0.620±0.090	1.075±1.75	−1.37±1.45
72	民猪	2.95±0.296	25.88±2.113	6.33±1.330	0.057±0.133	0.267±0.96	1.33±2.90
	哈白猪	5.24±1.190	31.37±2.570	3±1.730	0.625±0.680	4.425±2.40	2.00±1.40

（二）民猪和哈白猪配种组输卵管的比较结果

民猪和哈白猪配种组的输卵管均数相比，差异均不显著（表2-20）。品种间输卵管均数相比，差异均不显著（表2-21）。民猪和哈白猪左右侧输卵管比较，除重量左侧差异显著外，其他差异均不显著（表2-22）。

表2-20 民猪和哈白猪配种后各组输卵管均数比较

时间（h）	品种	长度（mm）	重量（g）	外径（1/2）（mm）
24	民猪	318.33±26.78	5.42±0.672	4.27±0.303
	哈白猪	290.00±28.74	3.89±0.642	3.67±0.300
48	民猪	335.83±16.85	5.65±0.708	4.37±0.213
	哈白猪	352.50±27.89	5.26±0.991	4.14±0.0718
72	民猪	281.67±22.38	6.17±0.687	4.72±0.394
	哈白猪	328.35±33.86	4.70±0.540	4.45±0.327

表2-21 民猪和哈白猪配种后品种间输卵管均数比较

品种	长度（mm）	重量（g）	外径（1/2）（mm）
民猪	311.91±13.74	5.730±0.363	4.45±0.17
哈白猪	323.62±17.59	4.617±0.428	4.05±0.16

表2-22 民猪和哈白猪配种组品种间输卵管左右侧间比较

品种	长度（mm）	重量（g）	外径（1/2）（mm）
民猪左侧	320.00±15.06	5.74±0.349 *	4.45±0.258
哈白猪左侧	334.58±18.22	4.45±0.395	4.06±0.181
民猪右侧	303.88±12.87	5.72±0.403	4.40±0.163
哈白猪右侧	312.66±17.97	4.78±0.507	4.04±0.194

注：* 表示差异显著（$P<0.05$）。

（三）民猪和哈白猪配种组子宫角的比较结果

民猪和哈白猪配种组品种间子宫角均数比较，差异均不显著，除24h组民猪在重量方面（子宫角）差异显著外，其他差异均不显著（表2-23）。民猪和哈白猪配种组子宫角左右侧均数在品种内比较均差异不显著（表2-24）。

表 2-23　民猪和哈白猪配种组品种间子宫角均数比较

时间（h）	品种	配种组品种间子宫角均数比较			配种组品种内左右侧子宫角比较		
		长度（mm）	重量（g）	外径（1/2）（mm）	长度（mm）	重量（g）	外径（1/2）（mm）
24	民猪	576.66±63.60	170.50±26.86	27.33±3.58	-75±28.06	-12.02±3.72*	-2.12±1.18
	哈白猪	707.50±72.55	214.01±37.45	26.41±1.47	120±34.64	-22.66±11.31	2.933±2.69
48	民猪	635.08±69.12	192.28±19.19	25.18±2.36	36.83±47.66	3.40±6.30	1.56±1.23
	哈白猪	656.38±126.69	171.29±36.30	26.20±2.92	19.75±46.70	0.675±3.55	0.10±0.38
72	民猪	851.33±24.84	231.20±18.82	23.83±1.227	19.33±11.56	4.067±3.69	-2.0±3.16
	哈白猪	794.38±69.50	185.05±39.92	24.21±1.813	121.25±59.28	0.55±1.15	1.48±1.84

注：*表示差异显著（$P<0.05$）。

表 2-24　民猪和哈白猪配种组子宫角左右侧均数比较

品种	长度（mm）	重量（g）	外径（1/2）（mm）
民猪	684.19±51.31	194.99±11.29	25.43±1.38
哈白猪	719.42±51.69	188.24±20.56	25.61±1.16

（四）民猪和哈白猪配种组子宫体和子宫颈的比较结果

从子宫体长度和重量来看，民猪和哈白猪相比，在72h时两者间差异显著和极显著；子宫颈的长度和重量各期相比，差异均不显著（表2-25）。

表 2-25　民猪和哈白猪配种组各期子宫体品种间比较

时间（h）	品种	子宫体		子宫颈	
		重量（g）	长度（mm）	重量（g）	长度（mm）
24	民猪	18.13±2.68	38.50±4.92	67.83±7.33	88.90±33.87
	哈白猪	10.80±2.75	31.88±6.16	78.58±8.44	153.28±10.72
48	民猪	17.50±3.93	37.00±7.57	65.77±10.44	122.00±9.00
	哈白猪	15.12±5.20	37.75±9.44	83.98±9.05	158.50±15.01
72	民猪	21.83±2.74*	43.43±2.34**	80.03±15.18	131.5±16.82
	哈白猪	12.30±2.46	30.55±1.90	76.60±4.93	130.85±14.50

注：*表示差异显著（$P<0.05$）*表示差异极显著（$P<0.01$）。

（五）民猪和哈白猪配种组阴道和阴道前庭的比较结果

民猪和哈白猪配种各组在阴道长度和重量方面差异都不显著（表2-26），品种间阴道均数的比较，在重量方面，哈白猪优于民猪，差异显著。长度以民猪占优势，差异显著（表2-27）。72h配种组的民猪阴道前庭在长度、重量方面大于哈白猪，差异显著。阴道前庭两品种间均数比较，无论重量和长度差异都不显著。

表2-26　民猪和哈白猪配种各组阴道和阴道前庭品种间比较

时间（h）	品种	阴道		阴道前庭	
		重量（g）	长度（mm）	重量（g）	长度（mm）
24	民猪	22.00±4.72	55.33±2.03	61.97±16.2	73.00±2.00
	哈白猪	22.97±3.89	50.96±10.28	47.96±1.98	75.38±6.86
48	民猪	20.40±1.15	59.07±3.72	64.03±8.68	84.73±3.35
	哈白猪	36.05±6.89	50.75±9.59	52.25±4.09	83.25±7.74
72	民猪	24.10±1.59	60.63±8.34	75.07±6.49*	93.50±9.11*
	哈白猪	29.60±2.90	73.80±4.49	50.06±4.69	77.76±2.60

注：*表示差异显著（$P<0.05$）。

表2-27　民猪和哈白猪配种组阴道和阴道前庭均数比较

品种	阴道		阴道前庭	
	重量（g）	长度（mm）	重量（g）	长度（mm）
民猪	22.16±1.57*	58.34±2.81*	69.24±6.06	83.74±4.12
哈白猪	44.28±7.05	43.78±5.28	54.68±6.13	69.56±5.47

注：*表示差异显著（$P<0.05$）。

（六）民猪和哈白猪未配组卵巢的比较结果

未配组中分别在允许爬跨后于12h、18h、24h、36h和48h时屠宰，取生殖器官测量并做组织学研究。各个时期品种间左右侧卵巢均数比较，除24h组民猪黄体均数（11.13个）大于哈白猪（3个），36h组民猪卵巢长度均数（25.88mm）大于哈白猪（19.30mm），差异性显著外，其他各项差异都不显著。各阶段单侧卵巢比较，民猪的右侧卵巢（3.33g）在36h组比哈白猪右侧者（1.85g）较重，差异显著（$P<0.05$）。两品种卵巢均数之比，在重量（3.42±0.279）g；（2.79±0.125）g和长度（24.59±1.83）mm；（3.81±0.96）mm方面差异都不显著。但在黄体数方面，民猪（10.26±1.06）个多于哈白猪（6.8±0.88）个，差异达显著水平（$P<0.05$）。

（七）民猪和哈白猪未配组输卵管的比较结果

输卵管左右侧均数比较，民猪在长度方面（369.17±10.82）mm 比哈白猪（307.13±14.81）mm 强，表现出差异非常显著（$P<0.01$），在重量方面，民猪为（7.85±0.72）g，哈白猪为（5.54±0.9）g，差异亦显著。如以各时期两品种左右侧均数比较，在长度方面，12h 组民猪为（402.5±10.00）mm，哈白猪为（260.0±0.75）mm，二者差异极显著（$P<0.01$）。在重量方面，24h 组民猪为（7.25±0.84）g，哈白猪为（4.62±0.38）g，差异显著（$P<0.05$）。如以未配各组均数比较，则差异均不显著。

（八）民猪和哈白猪未配组子宫角的比较结果

从外观上看，民猪子宫角宽大，壁厚，血管丰富，哈白猪的较细，在长度上相差不大。左右侧子宫角均数比较，在长度方面，民猪为（660.35±26.39）mm，哈白猪为（536.75±36.83）mm，二者差异极显著（$P<0.01$）。在重量方面，民猪为（275.73±20.72）g，哈白猪为（179.41±21.86）g，二者差异极显著（$P<0.01$）。在外径（1/2）方面也很明显，民猪为（32.12±1.10）mm，哈白猪为（28.58±1.67）mm。

各时期品种间子宫角均数比较，24h 组与 48h 组重量和外径都有差异。24h 组子宫角重量均数民猪为（291.6±20.59）g，哈白猪为（171.43±32.19）g，差异显著（$P<0.05$）。外径（1/2）均数民猪为（32.65±0.95）mm，哈白猪为（25.05±0.10）mm，差异极显著（$P<0.001$）。48h 组重量方面民猪为（349.95±15.52）g，哈白猪为（154.91±41.21）g，差异极显著（$P<0.01$）。如以单侧比较差异同样明显，如 24h、36h 和 48h 组左子宫角的重量，民猪与哈白猪分别为（294.35±19.18）g 和（169.00±31.43）g（$P<0.05$）；（288.70±32.37）g 和（98.95±1.05）g（$P<0.001$）；（351.86±17.95）g 和（155.00±41.79）g（$P<0.05$）。可见，24h 组与 48h 组差异显著，36h 组差异极显著。右侧子宫角重量 24h 组民猪为（288.85±22.60）g，哈白猪为（73.80±33.01）g，差异显著（$P<0.05$）。36h 组民猪为（289.75±24.17）g，哈白猪为（101.75±5.25）g，差异极显著（$P<0.01$）。48h 组民猪为（348.03±13.09）g，哈白猪为（154.83±40.66）g，差异极显著（$P<0.01$）。如果不分组，将两品种左右侧子宫角各自混合称重，则民猪的左侧子宫角重量为（282.46±19.59）g，哈白猪为（177.46±23.32）g，差异极显著（$P<0.001$）。民猪的右侧子宫角重量为（269.04±22.25）g，哈白猪为（181.28±20.88）g，差异极显著（$P<0.01$）。

三、民猪繁殖器官生长发育的测定

赵刚等（1994）在兰西种猪场进行了从初生到 1 月龄、2 月龄、3 月龄、4

月龄、5月龄、6月龄、8月龄共计8个体重阶段的繁殖器官生理解剖的生长发育测定。屠宰测定猪选择同一时期出生、同一饲养管理条件的民猪。每个月龄阶段屠宰4头，公母各半。屠宰后剥离出生殖器官，然后将各个生殖器官切割、分解测定。

（一）母猪生殖器官的测定

由母猪生殖器官各月龄的测定结果可知，母猪生殖器官初生重量为1.75g，1月龄为4.70g，增长倍数为1.69倍，2月龄是1月龄的1.52倍，以下各月龄在1.74~2.54倍。在生殖器官总重量方面，各月龄增长倍数大致相同。4~5月龄增长倍数为负值，这主要是屠宰猪体重差异较小所致。卵巢初生重为0.04g，到8月龄时达6.18g，增长了152.5倍。增长最迅速期为1~2月龄。重量由1月龄的0.09g增长到2月龄的2.09g，增长了22.22倍。5~6月龄也为增长旺盛期，增长倍数均在6倍以上。输卵管重量由初生的0.07g增长到8月龄的6.6g。增长速度最迅速时期也在1~2月龄。重量由1月龄的0.09g增长到2月龄的0.35g，增长倍数为9.12倍。5~6月龄也是生长发育旺盛时期，增长倍数为4.55倍。输卵管长度初生为3.15cm，到8月龄为2.66cm，各月龄增长幅度大致相同，均在1倍多左右。子宫角的发育速度为各性状发育速度之首，1月龄比初生时增重7.14倍。6月龄比5月龄时增重8.32倍。8月龄比初生时增重3 915.7倍。子宫角长度的增速均衡，在各月龄间增速均在1~3倍。阴道重量也为增重速度较快的性状，8月龄是初生的234.5倍。阴道长度8月龄为初生的10.11倍，各月龄增长速度差异不大（表2-28）。

表2-28 母猪生殖器官生长发育的测定

月龄	生殖器官总重（g）	卵巢重（g）	输卵管		输卵管		阴道	
			重量（g）	长度（cm）	重量（g）	长度（cm）	重量（g）	长度（cm）
初生	1.75	0.04	0.07	3.15	0.07	5.02	0.29	2.24
1月龄	4.70	0.09	0.04	5.91	0.57	11.62	1.03	2.81
增长倍数	1.69	1.45	-0.55	0.65	7.14	1.31	2.55	0.25
2月龄	11.85	2.09	0.35	12.44	1.95	13.52	1.29	4.19
增长倍数	1.52	22.22	8.21	1.10	2.42	0.16	0.25	0.49
3月龄	36.15	1.61	0.71	17.08	7.40	23.03	8.90	9.90
增长倍数	2.05	-0.23	1.03	0.37	2.79	0.70	5.90	1.36
4月龄	128.15	1.30	2.08	19.04	11.33	30.33	15.15	13.41

（续表）

月龄	生殖器官总重（g）	卵巢重（g）	输卵管		输卵管		阴道	
			重量（g）	长度（cm）	重量（g）	长度（cm）	重量（g）	长度（cm）
增长倍数	2.54	-0.19	1.93	0.61	0.53	0.32	0.70	0.35
5月龄	120.70	2.18	1.09	19.52	16.50	32.02	20.50	8.02
增长倍数	-0.60	0.68	-0.48	0.03	0.46	0.06	0.35	-0.40
6月龄	446.00	3.96	6.05	25.40	137.25	81.38	28.00	9.13
增长倍数	1.74	0.82	4.55	0.30	7.32	1.54	0.37	0.14
8月龄	1 220	6.18	6.60	26.60	274.10	274.80	68.00	22.65
增长倍数	1.74	0.56	0.09	0.05	1.00	2.38	1.43	1.48

（二）公猪生殖器官的测定

由表2-29可见，公猪生殖器官总重各月龄之间增重速度平稳。从初生的6.25g增长到8月龄的1 645.00g，增长倍数为262.20倍。睾丸重是初生到1月龄、3月龄到4月龄阶段为增重旺盛期。附睾重是4月龄之前增重速度快，而5~8月龄增重较慢。附睾长度亦呈现上述规律。附睾重8月龄比初生时增长233.70倍。而长度仅增长11.58倍。输精管全期增长7.73倍，输精管外径增长较少，仅为3.64倍。阴茎长度全期仅增长4.27倍，各月龄增长速度都较慢，阴茎外径的增长倍数与阴茎长度的增长倍数相似。精囊腺在各生长性状中增长速度最快，8月龄的重量是初生时的120.79倍，5~6月龄是增长旺盛期。尿道球腺和前列腺增长速度最快的月龄是3~4月龄。

四、民猪精液品质的研究

民猪平均1次射精量为（285.83±16.4）mL，其中纯精量为（232.5±16.6）mL、胶质量为（53.3±2.6）mL；精子活率为（0.76±0.02）%，密度为（2.2625±0.14）亿个/mL；精子畸形率为（7.1±0.23）%；死精子百分数为（7.52±0.34）%；活精子百分数为（92.48±0.34）%，精子存活时间为（56.87±2.79）h，精液的pH值为7.6。其中纯精量和精子存活时间明显优于长白猪，但是民猪射精量变异幅度较大（陈珩和张士卿，1985）。

表 2-29　公猪生殖器官生长发育的测定

月龄	生殖器官总重（g）	睾丸（g）	附睾		输精管		阴茎		精囊腺（g）	尿道球腺（g）	前列腺（g）
			重量（g）	长度（cm）	长（cm）	外径（cm）	长（cm）	外径（cm）			
初生	6.25	0.24	0.27	1.80	5.77	0.11	13.70	0.21	0.19	0.75	0.15
1月龄	13.7	1.65	0.72	4.40	11.53	0.16	13.15	0.34	0.47	0.79	0.15
增长倍数	1.19	5.88	1.67	1.44	1.00	0.45	−0.04	0.62	1.47	−0.05	0
2月龄	40.6	4.23	2.15	6.06	13.63	0.19	20.3	0.43	0.71	1.80	0.25
增长倍数	1.96	1.56	1.99	1.48	0.18	0.19	0.54	0.26	0.51	1.28	0.67
3月龄	100.45	8.00	4.49	9.37	24.14	0.18	32.54	0.15	2.54	4.88	0.21
增长倍数	1.47	0.16	1.09	0.55	0.77	−0.05	0.60	0.19	2.58	1.71	−0.16
4月龄	248.85	51.33	13.53	13.44	30.25	0.27	38.50	0.74	8.35	25.95	1.35
增长倍数	1.48	5.42	2.01	0.43	0.25	0.50	0.18	0.45	2.29	4.32	5.43
5月龄	410.3	79.95	19.18	16.35	28.00	0.475	36.75	0.84	10.43	39.85	3.8
增长倍数	0.65	0.56	0.42	0.22	−0.07	0.78	−0.05	0.14	0.25	0.54	1.81
6月龄	814.00	122.93	33.40	15.21	30.13	0.29	37.50	0.83	76.30	78.80	5.35
增长倍数	0.96	0.54	0.74	−0.07	0.08	−0.40	0.02	−0.01	6.32	1.98	0.41
8月龄	1 645.00	179.60	63.10	20.85	44.63	0.40	58.50	1.18	212.95	156.10	20.30
增长倍数	1.02	0.46	0.89	0.37	0.48	0.36	0.56	0.42	1.79	0.98	2.79
总增倍数	263.20	748.33	233.70	11.58	7.73	3.64	4.27	5.62	1120.79	208.13	135.33

五、民猪的产仔性能

初产母猪在繁殖周期内，妊娠期114d共增重（49.37±1.10）kg，哺乳期60天减重（23.73±0.9）kg。经产母猪哺乳期泌乳338.9kg，减重（21.01±2.12）kg，整个生产周期增重4.66kg。哺乳仔猪采取生干料、自由采食、小群管理的方法，哺乳期每头平均采食9.01kg，个体平均增重12.81kg。

王景顺和赵刚（1989）通过对近6 000个产仔数据的分析发现，民猪10产合计可达135头，成活100.4头，断乳总重为1 300kg。各产次间存在一定差异，趋势为：繁殖性能从2产开始逐渐上升，4~7产持续稳定，8产时开始下降。经统计，初产各性状与2~10产各性状差异非常显著。2产与经产各性状间，除2产、3产的产仔数和初生窝重，2产、9~10产的20日龄头数和60日龄头数差异不显著外，其余各性状间呈显著或极显著差异。

（一）产仔数与初生窝重

平均窝产仔数从2产开始持续上升，到7产达到高峰。7产与4产差异非常显著，与5产、6产、8产差异显著。产仔数与其他性状相比，上升较慢。3产与4~9产差异极显著，与10产差异显著。3产的平均初生窝重与4~7产差异极显著，与8~10产差异显著。

（二）20日龄头数与窝重

4产时20日龄头数最高，与3产差异显著。初产、2产和经产的初生到20日龄的成活率分别为76.1%、84.6%和75.9%。20日龄窝重经产与各产次间无显著差异。该性状可反映出母猪的泌乳力，这说明民猪的泌乳性能较稳定。民猪初产和经产哺乳前20d泌乳量分别为94.7kg和116.4kg。初生至20日龄窝增重分别为20.33kg和28.38kg（不包括本期死亡仔猪重）。每千克增重需母乳量分别为4.68kg和4.10kg。

（三）60日龄头数与窝重

60日龄头数除4产与10产、8产、10产差异显著外，其他产持续稳定，均在10头以上，从10产起略有下降。1~10产平均成活率为74.4%。初产、2产和经产的成活率分别为72.4%、82.1%和73.8%。60日龄窝重从3产以后各产之间无显著差异。初产、2产和经产哺乳期平均窝增重分别为78.56kg、105.35kg和122.30kg。断乳仔猪个体重、初产、2产和经产分别为11.39kg、12.20kg和13.21kg。9~10产的下降幅度不大，可能是生产性能较差的母猪已被淘汰，所剩个体性能较高的原因。所以9~10产的繁殖性能仅表明部分母猪具有10产的可能性，不能完全代表民猪群体10产的繁殖性能。

（四）繁殖性状间的相关

对产仔数、初生窝重、20日龄头数、20日龄窝重、60日龄头数和60日龄窝重这6个性状，115个个体，690个数据，15对相关关系的测定表明：除产仔数与20日龄窝重、60日龄窝重和初生窝重与20日龄窝重、60日龄头数、60日龄窝重关系相关不显著外，其余各性状间大多显著相关。

六、民猪泌乳力和仔猪的发育

胡殿金等（1980）从放乳次数、拱奶时间、放乳持续时间、放乳间隔时间、泌乳量、哺乳仔猪的发育、哺乳仔猪的饲料、能量和采食量8个方面探讨了民猪的泌乳力和仔猪发育情况。部分结果如下。

1. 放乳次数

哺乳期间每头母猪每日平均放乳（22.9±0.46）次，产后10d放乳次数最多，每天平均（27±0.55）次，30d以后放乳次数逐渐减少，60d断乳期间，每头母猪每天平均放乳（16.8±1.02）次。

2. 拱奶时间

放乳前仔猪拱奶时间，哺乳全期平均1min 32s，整个哺乳期间比较均衡，总体看，产后初期仔猪拱奶时间较短，末期有些延长。

3. 放乳持续时间

整个哺乳期间，母猪每次放乳持续时间平均为15.6s，产后初期放乳持续时间较长，从产后20d开始逐渐下降。

4. 放乳间隔时间

哺乳期间，哺乳母猪平均62min 47s放乳1次，随着仔猪的生长，母猪放乳间隔时间随之延长。

5. 泌乳量

从两个方面探讨了母猪的泌乳量，泌乳总量和不同次序乳头的泌乳量。泌乳总量：哺乳期内，民猪泌乳总量平均为（317.62±14.61）kg，高产母猪为369.38kg，低产母猪为285.68kg。每头母猪每天平均泌乳5.294kg，每次平均泌乳228g。按每头仔猪计算，每日吃母乳509g，每次吃母乳22.2g。整个哺乳期间，母猪泌乳不均衡，产后泌乳量逐渐上升，25日达到高峰，40日龄开始明显下降。不同次序乳头的泌乳量：按吃各对乳头仔猪生后20d测重资料看，总体趋势为前部乳头泌乳较多，后部乳头泌乳较少。比如吃第1对乳头仔猪生后20d平均日增重136.1g，20日龄体重为初生重的3.65倍，吃第6对乳头的仔猪相应指标为97.9g和3.03倍。

6. 哺乳仔猪的发育

根据5窝52头仔猪计算，仔猪平均初生重为0.98kg，60d断乳重平均为

12.17kg。日增重不均衡，生后初期增重较多，10~20日龄时日增重开始低于生后5d的水平，但从25日龄开始，仔猪增重又逐渐增加。断乳期间，仔猪增重下降。

7. 哺乳仔猪的饲料、能量和采食量

在60d哺乳期间，每头仔猪平均采食混合料（9.90±0.83）kg，每日平均采食165.1g，10~20日龄时每天平均采食17.5~28.3g，25日龄开始采食量逐渐增加，但各窝仔猪采食量不同。从仔猪增长和能量供应看，按整个哺乳期计算，仔猪每增重1kg需母乳2.74kg和混合料0.89kg，折合消化能为8 471kcal。在10~20日龄期间，1kg增重需母乳5.0~5.5kg和混合料0.17~0.23kg，其中含消化能10 967~12 147kcal，1kg增重能量需要接近全期的平均值。仔猪采食能量中母乳比例逐渐减少，补料比例逐渐增加。

七、民猪生殖腺发育的组织学观察

吴学军等（2007）采用组织学观察的方法研究了民猪的卵巢和睾丸发育。初生时，卵巢皮质中有少量初级卵泡分布，未见生长卵泡。30日龄时，皮质浅层主要是初级卵泡，皮质深层分布由少量3~4层卵泡细胞所围成的无腔生长卵泡。60日龄时，2头母猪卵巢皮质浅层有2~3层初级卵泡，皮质深层多为生长卵泡，其中有2~3层泡径为254.6μm的无腔生长卵泡，有的生长卵泡已出现卵泡腔，并且有1头猪的有腔生长卵泡直径达1 340μm。90日龄时，卵巢皮质浅层主要为生长卵泡，有腔生长卵泡间分布初级卵泡和无腔生长卵泡，并且有腔生长卵泡增多，突出于卵巢表面，其泡径平均为1 608μm，2头试验猪只出现成熟卵泡，1头试验猪只卵巢内出现黄体。120日龄时，有腔生长卵泡增多，泡径增大达1 876μm，试验猪只均出现成熟卵泡，也都有黄体形成。150日龄时，有腔生长卵泡继续增多，泡径增大达3 350μm，成熟卵泡和黄体也增多。180日龄和成年母猪卵泡情况基本相同，有腔生长卵泡间有无腔生长卵泡分布，有腔生长卵泡直径达3 350μm，成熟卵泡和黄体都增多。

初生时，睾丸曲细精管实心无管腔，管壁由一层密集的精原细胞组成，管壁深层偶有几个精母细胞分布。30日龄时，曲细精管管径平均为（52.67±0.37）μm，管壁内层除一层密集的精原细胞外，其深层的精母细胞增多，间质中有较小的睾丸间质细胞分布。60日龄时，曲细精管管径为（68.72±2.28）μm，管壁中出现初级精母细胞分裂相。90日龄时，曲细精管管径增至（104.42±0.98）μm，2头试验猪只的曲细精管均出现管腔，并出现精子，但附睾内无精子。120日龄时，曲细精管管径增至（171.53±2.46）μm，曲细精管中精子增多，附睾中也出现少量精子。150日龄、180日龄、240日龄与成年公猪管径接近，附睾中精子数量逐渐增多。

八、民猪早期断奶效果观察

金显星等（1990）在黑龙江省兰西县种猪场开展了民猪提前断奶的试验。运用对比方法观测了仔猪从37日龄断奶到60日龄和从60日龄到70日龄的生长速度、饲料转化效率，并分析了早期断奶可提供的经济效益。

37~60日龄，37日龄断奶仔猪体重可达11.65kg，平均日增重265g，对照组仔猪（60日龄断奶）体重和平均日增重分别为11.32kg和257g，仔猪体重和日增重组间差异均不显著。试验组仔猪平均每头采食饲料9.66kg，每增重1kg需饲料1.60kg，对照组仔猪分别为7.3kg和1.21kg。断奶仔猪同期内多采食饲料2.36kg，饲料利用率低于不断奶仔猪。

61~70日龄，早期断奶仔猪平均日增重412g，对照组217g，组间差异极显著（$P<0.01$）。早期断奶仔猪10d内平均每头采食9.24kg饲料，每1kg增重需饲料2.25kg，对照组仔猪分别为5.53kg和2.56kg。

37~70日龄，早期断奶试验猪体重从5.62kg增加到15.76kg，全期平均日增重307g。对照组仔猪同期体重从5.29kg增加到13.48kg，平均日增重248g，两组仔猪70日龄体重和平均日增重差异显著。试验组全期每头采食饲料18.9kg，对照组12.83kg。总之，断奶试验组仔猪全期比对照组多增重2.28kg，多采食仔猪饲料6.07kg，仔猪发育均匀，弱小仔猪较少。此外，早期断奶减少了哺乳母猪喂料量，每头平均节省豆饼23kg，还提早投入下一个周期的生产，提高了母猪的年产窝数。

九、民猪排卵受精的观察及生殖激素变化情况

民猪排卵时间在发情开始、允许爬跨后的24h以后、36h以前。交配组排卵快、整齐，不交配组拖延较长时间才排完，说明交配可促进排卵。9月龄民猪不配组排卵（14.86±0.609）个，交配组排卵（13.88±1.072）个。民猪卵母细胞直径为158.9μm，哈白猪为164.22μm，透明带厚度民猪为16.51μm。（秦鹏春等，1981）

对20头民猪经产母猪妊娠早期的4种生殖激素（孕酮、17β-雌二醇、促黄体素、促卵泡素）水平的测定结果显示，孕酮在妊娠12d时达峰值，18d后孕酮水平急剧下降，雌二醇水平迅速增加到40.12pg/mL。对激素水平与总产仔数的相关分析结果表明，妊娠12d时的雌二醇水平与产仔数呈明显负相关，说明此时的雌二醇水平对母猪的繁殖成绩有很大影响。妊娠早期促黄体素和促卵泡素未见特征性变化（崔世泉等，2002）。

十、民猪哺乳期内的行为学观察

对30头民猪和21头长白猪哺乳初期的行为观察结果显示，民猪侧卧时间显著高于长白猪，而立卧时间和由侧卧转为其他姿势的频率显著低于长白猪；民猪由母猪结束哺乳的频率也显著低于长白猪，说明民猪在母性上优于长白猪。另外，民猪坐立时间也显著低于长白猪，预示民猪由坐立转为趴卧时压到仔猪的风险也远远低于长白猪（崔世泉，2006）。

十一、利用分子标记技术研究民猪繁殖性能

（一）雌激素受体基因（ESR）和催乳素受体基因（PRLR）

Jenson和Jacobson（1962）首先发现子宫、阴道等靶组织中存在ESR，自此人们开始对ESR进行了大量的研究，发现雌激素及其受体在许多不同靶组织中起重要作用。雌激素的作用必须通过ESR来介导（ESR是一种配体激活转录因子家族中的核酸受体），因而ESR的生物学作用与雌激素的生物学作用密切相关。早在20世纪20年代，科学家们就发现雌激素对胚胎和胎儿的发育，以及对雌性第二性征、繁殖周期、生殖力、妊娠维持有重要影响，这也是雌激素及其受体最经典的作用。雌激素通过与ESR的结合，在胚胎发育过程中及断奶前后对乳腺的生长发育和雌性繁殖周期中卵泡的生长发育发挥重要作用。有人提出一种假说，猪ESR基因对产仔数性状的重要作用可能是因为其对胚胎存活率产生重要影响的结果（陈克飞等，2000）。

催乳素又称促乳素或生乳素，是由垂体前叶嗜酸细胞中的嗜卡红细胞合成和分泌的一种蛋白质激素，广泛作用于动物的性腺和乳腺。催乳素要行使其功能必须与PRLR结合，通过受体作用于靶细胞，引起靶细胞的各种生理生化反应。PRLR广泛存在于人及其他哺乳动物的脑、卵巢、胎盘和子宫在内的各种组织中。催乳素基因和催乳素受体基因如果发生突变，都会引起动物的繁殖机能障碍。

李婧等（2003）采用PCR-SSCP方法检测了雌激素受体基因（ESR）与催乳素受体基因（PRLR）的多态性（表2-30），并采用混合模型（最小二乘均值）统计了不同基因型与表型值（产仔数）的相关性，分析了民猪ESR与PRLR基因各基因型及其合并基因型对民猪产仔数性状的影响（表2-31和表2-32）。结果发现，民猪ESR基因的AB型个体在总产仔数和活产仔数方面均高于AA型和BB型个体，但差异不显著（$P>0.05$）；PRLR基因的AA型个体在总产仔数和活产仔数方面高于BB型和AB型个体，但差异也不显著（$P>0.05$）；两基因的互作效应显著（$P<0.05$），ESR与PRLR基因的合并基因型AAAA为最佳

的合并基因型（*P*<0.05）（李婧等，2003）。

表 2-30 候选基因在民猪中的基因、基因型频率（*n*=40）

候选基因		ESR	PRLR
基因	A	0.41	0.60
	B	0.59	0.40
基因型	AA	0.20	0.47
	AB	0.43	0.25
	BB	0.37	0.28

表 2-31 ESR 与 PRLR 位点基因型产仔数性状的最小二乘均值

基因位点	基因型	头胎		经胎	
		TBA	NBA	TBA	NBA
ESR	AA	10.97±1.10	9.60±1.03	14.19±0.72	13.01±0.73
	AB	12.02±0.82	10.45±0.77	14.71±0.54	13.26±0.54
	BB	12.01±0.81	10.13±0.77	14.13±0.54	12.27±0.54
PRLR	AA	12.82±0.77	11.41±0.72	15.51±0.51	14.37±0.51
	AB	10.11±0.99	9.71±0.93	13.38±0.65	11.82±0.65
	BB	12.07±1.02	10.07±0.96	14.15±0.67	12.34±0.67

表 2-32 ESR 与 PRLR 位点合并基因型产仔数性状的最小二乘均值

合并基因型		头胎		经胎	
		TBA	NBA	TBA	NBA
AA	AA	15.38±1.69	13.54±1.59	16.94±1.17	16.10±1.11
AA	AB	5.35±2.15	4.89±2.01	11.18±1.48	10.21±1.41
AA	BB	12.18±1.79	10.38±1.67	14.52±1.23	12.71±1.18
AB	AA	9.47±1.03	8.99±0.96	13.55±0.71	13.06±0.68
AB	AB	12.75±1.46	11.50±1.37	14.75±1.00	13.50±0.96
AB	BB	13.85±1.58	10.88±1.48	15.68±1.08	12.21±1.04
BB	AA	13.61±1.18	11.70±1.11	15.85±0.81	13.94±0.78
BB	AB	12.25±1.46	9.75±1.37	14.25±1.00	11.75±0.96
BB	BB	10.18±1.49	8.94±1.40	12.34±1.02	11.11±0.98

胡雪松等（2006）采用测序结合 PCR-RFLPs 的方法在民猪、长白猪及其杂

种母猪的 PRLRcD NA 序列（+1 628bp~+1 878bp）中首次发现一处 Nae I 多态位点。该位点的多态性是由于第1 789位点的碱基发生了 A→G 的突变，导致氨基酸发生了由丝氨酸到甘氨酸的变化。分析结果发现，Nae I 酶切位点的基因型频率和等位基因频率在 3 个母猪群体间有显著差异（$P<0.01$）。最小二乘分析结果显示，在民猪群体中只存在 AA 和 AB 两种基因型，AB 型母猪的初生窝重和 21 日龄仔猪均匀度显著高于 AA 型（$P<0.05$）；在长白猪群体中 AA 型母猪的 21 日龄窝重显著高于 BB 型（$P<0.05$）；在 F1 代长民杂种猪群体中，BB 型母猪的 21 日龄仔猪均匀度显著高于 AB 和 AA 型个体（$P<0.05$）。

黄贺等（2011）以民猪为试验材料，选长白猪为对照材料，分别在 1 月龄、2. 5 月龄、4 月龄、6 月龄和 8 月龄时进行卵巢、输卵管和子宫取样，对 PRLR 基因的表达随发育阶段的变化而变化的规律进行研究。结果发现，生殖器官中 PRLR 的表达量与生殖器官的解剖指标存在正相关。PRLR 在 1 月龄、2. 5 月龄、4 月龄、6 月龄和 8 月龄的民猪和长白猪的卵巢、输卵管和子宫中均有表达。民猪和长白猪卵巢中 PRLR mRNA 表达水平从 1 月龄至 8 月龄呈现逐渐上升趋势，到 8 月龄达到最高水平；民猪卵巢中 PRLR mRNA 表达水平显著高于长白猪（$P<0.05$）。民猪和长白猪输卵管中 PRLR mRNA 表达量随月龄增加呈上升趋势，到 8 月龄时达到最高水平，品种间差异不显著。民猪子宫中 PRLR mRNA 表达量随月龄增加而升高，到 6 月龄时达到最高水平，8 月龄时显著下降（$P<0.05$），长白猪子宫中 PRLR mRNA 表达量随月龄增加而升高，到 8 月龄时达到最高水平，品种间在 6 月龄时差异显著（$P<0.05$）。

该课题组后续还采用 PCR-SSCP 技术检测了民猪 PRLR 基因的多态性，并使用最小二乘法分析了其多态性对母猪产仔数影响的遗传效应。结果发现，PRLR 基因在民猪中存在多态性，B 等位基因为优势等位基因；在 PRLR-1 座位，对于初产母猪，BB 基因型母猪的总产仔数（TNB）和产活仔数（NBA）比 AA 基因型母猪分别多 0. 93 头和 0. 78 头（$P<0.05$）；对于经产母猪，BB 基因型母猪的 TNB 和 NBA 比 AA 基因型母猪分别多 0. 62 头和 0. 74 头（$P<0.05$）。在 PRLR-2 座位，对于初产和经产母猪，3 种基因型个体的 TNB 和 NBA 差异不显著（$P>0.05$）。在民猪群中，这两个座位均处于 Hardy-Weinberg 平衡状态。他们通过上述研究，最终认为 PRLR 基因的 B 等位基因对民猪产仔数性状有显著影响。

李靖等（2004）将 ESR、FSH-β、PRLR 和 EGF 共 4 个基因作为民猪产仔数的候选基因，采用 PCR-SSCP 法进行了各基因多态性检测，利用系谱、标记信息与表型值建立线性混合模型，对各基因位点对民猪产仔数的影响进行了 BLUP 分析。结果表明，4 个基因位点在民猪保种群体中均存在多态性，但与 Hardy-

Weinberg 平衡状态下的基因型频率比较发现，只有 ESR 基因的基因型分布差异不显著（$P>0.05$），说明其余 3 个基因的基因型频率在民猪保种群中大多处于不稳定状态。在忽略基因位点间互作的条件下，各基因位点均与民猪产仔数无显著相关（$P>0.05$），即各基因位点的效应均不显著。

（二）促黄体激素 β 亚基基因（LHβ）

LHβ 是一种糖蛋白激素，与 FSH 一样是诱发排卵的主要因素之一。在雌性哺乳动物中 LH 的主要作用是与 FSH 协同促进卵泡生长成熟，参与内膜细胞合成雌激素，并可诱发排卵，促进黄体生成，另外还有增加血流量的作用（张冬杰等，2005）。

师庆伟和王希彪（2006）采用 PCR-SSCP 结合测序的方法在民猪、长白猪及其杂种母猪 3 个群体中检测了 LHβ 亚基基因第 2、第 3 外显子的多态性，并对该基因的多态性与繁殖性能的关系进行了研究。结果表明，LHβ 亚基基因的第 2 外显子存在 1 个 SNP 位点（1757，T→C）（表 2-29），该位点为同义突变，没有导致编码氨基酸的改变，在第 3 外显子上未发现 SNPs 位点。对第 2 外显子上的 SNP 位点与繁殖性状进行相关分析表明，不同基因型的民猪母猪的产仔数和初生窝重有显著差异（$P<0.01$），初生活仔窝重也有明显差别（$P<0.05$）（表 2-33 和表 2-34）。

表 2-33　民猪、长白猪及其杂种猪 LHβ 基因的基因型和等位基因频率

群体	数目	基因型频率（%）			等位基因频率（%）		χ^2
		AA	BB	AB	A	B	36.766
民猪	48	0.354（17）	0.563（27）	0.083（4）	0.63	0.37	
长白	55	0.145（8）	0.445（25）	0.400（22）	0.38	0.63	$P=0.001$
长民	25	0.040（1）	0.920（23）	0.040（1）	0.50	0.50	

表 2-34　LHβ 基因多态位点的基因型与民猪繁殖性状的最小二乘分析

性状	LHβ 基因的多态性在不同群体中的效应（*P* 值）		
	民猪	长白猪	长民杂种猪
产活仔数	NS	NS	NS
初生窝重	0.002 6	NS	NS
初生活仔窝重	0.027 5	NS	NS
21 日龄窝重	NS	NS	NS
35 日龄窝重	NS	NS	NS

注：NS 表示 $P>0.05$。

表 2-35 LHβ 基因多态位点的基因型对民猪繁殖性状的影响

性状	最小二乘均值（LSM）		
	AA	BB	AB
产仔数	14.55±0.83[a]	12.74±1.66[ab]	11.13±0.71[b]
初生窝重	14.67±0.75[a]	13.94±1.45[ab]	11.44±0.63[b]
初生活仔窝重	13.25±0.76[a]	13.17±1.51[ab]	10.84±0.65[b]

注：同行字母不同者表示差异极显著（$P<0.01$）。

张冬杰等（2005）采用 PCR-SSCP 技术对 36 头民猪、102 头长白猪、85 头杜洛克和 90 头大白猪，共计 313 个个体的 LH 和 PRLR 基因的多态性进行了检测，结果发现，LH 位点存在多态性，获得 3 种基因型 AA 型、AB 型和 BB 型，3 种基因型的频率在大白猪、长白猪和杜洛克猪中基本相同，都是 AA>AB>BB，而民猪则是 AB>BB>AA，而且基因型频率的大小差别较大。PRLR 基因同样存在多态位点，除民猪外，大白猪、长白猪和杜洛克猪均处于遗传基础极度不平衡状态；多态性检测共检测到 6 种基因型（AA、BB、CC、AB、AC、BC），推测 PRLR 位点的不同基因型对产仔性能的影响是：AA>AC>AB>CC。

（三）促卵泡素 β 亚基基因（FSH-β）

促卵泡素时由垂体嗜碱细胞分泌的糖蛋白急速，由碳水化合物和蛋白质组成。对雄性动物来说，FSH 主要是促进生精上皮分裂，刺激精原细胞增殖，在睾酮的协同作用下，促进精子形成；对雌性动物 FSH 能提高卵泡壁的摄氧量，增加蛋白质合成，并对卵泡内膜细胞分化、颗粒细胞增生和卵泡液的分泌具有促进作用；在促黄体素的协同作用下，促使雌性动物卵泡成熟、抑制卵巢闭锁、诱导芳香酶活性、诱导 LH 受体和 PRL 受体产生。FSH 由 α 和 β 两个亚基组成，在同种哺乳动物中，α 亚基的氨基酸序列组成非常保守，与促黄体素、粗甲状腺素、绒毛膜促性腺激素的 α 亚基同源性很高，甚至它们的 α 亚基可以互换，而 β 亚基不能互换，激素功能的特异性由 β 亚基决定（薛尚军等，2012）。赵要风等（1997）运用聚合酶链式反应对民猪和香猪的 FSHβ 基因位点进行了多态性研究，发现香猪所扩 PCR 产物长度均为约 0.5kb，民猪则分别具有 0.5kb/0.5kb 和 0.2kb/0.2kb 共计 3 种产物类型，香猪扩增产物的 Bam HI 酶切结果显示，其扩增片段存在 PCR-RFLP 多态性，酶切模式为 0.5kb/0.5kb、0.29kb 和 0.21kb/0.29kb 和 0.21kb 共计 3 种类型，进一步对两猪种 FSH-β 位点的基因及基因频率进行了分析。

（四）精子黏合分子 1 基因（*SPAM*1）

*SPAM*1 是一种在受精过程中起重要作用的精子抗原。陈蓉蓉等（2008）以

10个中外猪种的20个无遗传相关公猪个体的基因组DNA为模板扩增猪SPAM1基因的部分第二外显子和第三内含子2个DNA片段，经PCR产物直接测序并作序列比较分析后在外显子2和内含子3上分别鉴别到1个新的单核苷酸多态位点，其中外显子2上的T>A碱基颠换（M191T-A）可导致其编码的苯丙氨酸突变为酪氨酸。SMART软件分析显示，M191T-A处在SPAM1蛋白糖基水解酶保守域的编码区。建立PCR-TasI-RFLP方法检测了4个西方商业猪种以及8个中国地方猪种791个个体在M191T-A位点的遗传变异情况。结果在八眉猪、莱芜黑猪、米林藏猪、杭猪、剑河白香猪、大白猪、长白猪和杜洛克猪中检测到突变型等位基因A；而在二花脸猪、民猪、五指山猪和皮特兰猪中仅存在TT基因型，表现为极端的单态分布。

十二、民猪精液冷冻技术研究

马红等（2013）通过手握法采集民猪种公猪精液，完成精液品质检测后，以不同的稀释液、冷冻方法（干冰冷冻及液氮冷冻）对合格精液进行冷冻操作，制作冻精。保存一段时间后以湿解法解冻，检测解冻精液品质，合格精液进行人工输精，输精母猪21d后检测返情率，114d后检测产仔数及初生重等指标。部分试验结果如下。

（一）鲜精液品质检测

检测了所采集的新鲜样品的精子密度、活率和顶体完整性，测定结果见表2-36。根据测定结果选取4号精液为后续实验材料。

表2-36　精液品质测定结果

编号	精子密度（10^6个/mL）	活率（%）	顶体完整性（%）
1	260±2.1	88.7±3.7	42.5±3.5
2	270±1.8	90.2±1.2	53.2±2.2
3	260±2.4	87.9±4.1	40.2±4.5
4	280±3.4	92.3±2.6	58.2±3.1
5	280±2.6	91.2±3.4	51.2±1.2

（二）冷冻精液品质检测

分别测定采用液氮和干冰两种冷冻方式下，冷冻保护液Ⅰ、Ⅱ和Ⅲ（表2-37）对冷冻后的精液品质进行测定（表2-38）。结果显示，使用冷冻保护液Ⅱ的处理组，其精液活率、顶体完整性高于其他组别，对照组活率最低。冻源选择方面，干冰（系列1）冷冻效果优于液氮（系列2），原因可能是由于液氮的蒸发速度较快，使冷冻过程中温度变化幅度较大造成精子的损伤程度高于干冰作为冻源的精子，具体原因仍需进一步试验来验证。

表 2-37　3 种冷冻保护剂配方

组分	对照组	冷冻保护液Ⅰ	冷冻保护液Ⅱ	冷冻保护液Ⅲ
葡萄糖（g）	11.5	11.5	11.5	11.5
柠檬酸钠（g）	11.65	11.65	11.65	11.65
碳酸氢钠（g）	1.75	1.75	1.75	1.75
EDTA 钠盐（g）	2.35	2.35	2.35	2.35
三羧甲基氨基甲烷（g）	6.5	6.5	6.5	6.5
柠檬酸（g）	0.41	0.41	0.41	0.41
半胱氨酸（g）	0.01	0.01	0.01	0.01
青霉素钠（g）	0.65	0.65	0.65	0.65
海藻糖（mol/L）	0	0.1	0.15	0.2
甘油（体积比%）	9	8	9	10
总量	定容至 1 000mL			

表 2-38　冷冻精液品质测定结果

类别		活率（%）	顶体完整性（%）
液氮	对照组	46.5±3.5[aA]	50.3±3.2[aA]
	冷冻保护液Ⅰ	52.4±4.1[bB]	54.2±3.1[bC]
	冷冻保护液Ⅱ	54.0±2.4[c]	58.2±2.4[c]
	冷冻保护液Ⅲ	52.1±1.9[bB]	55.0±3.0[bC]
干冰	对照组	48.4±3.7[aA]	51.2±3.2[aA]
	冷冻保护液Ⅰ	54.1±3.1[bB]	54.8±2.9[bC]
	冷冻保护液Ⅱ	58.0±2.7[C]	56.8±2.6[bB]
	冷冻保护液Ⅲ	53.1±2.1[bB]	55.1±2.8[bB]

注：小写字母不同代表差异显著（$P<0.05$），小写字母相同代表差异不显著（$P>0.05$）；大写字母不同代表差异极显著（$P<0.01$），大写字母相同代表差异不是极显著（$P>0.01$）。

（三）鲜精与冷冻精液对输精效果的影响

对 30 头民猪母猪人工输入冷冻精液，同时以人工输入鲜精液的个体为对照组。结果发现，冷冻精液组的妊娠率、产仔数明显低于鲜精对照组（表 2-39），这与冷冻精液的精子活率低于鲜精有关，可通过完善和改进冷冻保护液配方和相关技术以提高精子活率。

表 2-39　鲜精与冻精对母猪繁殖性能影响的比较

项目	返情率（%）	产仔数（头）	平均出生重（kg）	平均出生窝重（kg）
鲜精对照组	94%	12.6	1.1	14.11
冷冻精液组	87%	10.8	1.2	12.96

（四）不同离心力对民猪冷冻精子质量的影响

手握法采集民猪种公猪精液，将精液随机分成 8 组，使用 BTS（Beltsville thawing solutjon）精液稀释液稀释所采集的精液，然后分别以 600×*g*，800×*g*，1 000×*g* 及1 200×*g* 离心力条件下离心 10min、15min 和 20min。离心后的精液冷冻保存，24h 后溶解，检测精子质量（马红等，2016）。

精子在离心去除精浆的过程中会受到离心压力的损伤，其损伤程度与离心力的大小和时间长短有关，并表现为冷冻保存再溶解后精子质量参数的改变。由表 2-40 可知，在较低的离心力下，如 600×*g* 离心 10min、15min 和 20min 或者 800×*g*离心 10min 和 15min 过程中，各组间精子质量的各项参数没有明显的差异（$P>0.05$）。但 600×*g* 离心力各组或者 800×*g* 离心 10min 均不能将精子充分沉淀至离心管底部。当离心力达到 800×*g*，离心 15min 时，精子质量与前面各组间无显著差异（$P>0.05$），精子活率、顶体完整率、质膜完整率和线粒体完整率分别为（40.9±3.3）%、（40.4±3.4）%、（45.6±3.2）%和（54.3±4.2）%。当 800×*g* 离心 15min 时，精子活率出现明显降低，仅为（37.9±4.1）%。当离心力达到 1 000×*g*或1 200×*g*时，延长离心时间会明显降低精子质量，各组间差异显著（$P<0.05$）。当离心时间增加至 15min 或 20min 时，精子质量达到最低，各项指标组间差异显著（$P<0.05$）。图 2-25 反映了各项指标随离心力变化而变化的情况，由图可知，随着离心力增大，精子质量在相同离心时间条件下，各项指标的降低也加快（曲率变大），不同指标的变化规律基本相似。

表 2-40　离心力和离心时间对冻融后精子质量的影响

离心力（×*g*）	离心时间（min）	精子活率（%）	顶体完整率（%）	质膜完整率（%）	线粒体完整率（%）
600	10	$39.1±4.2^{a}$	$49.1±4.5^{a}$	$54.0±4.9^{a}$	$53.6±4.2^{a}$
	15	$42.6±4.7^{a}$	$47.3±4.0^{ab}$	$50.7±4.7^{a}$	$54.1±3.3^{a}$
	20	$41.3±3.4^{a}$	$47.0±4.2^{a}$	$52.6±3.7^{a}$	$52.9±4.1^{a}$

（续表）

离心力（×g）	离心时间（min）	精子活率（%）	顶体完整率（%）	质膜完整率（%）	线粒体完整率（%）
800	10	41.0±3.7[a]	50.4±3.1[a]	54.4±3.4[a]	54.7±3.3[a]
	15	40.9±3.3[a]	44.9±4.1[a]	51.8±3.6[a]	54.3±4.2[a]
	20	36.9±3.1[b]	46.8±4.3[a]	53.4±3.2[a]	50.6±3.9[a]
1 000	10	36.6±3.5[b]	43.0±3.5[ab]	48.9±3.2[ab]	51.1±3.7[a]
	15	34.0±3.1[b]	40.4±3.4[b]	45.6±3.2[b]	45.9±3.5[b]
	20	28.2±3.7[c]	32.7±4.3[c]	40.5±3.9[c]	39.8±4.2[c]
1 200	10	22.7±2.9[d]	32.6±4.3[c]	36.4±4.3[b]	34.5±3.6[d]
	15	13.7±3.0[e]	22.2±3.4[d]	23.9±3.6[e]	21.1±3.3[e]
	20	11.2±2.5[e]	19.7±2.4[d]	19.5±2.9[f]	16.7±3.3[f]

注：同行数据后所标字母相异表示差异显著（$P<0.05$），所标字母相同表示差异不显著（$P>0.05$）。

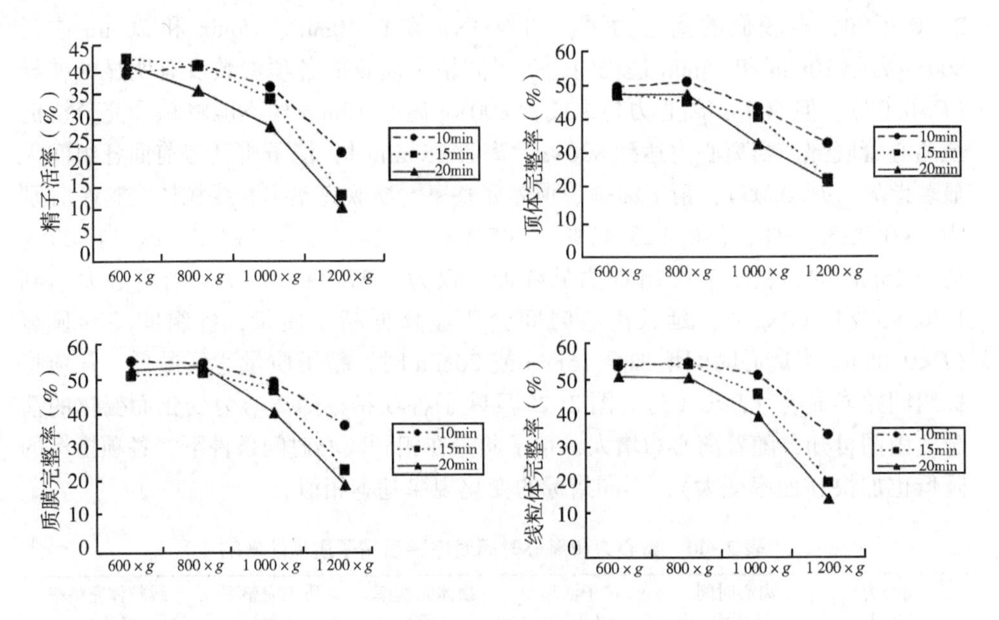

图 2-25　离心力和离心时间对冻融后精子质量的影响

（五）离心次数对冷冻后精子质量的影响

在生产过程中，为了能够尽可能去除精浆，有时会采用多次离心，但在相同离心条件下，离心次数的多少对精子质量有明显的影响。离心 1 次后检测得到的精子质量最高，精子活率、顶体完整率、质膜完整率和线粒体完整率分别为

(40.2±3.3)%、(46.1±4.0)%、(42.3±4.5)%和（53.6±3.9)%（表2-41)。离心3次时，精子质量发生明显降低，当离心次数达到5次时，精子质量降至极低（图2-26)，3组的各个指标间均表现为差异显著（$P<0.05$)。

表2-41　离心次数对民猪冻融精子质量的影响

次数	精子活率（%）	顶体完整率（%）	质膜完整率（%）	线粒体完整率（%）
1	40.2±3.3[a]	46.1±4.0[a]	42.3±4.5[a]	53.6±3.9[a]
3	30.6±3.1[b]	31.3±5.4[b]	30.6±3.2[b]	35.7±3.7[b]
5	15.1±3.7[c]	21.6±4.3[b]	20.5±3.9[c]	25.4±4.2[c]

注：同行数据后所标字母相异表示差异显著（$P<0.05$)。

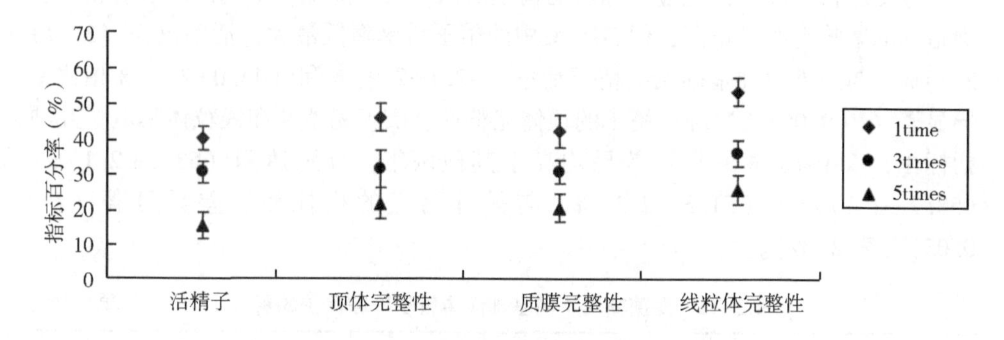

图2-26　离心次数对冻融后精子质量的影响

由此可知，在较低的离心力600×*g*作用下，延长离心时间并没有引起精子质量的各项指标明显变化。而在生产操作中也发现，新采集的精子非常活跃，即使在600×*g*，离心20min条件下，离心后多数精子仍悬浮于溶液中，几乎不能形成明显的精子沉淀。只有离心力达到800×*g*，离心时间15min才能将大部分精子沉淀至离心管底部。随着离心力和离心时间的增加，会在离心管底部形成密度越来越大的精子沉淀层，重悬后显微镜下观察，发现精子尾部损伤较多，出现精子顶体脱落和质膜破坏的机械损伤现象。试验数据也支持这一结论，即各项检测指标数据随着离心力和离心时间延长而明显降低。其他研究者在大鼠、斑马鱼等动物精子的研究中也证实，在离心过程中，离心产生的机械力通过影响沉淀形成状态来影响精子质量，是精子死亡和运动能力丧失的主要原因。有研究者通过在离心溶液中添加非渗透性大分子物质来提高溶液密度，降低离心团块的紧密程度，进而降低其对精子的损伤。

（六）海藻糖对民猪精液冷冻保存的影响

冷冻保护液的成分中除卵黄外，主要包括糖类、冷冻保护剂、抗生素和缓冲液。海藻糖（Trehalose）具有提高细胞膜的流动性，并能在活细胞脱水时在细胞膜外形成一层膜达到保护细胞的作用。因此，国内外很多研究者也将其应用于猪精液冷冻保存中，马红等（2014）研究了民猪在 BTS、Modena 和 Zorlesco 稀释液基础上添加 0.15mol/L 浓度的海藻糖，通过与鲜精间的比较，通过测定冷冻后民猪精子活率、顶体完整性、质膜完整性、线粒体活性等多个指标，探讨海藻糖与不同冷冻保护液的相互作用及不同浓度对精子冷冻保护作用。结果发现民猪精子经过 17℃和 4℃两步预冷后，活率稍有下降，但不同的冷冻液中活率差异不显著（P>0.05），表明在预冷过程中，冷冻保护液种类对精子的影响不大。但当精子经过冷冻再解冻后，经过冷冻后的精子的活率大大降低，不同冷冻液对精子各项指标的影响有明显不同，但 BTS 液中的精子活率降低最大，活率仅为（37.1±2.2）%，与另外两种基础液中精子活率（42.1±2.9）%和（44.0±2.4）%相比差异显著（P<0.05）。冷冻后精子的顶体完整性、质膜完整性和线粒体膜电位几项指标中，Zorlesco 液的保护效果均高于其他两组，分别达到（53.2±2.1）%、（58.2±2.4）%和（51.3±2.3）%，与另外两组的指标相比差异显著（P<0.05）（表 2-42）。

表 2-42　海藻糖对不同基础液中精子冷冻保护的影响　（单位：%）

冷冻保护液	冷冻前活率	冷冻后活率	顶体完整性	质膜完整性	线粒体活性
Modena	88.7±3.7^{a}	42.1±2.9^{a}	48.1±2.8^{b}	57.3±2.7^{a}	45.1±1.2^{b}
Zorlesco	91.9±5.4^{a}	44.0±2.4^{a}	53.2±2.1^{a}	58.2±2.4^{a}	51.3±2.3^{a}
BTS	93.0±3.6^{a}	37.1±2.2^{b}	43.1±3.5^{c}	46.1±3.2^{b}	44.1±3.2^{b}

注：同行数据肩标字母不同表示差异显著（P<0.05），字母相同表示差异不显著（P>0.05）。

不同的海藻糖浓度对冷冻前精子的活率影响不大（P>0.05）（表 2-43）。冷冻后添加 0.15mol/L 浓度的海藻糖能够明显提高冷冻精子的各种指标，其中 0.1mol/L 和 0.15mol/L 的海藻糖的冷冻后精子活率为（43.9±4.1）%和（44.0±2.4）%，显著高于无海藻糖的（36.5±3.5）%（P<0.05）。而 0.15mol/L 的海藻糖中精子质膜完整性、顶体完整性和线粒体膜电位几项指标分别达到（58.2±2.4）%、（53.2±2.1）%和（51.3±2.3）%，为各组中最高（P<0.05）。

表 2-43　海藻糖浓度对 Zorlesco 中精子冷冻保护的影响　（单位：%）

海藻糖浓度	冷冻前活率	冷冻后活率	顶体完整性	质膜完整性	线粒体活性
0	$88.5±3.9^{a}$	$36.5±3.5^{c}$	$50.3±3.2^{c}$	$42.5±3.5^{d}$	$39.2±3.2^{c}$
0.1	$90.0±4.4^{a}$	$43.9±4.1^{a}$	$54.2±3.1^{b}$	$48.9±3.0^{b}$	$45.9±2.1^{b}$
0.15	$90.9±5.4^{a}$	$44.0±2.4^{a}$	$58.2±2.4^{a}$	$53.2±2.1^{a}$	$51.3±2.3^{a}$
0.2	$91.3±2.7^{a}$	$40.1±1.9^{ab}$	$55.0±3.0^{b}$	$51.3±2.9^{a}$	$44.5±2.9^{b}$

（七）维生素类物质对民猪精子常温保存效果的影响

维生素是一类具有抗氧化能力的物质，可以有效降低溶液中氧化物质的浓度。马红等（2018）分别在民猪的精液常温稀释液中添加维生素 C、维生素 B_{12} 和水溶性维生素 E，通过比较不同时间民猪精子的活率，比较 3 种维生素类物质对民猪精子保存效果的影响。将检测合格的精液分为 4 组，1～3 组分别以 1∶4 比例与平衡至室温并分别添加维生素 C、维生素 B_{12}、维生素 E 在稀释液中的终浓度分别达到 30mmol/L、45mmol/L 和 25mmol/L，4 组不添加维生素作为对照组。结果发现，民猪精子经过 1d（24h）的常温保存后，活率与保存前（第 0 天）比较略有下降，但随着保存时间的延长，各组的精子活率出现明显差异；第 2 天时对照组活率降低至 77.6%，而添加了维生素 C、维生素 E 和维生素 B_{12} 的各组活率仍保持较高水平（86.1%、90.7%和 88.6%）；在第 4 天时，含维生素类物质的各组精子活率仍保持在 50%以上，其中添加维生素 E 组的活率为 64.4%，但对照组活率只有 26.3%，已不能在生产中使用；第 6 天时对照组已无活精子，而维生素 E 组活率为 39.9%，维生素 B_{12} 组为 32.7%，维生素 C 组为 30.8%（表 2-44），虽然仍有活精子，但都未达到生产使用的最低标准，说明在民猪精液常温保存稀释液中添加维生素 E 可以明显提高精子活率，而且保存 5d 的精子仍可在生产中使用。

表 2-44　添加不同维生素类物质精子活率测定结果　（单位：%）

时间	维生素 C 组	维生素 E 组	维生素 B_{12} 组	对照组
第 0 天	$97.9±0.4^{a}$	$98.4±0.7^{a}$	$99.1±0.3^{a}$	$97.7±1.2^{a}$
第 1 天	$92.3±1.2^{b}$	$95.1±3.3^{a}$	$94.4±2.6^{a}$	$91.2±3.8^{b}$
第 2 天	$86.1±3.0^{a}$	$90.7±1.9^{a}$	$88.6±2.9^{a}$	$77.6±4.1^{b}$
第 3 天	$70.5±3.5^{b}$	$79.6±2.1^{a}$	$73.9±2.3^{b}$	$58.9±2.7^{c}$
第 4 天	$53.2±0.9^{c}$	$64.4±2.5^{a}$	$58.2±3.6^{b}$	$26.3±4.4^{d}$
第 5 天	$40.0±4.2^{b}$	$50.8±2.3^{a}$	$44.9±2.1^{b}$	$9.7±3.1^{c}$

（续表）

时间	维生素C组	维生素E组	维生素B_{12}组	对照组
第6天	30.8±4.3^{b}	39.9±1.5^{a}	32.7±4.7^{b}	—

注：同行数据肩标字母不同表示差异显著（$P<0.05$），字母相同表示差异不显著（$P>0.05$）。

随着保存时间的延长，各组精子质膜完整率普遍降低，但相同时间添加维生素类物质的各组精子的质膜完整率明显高于对照组；第3天时，各组精子质膜完整率明显降低，其中添加维生素E组为52.6%，维生素B_{12}组为53.9%，维生素C组44.5%，而对照组只有23.7%；第4天时添加维生素的各组精子质膜完整率保持在30%左右，而对照组只有9.3%，第5天时对照组精子质膜全部被破坏，而添加维生素E组精子质膜完整率为26.2%，维生素B_{12}组为20.3%，维生素C组为11.0%（表2-45）。说明在民猪精液常温稀释液中添加适量的维生素类物质可以提高民猪精子质膜完整性，其中添加维生素E的保护效果最好。

表2-45 添加不同维生素类物质精子质膜完整率测定结果 （单位：%）

时间	维生素C组	维生素E组	维生素B_{12}组	对照组
第0天	92.9±4.4^{a}	90.4±3.7^{a}	88.1±3.1^{a}	91.7±1.2^{a}
第1天	80.3±1.9^{b}	85.2±2.1^{a}	84.4±2.9^{a}	76.1±4.8^{c}
第2天	61.1±3.0^{b}	67.4±2.4^{a}	63.2±3.3^{b}	49.6±4.7^{c}
第3天	44.5±1.2^{b}	52.6±3.5^{a}	53.9±4.1^{a}	23.7±2.1^{c}
第4天	28.2±3.3^{b}	35.4±3.0^{a}	31.2±3.6^{b}	9.3±2.4^{c}
第5天	11.0±3.2^{c}	26.2±4.1^{a}	20.3±3.3^{b}	—

注：同行数据肩标字母不同表示差异显著（$P<0.05$），字母相同表示差异不显著（$P>0.05$）。

第三节 民猪的生长性状

生长性状是一个测定周期长、耗时耗力的数量性状。早期测定时，全部靠人工测定，工作量巨大，现在市面上有了自动化的生产性能测定仪，工作量得以显著减少，但依旧费时。民猪的生长速度慢，是一个明显劣势，基本要1年的时间才可出栏，这与引进猪种的半年出栏时间相比，缺乏市场竞争力。老一辈育种学家对民猪生长性状的测定开始于20世纪70—80年代，获得了大量翔实的数据，对于今后的选种选育工作依旧具有参考价值。

一、后备公猪生长性能测定

胡殿金等（1980，1981）从春产断乳仔猪中，选民猪和哈白猪的小公猪各10

头，组成后备公猪试验群，2 年共观测民、哈小公猪各 20 头，从 3 月龄开始至 9 月龄结束。获得了早期民猪后备公猪的生长性能测定数据，部分数据结果如下：

（一）体重变化

从 3 月龄开始测定至 9 月龄结束，在此期间，民猪体重从最初的（21.05±0.57）kg 增长到（73.97±2.22）kg。同一期间，哈白猪从最初的（25.68±0.82）kg 增长至（107.57±4.5）kg。两猪种同龄阶段体重差异随月龄的增加而加大，差异非常显著。测定期内，民猪各日龄后备公猪的平均日增重均低于哈白猪，如 9 月龄民猪平均日增重（314.58±19.36）g，同龄哈白猪为（498.88±5.14）g。

（二）体尺变化

选取 8 月龄民猪和哈白猪的后备公猪测尺资料进行比较，发现民猪体长（102.25±1.46）cm，哈白猪体长（113.13±2.02）cm；民猪体高（58.31±1.14）cm，哈白猪体高（61.13±0.77）cm，民猪胸围（89.5±1.14）cm，哈白猪胸围（101.07±1.39）cm，民猪各项体尺指标均低于同龄哈白猪，但种间差异不显著。

（三）饲料喂量

民猪采食量低于同龄哈白猪。如 9 月龄民猪每天平均采食 2.73kg 饲料，其中混合精料 1.82kg，同龄哈白猪为 3.93kg 和 2.83kg。按采食量和全国通用饲料营养价值表计算，每头每日消化能、可消化粗蛋白质的采食量，民猪同样少于哈白猪。月龄越大，采食量差异越大，如 9 月龄民猪，每天摄入消化能 5 620kcal 和可消化蛋白质 198g，同龄哈白猪分别采食 8 576kcal 和 290g。试验期间，后备公猪饲料利用情况，按 1kg 增重消耗饲料计算，一般来说，民猪高于哈白猪（4 月龄除外）。

二、民猪肌肉的生长发育特点

齐守荣等（1981）通过屠宰、分割的方式研究了民猪肌肉的生长发育特点，并以哈白猪作对照，将腿臀部的肉、脂、骨、皮剥离，并对股二头肌、半膜肌、半腱肌、内收肌及股薄肌单独剥离称重，腰段的背最长肌也单独剥离称重，然后整理 15kg、30kg、60kg、90kg 和 120kg 不同时期的数据，计算每块主要肌肉与腿臀肌肉与胴体肌肉的回归关系，从而得出主要肌肉的异速生长式。比较局部与整体之间的差异情况，探索局部肌肉代替整体生长式的共同回归线。部分研究结果如下。

腿臀部肌肉比例最大，颈、胸部次之，腰部最小。颈部的肌肉比例接近于整个胴体的肌肉比例（表 2-46）。民猪各部位各阶段的肌肉比例都小于哈白猪，臀和腰部在 60kg 阶段差异最突出（$P<0.01$）。30kg 和 90kg 阶段差异也很明显。各阶段臀腰部肌肉比例揭示出的品种间差异与整个胴体反映出的品种间差异的趋势基本一致，即用后躯代表胴体的肌肉比例是有根据的。

表 2-46　颈胸腰臀及胴体的肌肉各占该部分的比例

（单位：%）

阶段（kg）	颈			胸			腰			臀			胴体		
	民猪	哈白猪	差异	民猪	哈白猪	差异	民猪	哈白猪	差异	民猪	哈白猪	差异	民猪	哈白猪	差异
15	54.3±0.8	55.6±2.0	NS	54.3±0.4	55.0±0.6	NS	52.1±1.4	50.5±1.8	NS	58.7±1.2	58.9±2.6	NS	55.4±0.5	55.7±0.7	NS
30	51.7±2.1	52.9±1.7	NS	56.0±2.5	56.5±1.1	NS	49.6±1.4	54.3±0.7	$P<0.05$	57.0±0.4	58.5±0.6	NS	53.9±0.3	56.4±0.9	$P<0.05$
60	49.9±2.3	55.0±1.7	NS	49.0±0.7	52.4±1.6	NS	43.1±1.3	50.0±1.6	$P<0.01$	54.6±0.9	60.7±1.1	$P<0.01$	50.1±0.5	55.1±1.3	$P<0.01$
90	47.2±1.1	53.5±2.1	$P<0.05$	47.0±1.7	51.0±1.3	NS	40.8±1.6	48.2±2.0	$P<0.05$	51.5±1.4	60.5±1.3	$P<0.01$	47.6±1.4	53.9±1.5	$P<0.05$
120	47.1±3.8	50.3±1.9	NS	44.0±1.1	47.9±2.0	NS	40.5±1.4	44.4±1.7	NS	51.6±1.8	55.7±1.3	NS	46.1±0.5	50.1±1.6	NS

表 2-47　臀部肉脂骨皮的比较

（单位：g）

阶段（kg）	肉			脂			骨			皮		
	民猪	哈白猪	差异	民猪	哈白猪	差异	民猪	哈白猪	差异	民猪	哈白猪	差异
15	760±21.9	752±62.0	NS	176.0±14.9	205.3±15.8	NS	231.2±7.0	162.3±44.6	NS	128.8±9.4	105.7±3.3	$P<0.05$
30	1 535±67.9	1 711±48.2	NS	423.0±51.9	570.0±22.8	$P<0.05$	409.6±17.4	443.0±22.4	NS	324.3±7.4	198.4±13.9	$P<0.001$
60	2 966±61.9	3 761±133.3	$P<0.001$	1 205.5±64.6	1 318.2±54.7	NS	678.7±10.1	706.0±21.2	NS	602.7±30.7	422.5±17.9	$P<0.001$
90	4 641±67.0	5 806±153.3	$P<0.001$	2 401.3±230.6	2 427.7±195.4	NS	897.2±39.7	901.3±8.6	NS	1 098.0±86.7	531.7±25.6	$P<0.001$
120	5 987±282.6	7 015±216.7	$P<0.05$	3 077.4±287.9	3 816.7±165.2	$P<0.05$	1 250.0±61.3	1 090.3±33.1	$P<0.05$	1 282.0±73.9	672.5±40.2	$P<0.001$

从腿臀部肉脂骨皮的变化看（表 2-47），60kg 和 90kg 阶段民猪与哈白猪比较，肉的差异非常显著（$P<0.001$）；120kg 是差异显著（$P<0.05$）；皮的差异更显著，30～120kg 阶段（$P<0.001$）；脂和骨到 120kg 阶段时差异亦显著（$P<0.05$）。这一情况说明，用臀部资料说明胴体况有很大的可靠性，甚至比鉴定整个胴体，其“灵敏度更大些。”民猪臀部肉脂骨皮组成比的变化规律（表 2-48）基本符合胴体肉脂骨皮的变化规律。

表 2-48　臀部肉脂骨皮组成比的变化　（单位:%）

阶段（kg）	肉	脂	骨	皮
15	58.7±1.2	13.6±1.0	17.8±0.2	9.9±0.6
30	57.0±0.4	15.5±1.3	15.3±0.8	12.2±0.6
60	54.6±0.9	22.2±1.1	12.5±0.2	11.1±0.5
90	51.1±1.4	26.4±2.1	10.0±0.5	12.1±0.9
120	51.6±4.1	26.5±2.2	10.8±1.1	11.1±1.4

吕耀忠等（1993）在兰西县种猪场选择了 32 头民猪，包括初生、1 月龄、2 月龄、3 月龄、4 月龄、5 月龄、6 月龄和 8 月龄共计 8 个时间点，每个时间点选择 4 头个体（公、母各 2 头）进行屠宰测定。获得部分研究结果如下。

初生时的宰前重为 0.80kg，到 1 月龄时增长近 5 倍，到 2 月龄时增长近 3 倍。其余各月龄增重速度均低于 1 月龄和 2 月龄，说明前期增长倍数最高，民猪早期生长速度对后期影响很大。板油重性状前 4 个月龄增长速度缓慢，而在 5～6 月龄增长较快，均以 2～3 倍的速度增长，背膘厚呈现与板油重性状相似的情况。胴体直长前期较快，而后期速度较前期慢。脂肪重性状在初生时没有，但中后期增长速度较快。从瘦肉的生长发育趋势看，前 3 个月龄的增长速度在 3～5 倍，说明前期民猪的增长以瘦肉为主。后 3 个月龄明显低于前期。眼肌面积是测定瘦肉率的重要指标，从该性状看，也是前 3 个月的增长速度最快，均以 2～3 倍的速度增长。骨、皮也呈现前期增重速度快而后期放缓的趋势。从瘦肉率性状看，各月龄间均大致相同，4 月龄的瘦肉率最高，为 56.35%；骨率初生和 1 月龄时最高；皮率初生时最高，其余各月龄均大致相同（表 2-49）。

表 2-49　民猪胴体性状生长发育测定结果

性状	初生	1月龄	2月龄	3月龄	4月龄	5月龄	6月龄	8月龄
宰前重（kg）	0. 0±0. 17	3. 93±0. 82	11. 36±0. 83	18. 94±1. 76	32. 60±4. 08	40. 44±4. 11	50. 95±5. 51	182. 50±9. 54
胴体重（kg）	0. 41±0. 10	2. 22±0. 48	6. 72±1. 04	10. 49±0. 93	18. 40±1. 22	25. 00±3. 05	34. 25±6. 06	129. 20±9. 82
板油重（kg）	0. 0±0. 0	0. 01±0. 01	0. 05±0. 02	0. 07±0. 02	0. 09±0. 04	0. 21±0. 09	0. 66±0. 29	1. 41±1. 13
胴体直长（cm）	18. 00±1. 58	31. 95±3. 10	46. 55±1. 97	55. 88±2. 95	66. 38±2. 14	71. 88±2. 84	73. 00±2. 94	115. 00±5. 10
胴宽（cm）	7. 26±1. 18	13. 05±0. 95	18. 20±2. 16	21. 75±0. 87	24. 83±0. 35	26. 13±1. 03	30. 59±1. 00	45. 25±2. 22
膘厚（cm）	0. 17±0. 03	0. 70±0. 42	0. 86±0. 18	0. 85±0. 12	0. 96±0. 29	1. 04±0. 28	2. 55±0. 96	2. 94±0. 61
眼肌面积（cm^2）	0. 85±0. 26	2. 55±0. 49	5. 29±0. 69	6. 72±0. 96	13. 68±2. 06	10. 78±2. 29	19. 88±1. 29	35. 67±11. 26
脂肪重（kg）	0. 00±0. 00	0. 12±0. 05	0. 48±0. 13	0. 78±0. 17	1. 30±0. 47	1. 90±0. 40	3. 71±2. 02	11. 77±7. 47
肉重（kg）	0. 10±0. 03	0. 56±0. 13	1. 62±0. 15	2. 67±0. 30	5. 33±0. 47	6. 40±0. 93	8. 80±1. 17	29. 78±2. 45
骨重（kg）	0. 05±0. 01	0. 22±0. 04	0. 53±0. 07	0. 91±0. 18	1. 57±0. 12	1. 79±0. 28	1. 92±0. 33	6. 85±6. 06
皮重（kg）	00. 4±0. 01	0. 12±0. 02	0. 35±0. 08	0. 63±0. 06	1. 26±0. 03	1. 65±0. 23	1. 80±0. 23	14. 48±6. 06
瘦肉率（%）	53. 10±4. 75	54. 63±0. 98	54. 50±2. 81	53. 83±2. 45	56. 35±1. 40	54. 58±1. 56	54. 60±5. 61	47. 73±3. 75
脂肪率（%）	0. 00±0. 00	10. 88±3. 08	15. 93±2. 49	15. 30±3. 34	13. 50±3. 32	16. 13±1. 87	22. 25±9. 17	18. 13±10. 84
骨（%）	26. 88±1. 39	22. 30±3. 25	17. 75±0. 37	18. 23±2. 01	16. 68±1. 43	15. 25±0. 57	11. 95±1. 99	6. 85±0. 67
皮（%）	19. 45±6. 67	12. 23±2. 34	11. 83±1. 32	12. 68±0. 50	13. 43±1. 25	14. 05±0. 83	11. 23±1. 70	23. 13±10. 23

三、民猪胸、腹和盆腔内器官生长发育规律的研究

选择初生、1月龄、2月龄、3月龄、4月龄、5月龄、6月龄共7个不同的时间点，每个时间点屠宰4头（公、母各2头），共计28头个体。进行胸、腹、盆腔内各器官的生长发育规律的测定（吕耀忠等，1997）。部分研究结果如下。

通过测定发现，大小肠重量从初生到1月龄期间增长速度较快。大小肠由初生的5.56g和16.33g分别增加到63.90g和184.13g，增长倍数为10.49倍和10.28倍。大小肠重量是消化机能强弱的重要标志。在2~5月龄期间，各月间增长倍数较均匀，无明显增长趋势。说明从初生到1月龄期间仔猪吸吮母乳和补喂饲料是促进大小肠增重的重要因素。1月龄和2月龄期间是大小肠长度增长倍数迅速阶段。小肠由1月龄的137cm增长到2 475cm，大肠由1月龄的819.75cm增长到12 700cm。表明在以饲料为主的生长阶段，肠管长度对适应营养成分的消化和吸收起到重大作用。在1月龄和2月龄期间，大肠重量和长度的增长速度都超过小肠，说明仔猪开始摄食饲料后刺激大肠使其迅速增长，并且显著地超过小肠和胃，大肠的各月龄增长速度都超过小肠。胃重在初生和1月龄期间增重倍数为6.22，由初生的5.25g增加到37.88g。1月龄和2月龄期间增重比较快，3、4、5、6各月龄段之间增重速度无明显变化，并比较均匀（表2-50）。

盆腔内繁殖器官测定结果，母猪繁殖器官中，增重速度快的为子宫角重量，全期增长倍数为1 960.71倍，其次为卵重和阴道重，增长倍数分别为99.00和96.55（表2-51）。公猪繁殖器官中，睾丸增重速度最快，全期增重倍数为512.21，其次为精囊腺（表2-52）。

四、民猪真皮和被毛的测定

民猪的被毛通体黑色，毛较密，鬃毛较长，冬季皮肤表面会密生一层绒毛，是民猪耐寒特性的一种表现。20世纪80—90年代，畜牧兽医还是一门学科时，很多兽医方面的专家，从组织解剖的角度探究了民猪真皮和被毛的特点。

（一）不同阶段民猪被毛的测定

段英超等（1981）选择初生、15kg、60kg、90kg和120kg共计5个时间点的民猪，每个时间点随机选取6头，共计30头，同时选择哈尔滨白猪作为对照猪种。毛的测量：每头猪取4个部位，即背侧在鬐甲部和胸腰椎之间，体侧在肩关节至髋关节的水平线上的肩关节角和最后肋间处。屠宰后立即在各部位切下1cm^{2}带毛的皮肤，投入10%甲醛固定，然后将毛干全部剃下进行测量。真皮的测量：增加了30kg体重组，每头猪取6个部位，除上述4个部位外，增加2个部位，即在腰荐椎之间和股阔筋膜张肌处。在屠宰退毛和剥皮后，将皮下脂小心

表 2-50　民猪胸腹腔内器官生长发育测定

项目		心(g)	肝(g)	肺(g)	脾(g)	肾(g)	胰(g)	胃(g)	大肠		小肠	
									重(g)	长(cm)	重(g)	长(cm)
初生	$\bar{X}$	5.68	16.95	11.18	1.41	3.85	1.46	5.25	5.56	70.5	16.33	342.38
	S	1.05	4.34	2.33	0.51	2.90	0.12	1.25	0.45	8.53	5.05	46.44
1月龄	$\bar{X}$	26.68	116.65	76.23	10.50	20.88	7.40	37.88	63.90	137.00	184.13	819.75
	S	4.10	28.61	42.71	3.04	4.10	1.01	6.98	27.21	23.62	64.68	34.59
2月龄	$\bar{X}$	60.00	339.50	216.00	29.50	58.75	30.25	140.50	360.50	275.00	522.75	12 700.00
	S	13.54	37.47	71.56	7.14	14.20	5.12	30.35	181.65	741.06	76.70	1351.54
3月龄	$\bar{X}$	71.50	659.50	342.25	36.25	80.75	67.75	202.25	466.50	3 185.00	701.00	15 167.50
	S	9.33	76.40	60.12	6.99	10.90	51.16	19.05	129.73	270.86	176.67	1 179.70
4月龄	$\bar{X}$	151.50	894.00	418.75	84.00	137.75	101.25	351.25	787.50	4 317.50	1 008.75	16 257.50
	S	22.71	137.22	71.11	7.35	18.01	13.15	78.67	124.53	359.11	116.93	742.45
5月龄	$\bar{X}$	145.00	1 040.00	477.50	63.75	164.00	67.50	480.00	1 145.00	4 825.00	1 360.00	18 780.00
	S	26.45	195.23	105.00	11.09	9.52	15.55	58.74	112.40	835.92	109.77	516.20
6月龄	$\bar{X}$	222.50	1 228.75	557.50	107.50	233.50	121.50	496.25	1 413.75	4 932.50	1 267.50	16 342.50
	S	30.96	197.46	99.21	6.45	19.23	50.82	85.77	285.58	311.92	547.06	2 042.52

表 2-51　母猪繁殖器官测定

月龄	生殖器官总重（g）	卵巢重（g）	输卵管		子宫角		阴道	
			重（g）	长（cm）	重（g）	长（cm）	重（g）	长（cm）
初生重量	1.75	0.04	0.07	3.15	0.07	5.02	0.29	2.24
1月龄	4.70	0.09	0.04	5.91	0.57	11.62	1.03	2.81
增长倍数	2.69	2.45	-0.54	1.65	8.14	2.31	3.55	1.25
2月龄	11.85	2.09	0.35	12.44	1.95	13.52	1.29	4.19
增长倍数	2.52	23.22	9.21	2.10	3.42	1.16	1.25	1.49
3月龄	36.15	1.61	0.71	17.08	7.40	23.03	8.90	9.90
增长倍数	3.05	-0.77	2.03	1.37	3.79	1.70	6.90	2.36
4月龄	128.15	1.30	2.08	19.04	11.33	30.33	15.15	13.41
增长倍数	3.54	-0.81	2.93	1.11	1.53	1.32	1.70	1.35
5月龄	120.70	2.18	1.09	19.52	16.50	32.02	20.50	8.02
增长倍数	-0.06	1.68	-0.52	1.03	1.46	1.06	1.35	-0.60
6月龄	446.00	3.96	6.05	25.40	137.25	81.38	28.00	9.13
增长倍数	2.74	1.82	5.55	1.30	8.32	2.54	1.37	1.14
全期增长倍数	254.86	99.00	86.43	8.06	1 960.71	16.21	96.55	4.08

表 2-52　公猪繁殖器官测定

月龄	生殖器官总重（g）	睾丸重（g）	附睾		输精管		阴茎		精囊腺（g）	尿道球腺（g）	前列腺（g）
			重（g）	长（cm）	重（g）	长（cm）	长（cm）	外径（cm）			
初生	6.25	0.24	0.27	1.80	5.77	0.11	13.70	0.21	0.19	0.75	0.15
1月龄	13.70	1.65	0.72	4.40	11.53	0.16	13.15	0.34	0.47	0.79	0.15
增长倍数	2.39	6.88	2.67	2.44	2.00	1.45	-0.96	1.62	2.47	1.05	0
2月龄	40.6	4.23	2.15	6.06	13.63	0.19	20.30	0.43	0.71	1.80	0.25
增长倍数	2.96	2.56	2.99	2.48	1.18	1.19	1.54	1.26	1.51	2.28	1.67
3月龄	100.45	8.00	4.49	9.37	24.14	0.18	32.54	0.51	2.54	4.88	0.21
增长倍数	2.47	1.16	2.09	1.55	1.77	-0.95	1.60	1.19	3.58	2.71	-0.84
4月龄	248.85	51.33	13.53	13.44	30.25	0.27	3.50	0.74	8.35	25.95	1.35
增长倍数	2.48	6.42	3.01	1.43	1.25	1.50	1.18	1.45	3.29	5.32	6.43
5月龄	410.40	79.95	19.18	16.35	28.00	0.48	36.75	0.84	10.43	39.85	3.80

（续表）

月龄	生殖器官总重（g）	睾丸重（g）	附睾		输精管		阴茎		精囊腺（g）	尿道球腺（g）	前列腺（g）
			重（g）	长（cm）	重（g）	长（cm）	长（cm）	外径（cm）			
增长倍数	1.65	1.56	1.42	1.22	-0.93	1.78	-0.95	1.14	1.25	1.54	2.81
6月龄	814.00	122.93	33.40	15.21	30.13	0.29	37.50	0.83	76.30	78.80	5.35
增长倍数	1.96	1.54	1.74	-0.93	1.08	-0.60	1.02	-0.99	7.32	1.98	1.41
全期增长倍数	130.24	512.21	123.70	8.45	5.22	2.64	2.74	3.95	401.58	105.07	35.67

地剔除，用卡尺测量各部位真皮的厚度。

1. 毛的数量、长度和粗度

统计了民猪和哈白猪 $1cm^2$ 面积内的粗毛和绒毛的数量，统计结果见表 2-53。两个猪种粗毛的数量在各体重阶段都没有差异，但是粗毛量随着体重的增加而相对地减少。绒毛的数量，只有民猪有绒毛，而且初生时也没有绒毛。绒毛数量随着季节的不同而增减；夏节绒毛较少，冬季绒毛多。两个猪种的毛长和毛粗都随着体重的增加而逐渐加长和加粗。虽然 90kg 体重的民猪毛特别长（$P<0.01$），但是，从两个猪种的全部体重来看，毛的长度差异基本不显著。绒毛的粗度随着体重的增加而加粗，但不如粗毛的加粗显著。绒毛的长度加长可能与季节变化有关，因此在各体重阶段加长并不一致（表 2-54）。

2. 真皮的厚度

两个猪种初生仔猪的真皮厚度没有差异，但随着体重的增加，真皮的厚度出现差异。由 30kg 体重开始出现显著差异（$P<0.001$），其中以 30kg 和 90kg 体重阶段显著性差异特别突出。两个猪种的背侧和体侧真皮的厚度都由 30kg 体重开始出现显著性差异。从各体重的均数来看，民猪在 90kg 体重时真皮特别厚，几乎比 60kg 体重厚 1 倍（表 2-55）。

（二）民猪初生仔猪被毛的测定

周殿正（1984）又对 6 头初生仔猪的皮肤结构及被毛结构等进行了解剖和一般组织学的初步观察。结果发现，在躯干部测量的 8 个部位中，皮肤的厚度并不相同，颈背部、胸背部、腰荐背部、颈下部、颏部、胸侧部、腹侧部、腹下部分别为（0.80±0.063）mm、（0.792±0.082）mm、（0.90±0.086）mm、（0.70±0.055）mm、（0.867±0.145）mm、（0.72±0.058）mm、（0.80±0.045）mm、（0.63±0.058）mm。皮肤最厚部位为腰荐背部，最薄部位为腹下部。

表 2-53 民猪和哈白猪粗毛的数量、长度和粗度

生长阶段（kg）	毛的总数量（根）			粗毛的数量（根）			粗毛的长度（mm）			粗毛的粗度（μm）		
	民猪	哈白猪	显著性检测	民猪	哈白猪	显著性检测	民猪	哈白猪	显著性检测	民猪	哈白猪	显著性检测
初生	235±34	175±20	NS	235±34	175±20	NS	5±0	4±0	NS	48±2	48±1	NS
15	84±26	41±41	NS	47±4	41±4	NS	11±1	12±1	NS	106±2	90±4	NS
60	41±6	23±4	$P<0.05$	25±2	22±3	NS	13±1	16±2	NS	147±8	151±4	NS
90	100±31	21±2	$P<0.05$	17±2	21±1	NS	38±2	25±1	$P<0.001$	189±6	185±4	NS
120	84±20	21±2	$P<0.01$	14±1	18±2	NS	26±8	27±3	NS	405±8	190±10	NS

表 2-54　民猪绒毛的数量、长度和粗度

生长阶段（kg）	绒毛的数量（根）	绒毛的长度（mm）	绒毛的粗度（μm）
15	149±103	5±0	32±6
60	65±23	4±1	37±3
90	332±120	13±2	48±1
120	280±82	12±0	58±26

表 2-55　民猪和哈白猪真皮的测定结果

生长阶段（kg）	真皮的厚度（cm）			背侧部真皮的厚度（cm）			体侧部真皮的厚度（cm）		
	民猪	哈白猪	显著性检测	民猪	哈白猪	显著性检测	民猪	哈白猪	显著性检测
初生	0.052±0.002	0.050±0.000	NS	0.052±0.002	0.048±0.003	NS	0.050±0	0.050±0	NS
30	0.300±0.014	0.187±0.009	$P<0.001$	0.319±0.052	0.194±0.096	$P<0.001$	0.280±0.013	0.180±0.005	$P<0.001$
60	0.325±0.034	0.233±0.007	$P<0.05$	0.317±0.034	0.240±0.012	$0.05<P<0.10$	0.328±0.035	0.227±0.010	$P<0.05$
90	0.605±0.032	0.313±0.025	$P<0.001$	0.607±0.031	0.310±0.024	$P<0.001$	0.603±0.034	0.315±0.025	$P<0.001$

民猪初生仔猪的表皮薄，厚度较一致。表皮可分为生发层、粒层、明层和角化层。真皮的乳头层与网状层分化不清，大部分地方没有形成乳头，少数地方形成乳头的雏形。网状层的胶质纤维细而短，排列疏松，细胞成分比大猪的密度大。毛囊比大猪的细得多。毛根比大猪的稍细一些。毛囊和毛根的分层结构与大猪相似。胸侧部皮肤内有汗腺存在。皮脂腺极少，只显始基。竖毛肌较发达。在测量过的几个部位中，毛由长至短依次为颏腺部窦毛、眶上部长毛、额部、胸侧部、肩臂部及腹侧部和臀部。

（三）冬季民猪绒毛表型变化

田明等（2019）对民猪绒毛表型随季节的变化情况进行了研究，分别选取7月龄民猪、大白猪和巴克夏猪进行被毛的测定及毛囊组织结构观察。结果发现三者之间，民猪的黑色硬毛比较疏松，而且皮肤表面布满黑色绒毛。相对地，大白猪皮肤体表只有疏松的白色硬毛，巴克夏猪皮肤体表有较浓密的的黑白色硬毛（图2-27）。

分别从民猪、大白猪、巴克夏猪体侧部位随机捡取30根体侧硬毛，30根绒毛（只有民猪有绒毛）（图2-28），使用游标卡尺测量各毛发长度（表2-56）。民猪绒毛平均长度为（30.55±4.72）mm，民猪体侧硬毛长度（52.74±

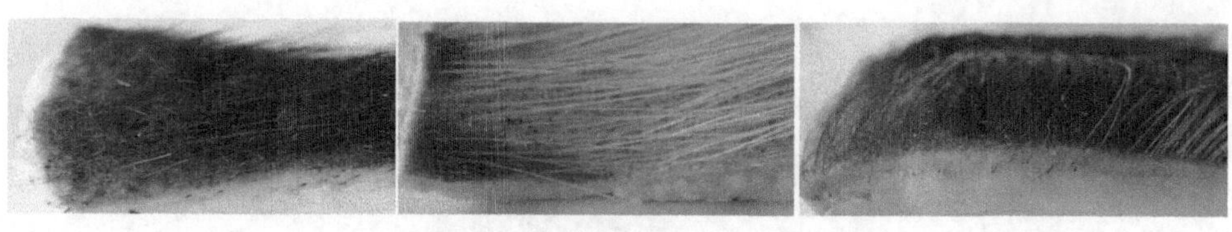

A民猪　　B大白猪　　C巴克夏猪

图 2-27　民猪、大白猪和巴克夏猪的被毛情况

5.05）mm，长于大白猪体侧的硬毛长度（$P<0.01$），差异极显著。

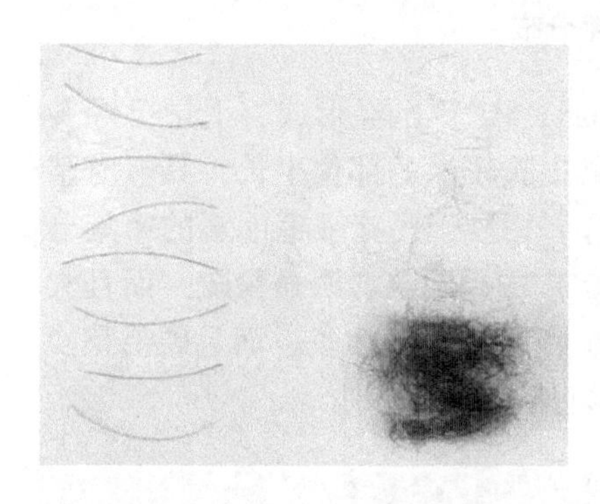

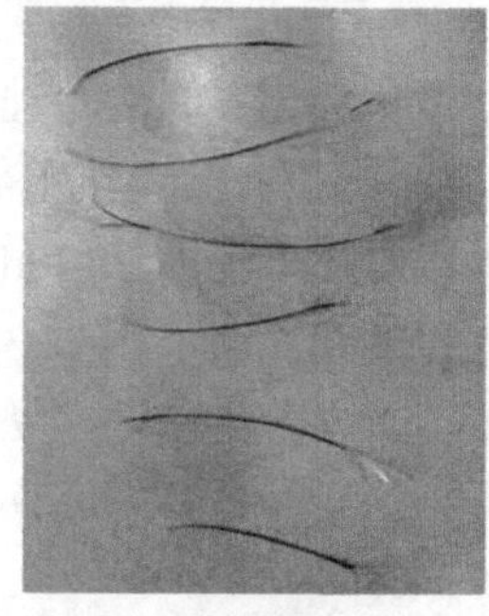

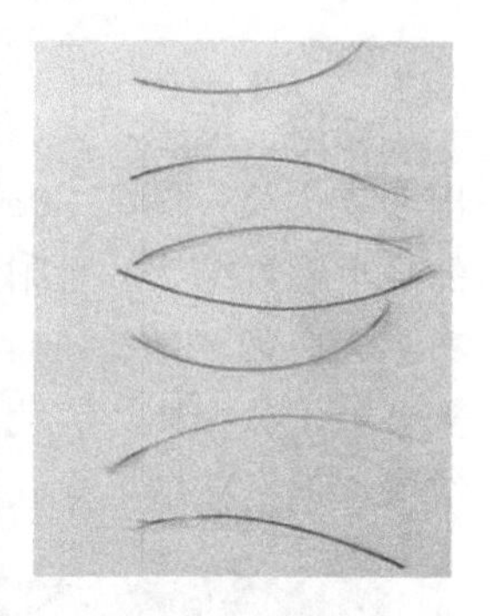

民猪体侧硬毛　　民猪体侧绒毛　　大白猪体侧硬毛　　巴克夏猪体侧硬毛

图 2-28　民猪、大白猪、巴克夏猪硬毛及绒毛表型

表 2-56　民猪、大白猪、巴克夏猪的毛发长度

品种	体侧硬毛（mm）	绒毛（mm）
大白猪	41.51±4.70**	—
巴克夏猪	49.48±2.44*	—
民猪	52.74±5.05	30.55±4.72

注：与民猪相比，数据肩标 * 表示差异显著（$P<0.05$），** 表示差异极显著（$P<0.01$）。

使用体视显微镜观察民猪绒毛的分布情况（图 2-29），在 5mm×5mm 单位面积内，民猪的绒毛密度约为 12 根/mm^2。

在冬季（黑龙江省 1 月份）民猪的绒毛毛囊形态与大白猪和巴克夏猪的毛囊形态有明显差别。民猪绒毛毛囊处在活跃期，绒毛毛囊细胞呈现不同状态。在高倍镜下可以观察到绒毛毛囊的连结组织鞘（Connective tissue sheath，CTS）增厚，外根鞘细胞（Outer root sheath，ORS）向一端聚集并伸出呈指状，细胞较密（图 2-30a），表明绒毛毛囊正活跃活动；同时有些绒毛毛囊迅速生长，外根鞘进

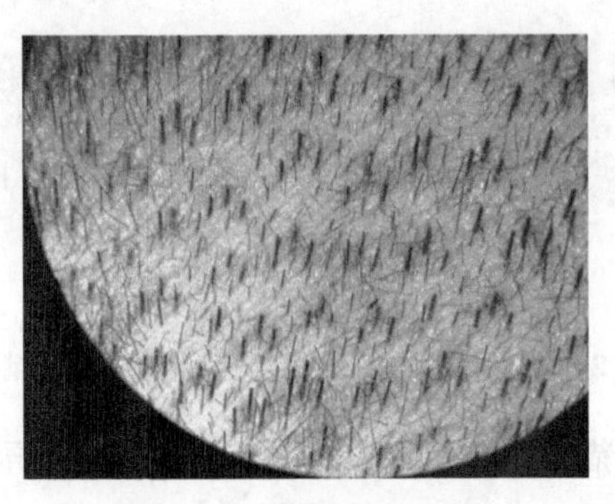

图 2-29　民猪的绒毛分布

一步增厚，细胞增大，内根鞘和毛干（Hair shaft，HF）已经形成，毛干已经突出表皮生长（图 2-30c）。民猪硬毛毛囊在距离皮肤较深的部位生长，具有完整的球形毛囊结构，且附属结构齐全（图 2-30d）。相较于民猪绒毛毛囊的密集分布，大白猪（图 2-30e）和巴克夏猪（图 2-30f）的硬毛毛囊明显稀疏，而且大部分处于休止期。表明在冬季大白猪和巴克夏猪并没有绒毛生长，而且硬毛替换缓慢；但民猪绒毛生长旺盛，与大白猪和巴克夏猪有明显差别。

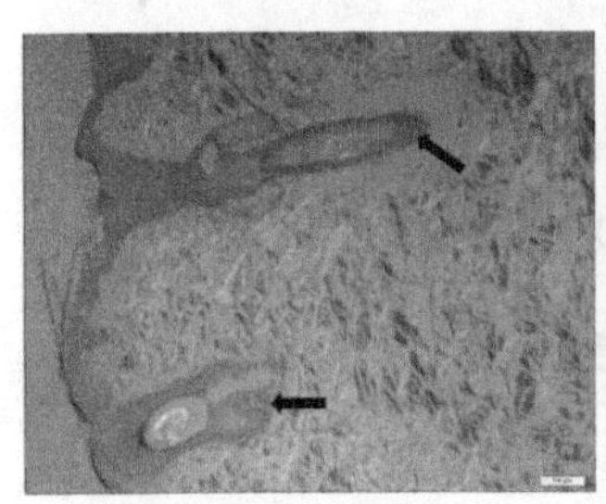

a.民猪绒毛毛囊连结组织鞘增厚

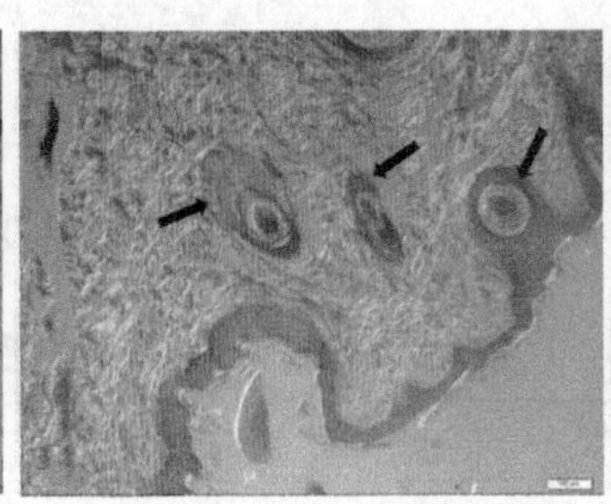

b.民猪绒毛毛囊外根鞘细胞聚集

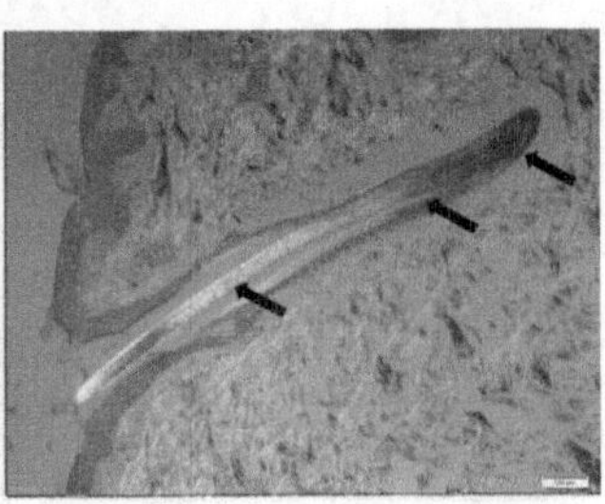

c.民猪绒毛毛囊内根鞘和毛干形成

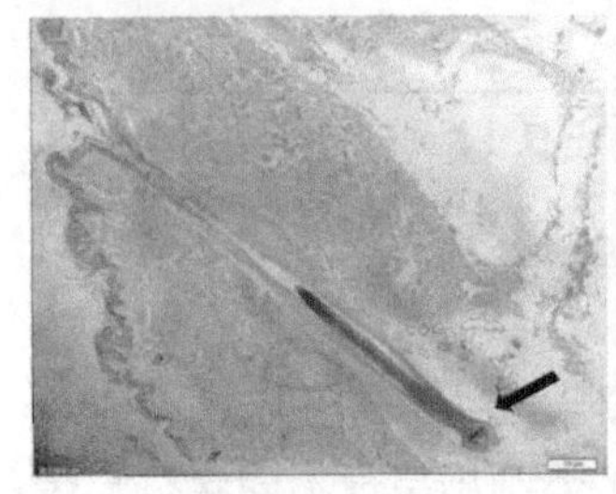

d.民猪硬毛毛囊

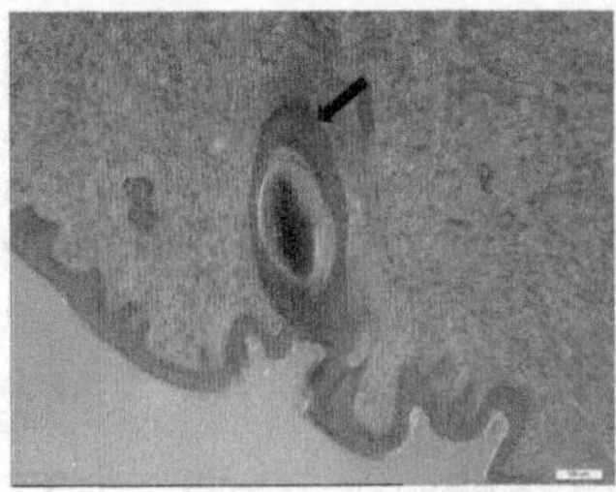

e.大白猪硬毛毛囊

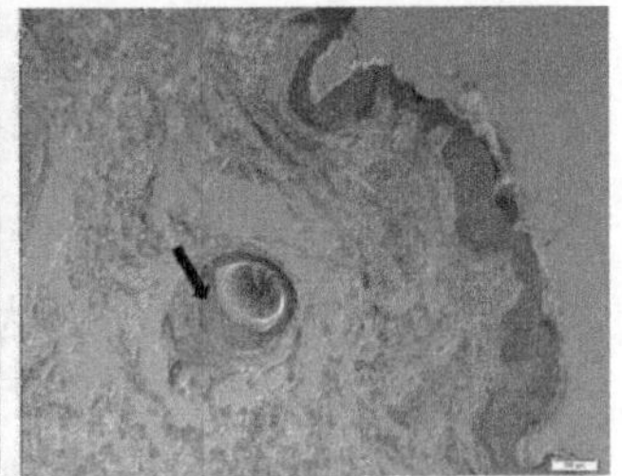

f.巴克夏猪硬毛毛囊

图 2-30　民猪、约克夏猪、大白猪的毛囊组织切片

五、早期关于其他生长性状的研究结果

王林安等（1983）曾利用X线摄影技术观察了不同日龄民猪跟骨骨骺骨化中心及骨骺线的解剖学特征。周伟民等（1984）观察了15kg、60kg及90kg共3个时期的民猪肝小叶的形态学变化情况。后续，他们又对不同时期民猪的胰腺泡进行了观测（周伟民和娄艳萍，1988）。王书林和丁文权（1983）报道了对15~16周龄健康民猪正常心电图值的测定结果。

六、民猪骨骼形态与脊椎数测定结果

田明等（2018）随机选取了20头民猪和16头荷包猪，测量并记录了这36头个体的基本表型性状，包括性别、体重、体长、体高、胸围。根据体重：麻醉剂量（mL）= 20：1的比例对试验猪只进行全身麻醉。采用德国西门子螺旋CT仪，对猪只个体进行躯干扫描，获得每一个体的躯干骨骼形态影像。通过软件图片，准确记录个体胸椎数、腰椎数、肋骨数。部分研究结果如下。

利用螺旋CT仪，对36个个体的躯干骨骼形态进行测定，具体影像结果见图2-31。

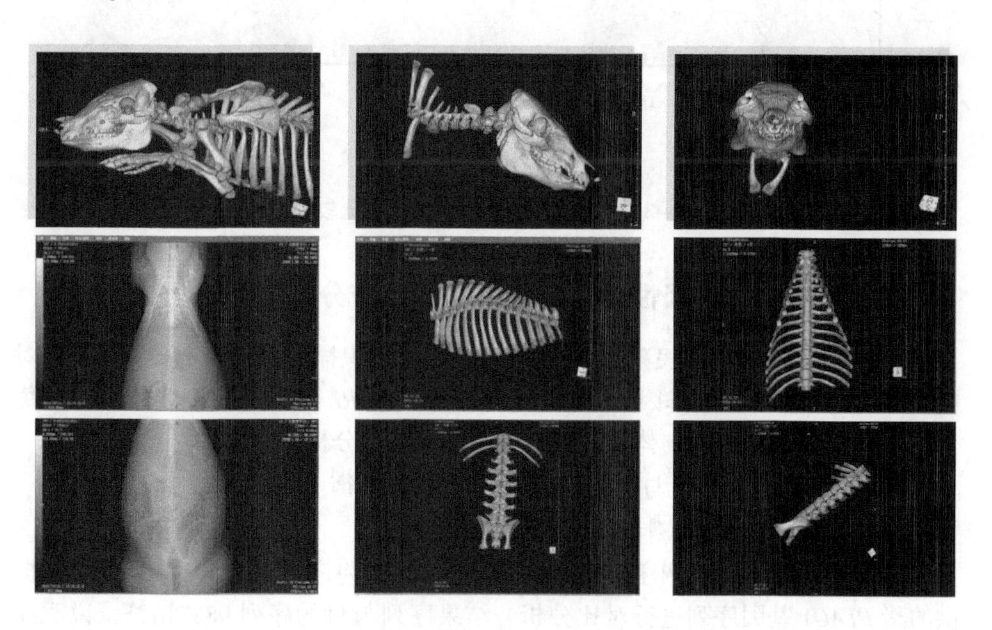

图2-31　多角度躯干骨骼形态影像

民猪胸椎数为14根的个体占总数的25%，15根的个体占总数的75%；腰椎

数为5根的个体占总数的50%，6根的个体占总数的50%。荷包猪胸椎数为14根的个体占总数的50%，15根的个体占总数的25%，16根的个体占总数的25%；腰椎数5根的个体占总数的69%，6根的个体占总数的31%。民猪和荷包猪相比，荷包猪有4个胸椎数为16根的个体，但民猪没有胸椎数为16根的个体（图2-32）。

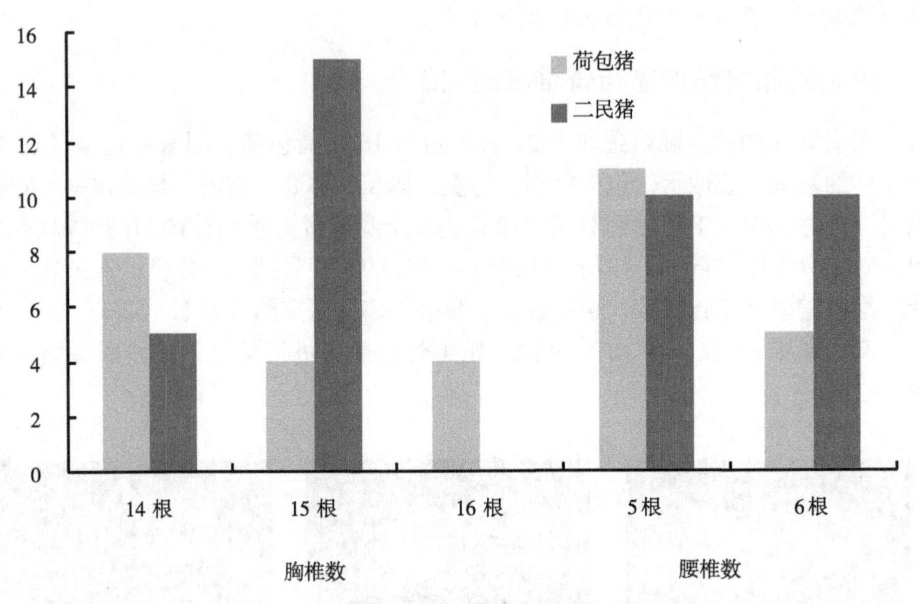

图2-32　民猪与荷包猪胸/腰椎数比较结果

七、影响民猪体尺性状候选基因的测定与分析

范家萌采集了34头民猪和28头荷包猪的耳组织样，采用克隆测序的方法对影响猪体尺性状的候选基因 *NR6A*1、*PLAG*1 和 *LCORL* 基因进行测定，进而对每个基因的有效 SNP 位点与体长性状进行连锁不平衡分析。

（一）*PLAG*1 基因与体长性状的连锁不平衡分析

1. *PLAG*1 基因的多态性 SNPs 位点分析

62个样品8对引物测序一共产生496条序列，将序列结果与 NCBI 网站上提供的猪 *PLAG*1 基因序列进行对比分析，结果序列与目的序列98%相符，说明成功获得民猪和荷包猪的目的序列。通过 DNAMAN 进行序列比对，得到26个 SNPs 位点，分别为 Chr4：82405777、Chr4：82447910、Chr4：82448100、Chr4：82473319、Chr4：82473373、Chr4：82473374、Chr4：82473381、Chr4：82473419、

Chr4：82473422、Chr4：82473443、Chr4：82473473、Chr4：82473503、Chr4：82499857、Chr4：82499861、Chr4：82564020、Chr4：82620401、Chr4：82620402、Chr4：82620406、Chr4：82705491、Chr4：82705537、Chr4：82705576、Chr4：82705590、Chr4:82705592、Chr4:82827871、Chr4:82827961、Chr4:82827962。

2. *PLAG*1 各位点基因型频率和基因频率

26 个位点的基因频率分布、χ^2 检验和分析结果列于表 2-57 和表 2-58 中。*P* 值作图见图 2-33。

表 2-57　*PLAG*1 基因 26 个位点等位基因频率分布及单位点分析

编号	SNPs 位点	等位基因	荷包猪等位基因的频率	民猪等位基因的频率	χ^2 检验	*P* 值
1	82405777	G : T	1.000	0.735	17.341	3.12×10^{-5}
2	82447910	A : C	0.661	0.382	9.521	0.002
3	82448100	G : C	0.893	0.618	12.148	5.00×10^{-4}
4	82473319	T : A	0.375	0.000	30.699	3.01×10^{-8}
5	82473373	A : C	0.519	0.176	15.979	6.40×10^{-5}
6	82473374	A : G	0.393	0.000	32.476	1.21×10^{-8}
7	82473381	A : G	0.411	0.000	34.289	4.75×10^{-9}
8	82473419	C : T	0.393	0.000	32.476	1.21×10^{-8}
9	82473422	C : G	0.393	0.000	32.476	1.21×10^{-8}
10	82473443	A : G	0.357	0.000	28.956	7.40×10^{-8}
11	82473473	G : A	0.444	0.000	37.624	8.58×10^{-10}
12	82473503	C : T	0.352	0.000	28.339	1.02×10^{-7}
13	82499857	C : A	0.907	0.618	13.333	3.00×10^{-4}
14	82499861	C : T	0.981	0.382	47.338	5.98×10^{-12}
15	82564020	A : G	1.000	0.456	43.429	4.40×10^{-11}
16	82620401	G : T	0.893	0.647	10.116	0.001 5
17	82620402	G : C	0.893	0.632	11.115	9.00×10^{-4}
18	82620406	A : G	0.500	0.382	1.729	0.188 5
19	82705491	A : G	0.357	0.353	0.002	0.961 2
20	82705537	C : T	0.661	0.647	0.025	0.873 7
21	82705576	A : C	0.679	0.647	0.136	0.712 1

（续表）

编号	SNPs位点	等位基因	荷包猪等位基因的频率	民猪等位基因的频率	χ^2 检验	*P* 值
22	82705590	G：A	0. 357	0. 338	0. 048	0. 825 8
23	82705592	G：A	0. 357	0. 338	0. 048	0. 825 8
24	82827871	G：A	1. 000	0. 985	0. 83	0. 362 2
25	82827961	T：C	0. 625	0. 382	7. 234	0. 007 2
26	828277962	G：A	0. 161	0. 161，0. 132	0. 199	0. 655 5

注：*PLAG*1 基因的相关性位点的 *P* 值已经进行了负对数转换。

表 2-58　*PLAG*1 基因 26 个位点统计参数值

编号	SNPs 位点	观察杂合度	期望杂合度	哈代-温伯格平衡	最小等位基因频率	等位基因
1	82405777	0	0. 248	1.98×10^{-11}	0. 145	G:T
2	82447910	0. 274	0. 5	6.00×10^{-4}	0. 492	A:C
3	82448100	0. 194	0. 383	4.00×10^{-4}	0. 258	G:C
4	82473319	0. 048	0. 281	2.56×10^{-8}	0. 169	T:A
5	82473373	0. 131	0. 441	8.98×10^{-8}	0. 328	A:C
6	82473374	0. 161	0. 292	0. 003 4	0. 177	A:G
7	82473381	0. 145	0. 302	5.00×10^{-4}	0. 185	A:G
8	82473419	0. 161	0. 292	0. 003 4	0. 177	C:T
9	82473422	0. 161	0. 292	0. 003 4	0. 177	C:G
10	82473443	0. 097	0. 271	3.09×10^{-5}	0. 161	A:G
11	82473473	0. 164	0. 316	0. 001 3	0. 197	G:A
12	82473503	0. 148	0. 263	0. 006	0. 156	C:T
13	82499857	0. 311	0. 379	0. 260 4	0. 254	C:A
14	82499861	0. 279	0. 456	0. 004 7	0. 352	C:T
15	82564020	0. 016	0. 419	6.27×10^{-15}	0. 298	A:G
16	82620401	0. 29	0. 367	0. 175 6	0. 242	G:T
17	82620402	0. 306	0. 375	0. 242 5	0. 25	G:C
18	82620406	0. 387	0. 492	0. 136 8	0. 435	A:G
19	82705491	0. 226	0. 458	1.00×10^{-4}	0. 355	A:G
20	82705537	0. 242	0. 453	5.00×10^{-4}	0. 347	C:T

（续表）

编号	SNPs 位点	观察杂合度	期望杂合度	哈代-温伯格平衡	最小等位基因频率	等位基因
21	82705576	0.226	0.448	2.00×10^{-4}	0.339	A:C
22	82705590	0.210	0.453	5.35×10^{-5}	0.347	G:A
23	82705592	0.210	0.453	5.35×10^{-5}	0.347	G:A
24	82827871	0.016	0.016	1	0.008	G:A
25	82827961	0.403	0.500	0.180 6	0.492	T:C
26	82827962	0.161	0.248	0.031 8	0.145	G:A

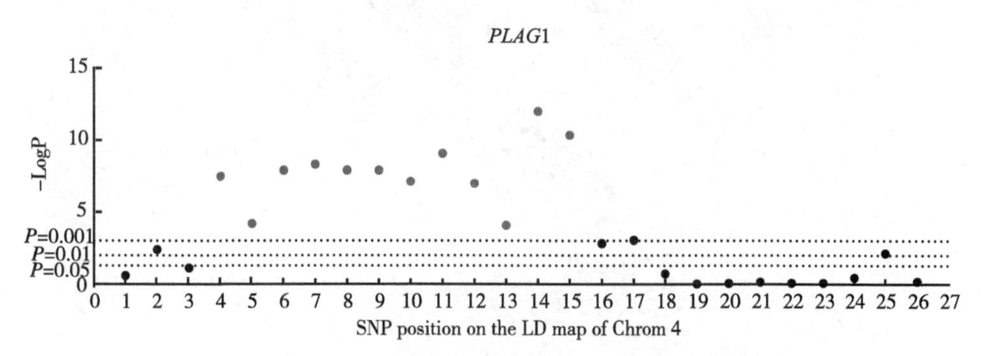

图 2-33　*PLAG*1 基因上 SNPs 的体长相关程度散点图

注：$P>0.05$ 表示差异性不显著；$0.01<P<0.05$ 表示差异性显著；$P<0.01$ 表示差异性极显著。

从表 2-57 和表 2-58 中可以看出，26 个 SNPs 位点中，有 13 个位点不符合哈迪—温伯格平衡，另外 13 个位点符合，MAF 均大于 0.05。经独立性卡方检验后，发现该 13 个位点中有 8 个 SNPs 位点差异达到极显著水平（$P<0.01$），分别为 Chr4：82473374（A/G）、Chr4：82473419（C/T）、Chr4：82473422（C/G）、Chr4:82473473（G/A）、Chr4:82473503（C/T）、Chr4:82499857（C/A）、Chr4:82499861（C/T）和 Chr4:82620402（G/C），发现 Chr4:82620401（G/T）达到显著性水平（$0.01<P<0.05$）。该结果说明这 9 个 SNPs 位点与民猪的体长性状相关。

3. *PLAG*1 基因的 SNPs 位点的连锁不平衡构建和单倍型分析

民猪和荷包猪的 26 个位点有 13 个位点符合哈代—温伯格平衡，13 个位点连锁不平衡关系如图 2-14 所示，图中标出的是 D’ 值和 LD Block（图 2-34）。图的上部为 13 个 SNP 位点在基因上的相对位置，下部为位点间的连锁不平衡水平，数值为 D’ 值乘以 100 后得到。民猪和荷包猪间构建了两个 LD Block，Block2

由 4 个 SNPs 位点构成的长达 120kb 的 LD Block。

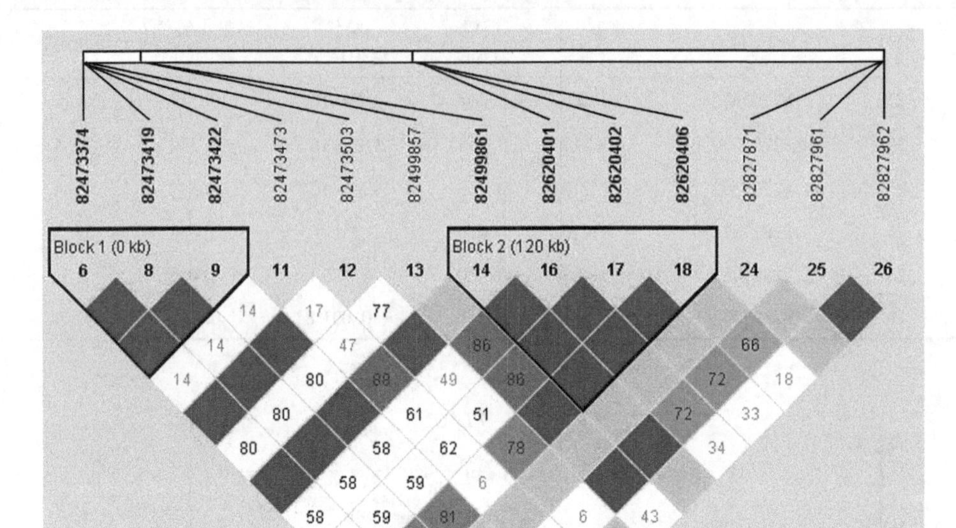

图 2-34 *PLAG1* 基因的 13 个候选标记在民猪与荷包猪间的相关分析及连锁不平衡图谱

注：连锁值（LD）由 Haploview 软件计算生成。黑色三角形表示标签 SNPs；以连锁不平衡参数 r^2 衡量 SNPs 对之间的连锁不平衡程度，黑色代表 $r^2=1$，灰色代表 $0<r^2<1$，白色代表 $r^2=0$。随着颜色越深，连锁不平衡越强。

表 2-59 显示，由 Chr4:82473374（A/G）、Chr4:82473419（C/T）和 Chr4:82473422（C/G）构建的 Block1 单倍型域中，单倍型 A-C-C 和单倍型 G-T-G 的频率分布在民猪组和荷包猪组间表现出明显的差异。单倍型 A-C-C 的频率在民猪组中为 60.7%，低于其在荷包猪组的频率 100%。单倍型 G-T-G 的频率在民猪组中为 39.3%，高于其在荷包猪组的频率 0。在总体的单倍型频率分布在民猪和荷包猪组中都表现出极显著性差异（$P<0.01$）。

由 Chr4:82499857（A/C）、Chr4:82499861（T/C）、Chr4:82620401（G/T）、Chr4:82620402（G/C）和 Chr4:82620406（G/A）构建的 Block2 单倍型域中，单倍型 T-G-G-A、单倍型 C-T-C-G、单倍型 C-G-G-A 和单倍型 C-G-G-G 的频率分布在民猪组和荷包猪组间表现出明显的差异（$P<0.01$）。

表 2-59 单倍型频率

单倍型域	单倍型	频率	方差分析	P 值
Block 1				
1	ACC	0.823	32.476	1.21×10^{-8}
2	GTG	0.177	32.476	1.21×10^{-8}
Block 2				
1	TGGA	0.357	44.573	2.45×10^{-11}
2	CTCG	0.242	10.116	0.001 5
3	CGGA	0.208	39.434	3.39×10^{-10}
4	CGGG	0.185	29.067	6.99×10^{-8}

（二）*NR6A1* 基因与体长性状的连锁不平衡分析

1. *NR6A1* 基因的多态性遗传标记

62 个样品 6 对引物测序一共产生 372 条序列，将序列结果与 NCBI 网站上提供的猪 *NR6A1* 基因序列进行对比分析，结果序列与目的序列 98%相符，说明成功获得民猪和荷包猪的目的序列。通过 DNAMAN 进行序列比对，得到 26 个 SNPs 位点，分别为 Chr1：298937386、Chr1：298937462、Chr1：298937518、Chr1：298937551、Chr1：298937617、Chr1：298937671、Chr1：298969954、Chr1：298969987、Chr1：299191203、Chr1：299191234、Chr1：299191288、Chr1：299191333、Chr1：299291323、Chr1：299291349、Chr1：299291362、Chr1：299291413、Chr1：299347718、Chr1：299347731、Chr1：299347804、Chr1：299381712、Chr1：299381751、Chr1：299381781、Chr1：299381792、Chr1：299381796、Chr1：299381801、Chr1：299381849 和 Chr1：299381913。

2. *NR6A1* 基因型频率和基因频率

26 个位点的基因频率分布、χ^2 检验和分析结果列于表 2-60 和表 2-61。由此可知，26 个 SNPs 位点中，6 个位点不符合哈迪—温伯格平衡，20 个位点符合，MAF 均大于 0.05。经独立性卡方检验后，发现该 20 个位点中有 14 个 SNPs 位点差异达到极显著水平（$P<0.01$），分别是 Chr1:298969954（C/T）、Chr1:299191203（C/A）、Chr1:299191288（C/A）、Chr1:299191333（A/G）、Chr1:299291323（T/C）、Chr1:299291349（T/C）、Chr1:299291362（C/A）、Chr1:299347804（C/T）、Chr1:299381712（A/G）、Chr1:299381781（C/T）、Chr1:299381796（A/G）、Chr1:299381801（T/G）、Chr1:299381849（G/A）和 Chr1:299381913（C/T），其中 Chr1:299291349（T/C）、Chr1:299291413（G/A）和

Chr1:299381792（G/C）达到显著性水平（0.01<P<0.05）。该结果说明这 17 个 SNPs 位点可能与体长性状有关。

表 2-60　*NR6A1* 基因 26 个位点等位基因的频率分布及单位点分析

编号	SNPs 位点	等位基因	荷包猪等位基因的频率	民猪等位基因的频率	χ^2 检验	*P* 值
1	298937386	T : C	0.625	0.456	3.528	0.060 3
2	298937462	C : T	0.429	0.000	36.137	1.84×10^{-9}
3	298937518	A : G	0.982	0.912	2.856	0.091 1
4	298937551	G : A	0.446	0.147	13.586	2.00×10^{-4}
5	298937617	T : G	0.429	0.074	21.605	3.35×10^{-6}
6	298937671	C : T	0.929	0.250	56.005	7.23×10^{-14}
7	298969954	C : T	0.607	0.132	30.561	3.24×10^{-8}
8	298969987	G : A	0.125	0.000	9.009	0.002 7
9	299191203	C : A	0.321	0.074	12.492	4.00×10^{-4}
10	299191288	C : A	0.679	0.191	30.129	4.04×10^{-8}
11	299191333	A : G	0.357	0.059	17.509	2.86×10^{-5}
12	299291323	T : C	0.589	0.235	16.101	6.01×10^{-5}
13	299291349	T : C	0.214	0.088	3.932	0.047 4
14	299291362	C : A	0.625	0.250	17.736	2.54×10^{-5}
15	299291413	G : A	0.268	0.103	5.723	0.016 7
16	299347718	C : T	0.125	0.044	2.71	0.099 7
17	299347731	G : A	1.000	0.985	0.83	0.362 2
18	299347804	C : T	0.107	0.000	7.656	0.005 7
19	299381712	A : G	0.446	0.132	15.222	9.56×10^{-5}
20	299381751	A : G	0.571	0.029	45.334	1.66×10^{-11}
21	299381781	C : T	0.696	0.147	38.778	4.75×10^{-10}
22	299381792	G : C	0.125	0.029	4.169	0.041 2
23	299381796	A : G	0.679	0.191	30.129	4.04×10^{-8}
24	299381801	G : T	0.679	0.176	32.174	1.41×10^{-8}
25	299381849	G : A	0.696	0.147	38.778	4.75×10^{-10}
26	299381913	C : T	0.696	0.176	34.29	4.75×10^{-9}

表 2-61　*NR6A1* 基因 26 个位点统计参数值

编号	SNPs 位点	观察杂合度	期望杂合度	哈代—温伯格平衡	最小等位基因频率	等位基因
1	298937386	0. 129	0. 498	2.52×10^{-9}	0. 468	T : C
2	298937462	0. 032	0. 312	1.99×10^{-10}	0. 194	C : T
3	298937518	0. 048	0. 107	0. 013 9	0. 056	A : G
4	298937551	0. 145	0. 405	2.04×10^{-6}	0. 282	G : A
5	298937617	0. 145	0. 358	2.55×10^{-5}	0. 234	T : G
6	298937671	0. 033	0. 491	7.39×10^{-15}	0. 433	C : T
7	298969954	0. 339	0. 453	0. 076 6	0. 347	C : T
8	298969987	0. 081	0. 107	0. 327 5	0. 056	G : A
9	299191203	0. 306	0. 302	1	0. 185	C : A
10	299191288	0. 403	0. 484	0. 260 9	0. 411	C : A
11	299191333	0. 29	0. 312	0. 793 1	0. 194	A : G
12	299291323	0. 468	0. 478	1	0. 395	T : C
13	299291349	0. 226	0. 248	0. 724 6	0. 145	T : C
14	299291362	0. 419	0. 487	0. 367 6	0. 419	C : A
15	299291413	0. 226	0. 292	0. 163 4	0. 177	G : A
16	299347718	0. 161	0. 148	1	0. 081	C : T
17	299347731	0. 016	0. 016	1	0. 008	G : A
18	299347804	0. 097	0. 092	1	0. 048	C : T
19	299381712	0. 484	0. 398	0. 177 2	0. 274	A : G
20	299381751	0. 161	0. 398	1.38×10^{-5}	0. 274	A : G
21	299381781	0. 371	0. 478	0. 117	0. 395	C : T
22	299381792	0. 145	0. 135	1	0. 073	G : C
23	299381796	0. 468	0. 484	0. 941 5	0. 411	A : G
24	299381801	0. 29	0. 481	0. 003 2	0. 403	G : T
25	299381849	0. 274	0. 478	0. 001 4	0. 395	G : A
26	299381913	0. 403	0. 484	0. 260 9	0. 411	C : T

3. *NR6A1* 基因的 SNPs 位点的连锁不平衡构建和单倍型分析

民猪和荷包猪的 26 个位点中有 17 个位点符合哈代—温伯格平衡，17 个位点连锁不平衡关系如图 2-35 所示。图的上部为 17 个 SNP 位点在基因上的相对位置，下部为位点间的连锁不平衡水平，数值为 D' 值乘以 100 后得到。

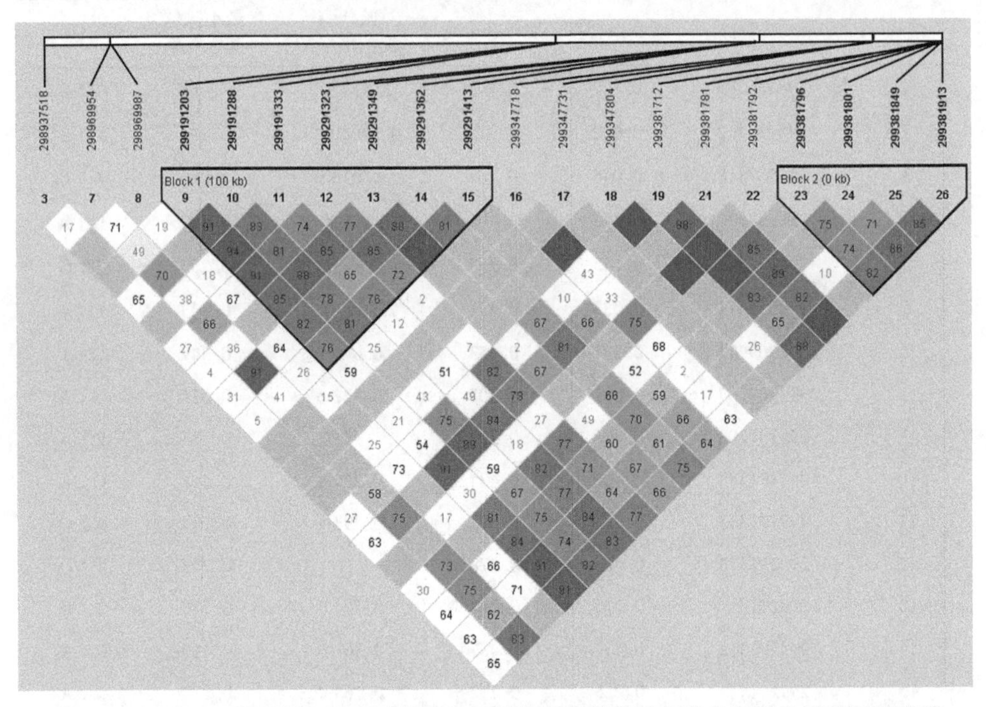

图 2-35 *NR6A1* 基因的 17 个候选标记在民猪与荷包猪间的相关分析及连锁不平衡图谱

注：连锁值（LD）由 Haploview 软件计算生成。黑色三角形表示标签 SNPs；以连锁不平衡参数 r^2 衡量 SNPs 对之间的连锁不平衡程度，黑色代表 $r^2=1$，灰色代表 $0<r^2<1$，白色代表 $r^2=0$。

民猪和荷包猪间构建了两个 LD Block（图 2-36），Block 1 由 7 个 SNPs 位点构成的长达 100kb 的 LD Block 1。Block 2 由 4 个 SNPs 位点构成。表 2-62 显示，由 Chr1:299191203（A/C）、Chr1:299191288（C/A）、Chr1:299191333（G/A）、Chr1:299191323（C/T）、Chr1:299191349（C/T）、Chr1:299191362（C/A）和 Chr1:299191413（G/A）构建的一个 100kb 的 Block 1 单倍型中，单倍型 C-C-A-T-T-C-G 的频率在民猪组中为 28.3%，低于其在荷包猪组的频率 66.7%；单倍型 C-A-A-C-T-A-G 的频率在民猪组中为 30%，高于其在荷包猪组的频率 8.1%；单倍型 A-A-G-C-C-A-A 的频率在民猪组中为 19.6%，高于其在荷包猪组的频率 5.9%。单倍型 C-C-A-T-T-C-G 和单倍型 A-A-G-C-C-A-A 在民猪和荷包猪组间都表现出极显著性差异（$P<0.01$）。单倍型 A-A-G-C-C-A-A 在两猪种间也表现出显著性差异（$0.01<P<0.05$）。

由 Chr1:299381796（A/G）、Chr1:299381801（G/T）、Chr1:299381849（G/A）和 Chr1:299381913（C/T）构建的 Block 2 单倍型中，单倍型 A-G-G-C、单

倍型 G-T-A-T、单倍型 G-T-G-T、单倍型 A-T-A-T、单倍型 A-T-G-C、单倍型 G-G-A-T、单倍型 G-G-A-C、单倍型 G-G-G-C 和单倍型 A-G-A-C 的频率分布在民猪组和荷包猪组间表现出明显的差异。单倍型 A-G-G-C 和单倍型 G-T-A-T 都表现出极显著性差异（$P<0.01$），单倍型 A-T-A-T 表现出显著性差异（$0.01<P<0.05$）。

表 2-62　单倍型频率

单倍型域	单倍型	频率	方差值	*P* 值
Block 1				
1	CCATTCG	0.494	18.114	2.08×10^{-5}
2	CAACTAG	0.18	9.934	0.001 6
3	AAGCCAA	0.121	5.469	0.019 4
4	CCACTAG	0.033	3.305	0.069
5	AAGCTCG	0.024	3.733	0.053 3
6	CAATTCG	0.017	1.4	0.236 8
7	AAGTTAG	0.017	2.599	0.106 9
8	CCATTAG	0.017	1.463	0.226 4
9	CCGTTCG	0.016	2.468	0.116 2
10	CCATCCA	0.013	1.312	0.252 1
Block 2				
11	AGGC	0.506	31.101	2.45×10^{-8}
12	GTAT	0.293	31.707	1.79×10^{-8}
13	GTGT	0.041	0.558	0.454 9
14	ATAT	0.036	4.401	0.035 9
15	ATGC	0.025	2.354	0.124 9
16	GGAT	0.024	0.137	0.711 7
17	GGAC	0.02	2.397	0.121 6
18	GGGC	0.016	0.002	0.963 9
19	AGAC	0.014	0.019	0.890 2

（三）*LCORL* 基因与体长性状的连锁不平衡分析

1. *LCORL* 基因的多态性遗传标记

62 个样品 3 对引物测序一共产生 186 条序列，将序列结果与 NCBI 网站上提供的猪 *NR6A1* 基因序列进行对比分析，结果序列与目的序列 98%相符，说明成功获得民猪和荷包猪的目的序列。通过 DNAMAN 进行序列比对，得到 10 个 SNPs 位点，分别为 Chr8：12670799、Chr8：12670874、Chr8：12755556、Chr8：12755606、Chr8：12755647、Chr8：12755732、Chr8：12797803、Chr8：12797873、Chr8：12797883 和 Chr8：12797896。

2. *LCORL* 基因型频率和基因频率

10 个位点的基因频率分布、χ^2 检验和分析结果列于表 2-63 和表 2-64 中。*P* 值作图见图 2-36。

表 2-63　*LCORL* 基因 10 个位点等位基因的频率分布及单位点分析

编号	SNPs 位点	等位基因	荷包猪等位基因频率	民猪等位基因频率	χ^2 检验	*P* 值
1	12670799	G:C	0.393	0.324	0.645	0.422
2	12670874	T:G	0.696	0.324	17.086	3.57×10^{-5}
3	12755556	A:G	1.000	0.956	2.532	0.111 6
4	12755606	T:G	0.536	0.382	2.916	0.087 7
5	12755647	A:G	0.589	0.588	0	0.990 6
6	12755732	G:A	0.536	0.000	48.055	4.14×10^{-12}
7	12797803	T:C	1.000	0.882	7.043	0.008
8	12797873	C:T	1.000	0.882	7.043	0.008
9	12797883	C:A	0.089	0.088	0	0.983 7
10	12797896	T:G	0.554	0.412	2.476	0.115 6

表 2-64　*LCORL* 基因 10 个位点统计参数值

编号	SNPs 位点	观察杂合度	期望杂合度	哈代-温伯格平衡	最小等位基因频率	等位基因
1	12670799	0.323	0.458	0.034 6	0.355	G:C
2	12670874	0.306	0.5	0.003 8	0.492	T:G
3	12755556	0.016	0.047	0.048 8	0.024	A:G
4	12755606	0.484	0.495	1	0.452	T:G
5	12755647	0.629	0.484	0.039 6	0.411	A:G
6	12755732	0.258	0.367	0.044 5	0.242	G:A
7	12797803	0.065	0.121	0.027 3	0.065	T:C
8	12797873	0.129	0.121	1	0.065	C:T
9	12797883	0.177	0.162	1	0.089	C:A
10	12797896	0.565	0.499	0.471 2	0.476	T:G

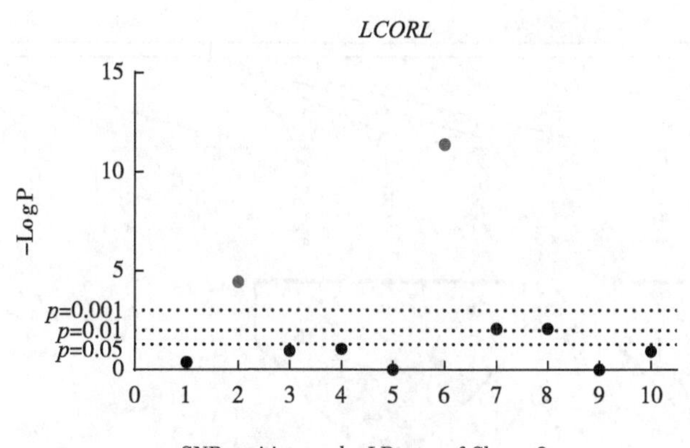

图 2-36　*LCORL* 基因上 SNPs 的体长相关程度散点图

注：*LCORL* 基因的相关性位点的 P 值已经进行了负对数转换。$P>0.05$ 表示差异性不显著；$0.01<P<0.05$ 表示差异性显著；$P<0.01$ 表示差异性极显著。

从表 2-63 和表 2-64 中可以看出，10 个位点符合哈代温伯格平衡，MAF 均大于 0.05。经独立性卡方检验后发现该 10 个位点中有 4 个 SNPs 位点差异达到极显著水平（$P<0.01$），分别是 Chr8:12670874（G∶T）、Chr8:12755732（G∶A）、Chr8:12797803（C∶T）和 Chr1:12797873（C∶T）。说明这 4 个 SNPs 位点可能与体长性状有关。

3. *LCORL* 基因的 SNPs 位点的连锁不平衡构建和单倍型分析

民猪和荷包猪的 10 个位点全部符合哈代温伯格平衡，10 个位点连锁不平衡关系如图 2-37 所示，图中标出的是 D' 值和 LD Block。图的上部为 10 个 SNPs 位点在基因上的相对位置，下部为位点间的连锁不平衡水平，数值为 D’ 值乘以 100 后得到。

由 Chr8:12670799（G∶C）和 Chr8:12670874（T∶G）构建的 Block1 单倍型中（表 2-65），单倍型 G-T、单倍型 C-G 和单倍型 G-G 的频率分布在民猪组和荷包猪组间表现出明显的差异。单倍型 GT 的频率在民猪组中为 30.4%，低于其在荷包猪组的频率 67.6%。单倍型 CG 的频率在民猪组中为 39.3%，高于其在荷包猪组的频率 32.4%。单倍型 GG 的频率在民猪组中为 30.4%，高于其在荷包猪组的频率 0%。单倍型 GT 和单倍型 GG 在民猪组合荷包猪组间表现出极显著差异（$P<0.01$）。

由 Chr8:12755606（G∶T）、Chr8:12755647（G∶A）和 Chr8:12755732（G∶A）构建的 Block2 单倍型中，单倍型 T-G-G、单倍型 G-A-A、单倍型 G-

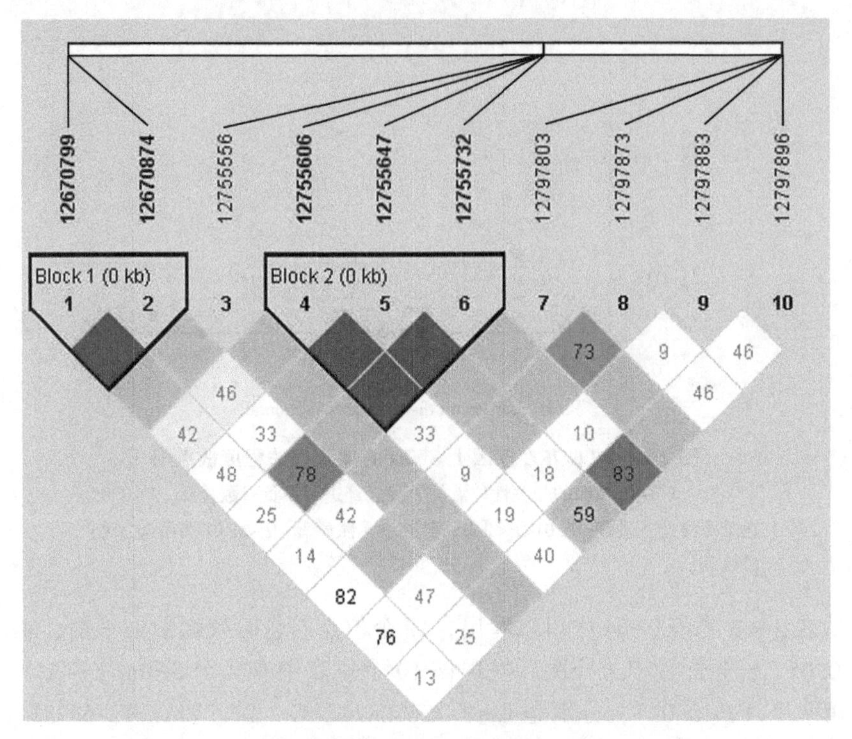

图 2-37 *LCORL* 基因的 10 个候选标记在民猪与荷包猪间的相关分析及连锁不平衡图谱

注：连锁值（LD）由 Haploview 软件计算生成。黑色三角形表示标签 SNPs；以连锁不平衡参数 r^2 衡量 SNPs 对之间的连锁不平衡程度，黑色代表 $r^2=1$，灰色代表 $0<r^2<1$，白色代表 $r^2=0$。

A-G、单倍型 T-A-G 的频率分布在民猪组和荷包猪组间表现出明显的差异。单倍型 G-A-A 的频率在民猪组中为 53.6%，高于其在荷包猪组的频率 0；单倍型 G-A-G 的频率在民猪组中为 0，低于其在荷包猪组的频率 38.2%；单倍型 T-A-G 的频率在民猪组中为 5.4%，低于其在荷包猪组的频率 20.6%。单倍型 G-A-A 和单倍型 G-A-G 在民猪组和荷包猪组间都表现出极显著差异（$P<0.01$），单倍型 T-A-G 表现出显著性差异（$0.01<P<0.05$）。

表 2-65 单倍型频率

单倍型域	单倍型	频率	方差分析	*P* 值
Block 1				
1	GT	0.508	17.086	3.57×10^{-5}
2	CG	0.355	0.645	0.422

（续表）

单倍型域	单倍型	频率	方差分析	P 值
3	GG	0.137	23.923	1.00×10^{-6}
Block 2				
4	TGG	0.411	0	0.990 6
5	GAA	0.242	48.055	4.14×10^{-12}
6	GAG	0.21	27.092	1.94×10^{-7}
7	TAG	0.137	6.022	0.014 1

（四）合并基因型分析

将上述3个基因的SNPs合并后进行连锁分析，构建了基于3个基因的连锁不平衡合并图，见图2-38（a）和图2-39（b）。

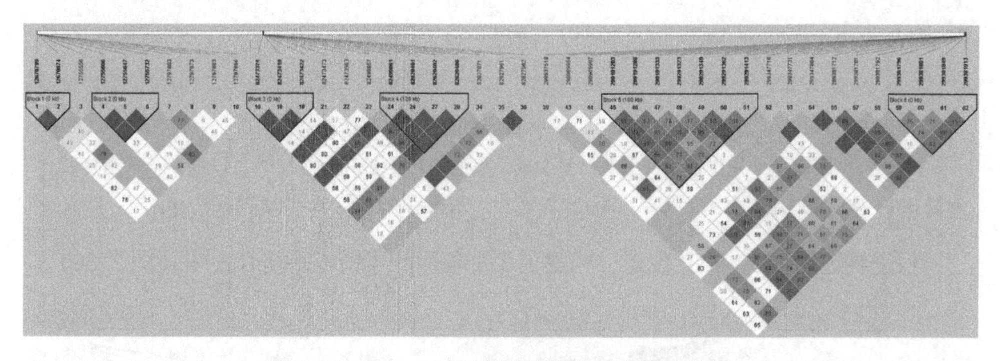

图2-38（a）　3个基因的连锁不平衡合并图

注：连锁值（LD）由Haploview软件计算生成。黑色三角形表示标签SNPs；以连锁不平衡参数 r^2 衡量SNPs对之间的连锁不平衡程度，黑色代表 $r^2=1$，灰色代表 $0<r^2<1$，白色代表 $r^2=0$。

3个基因的单倍型之间存在着明显的连锁，其中PLAG1与NR6A1的关联程度要高于LCORL与PLAG1，NR6A1的单核苷酸多态性最为丰富，单倍型也最多，并且连锁程度也最高。其中，Chr1:298937671（6号）位点，Chr1:299381712（19号）位点，Chr4:82405777（27号）位点、Chr4:82448100（29号）位点、Chr4:82473374（32号）位点、Chr4:82473381（33号）位点、Chr4:82473419（34号）位点、Chr4:82473422（35号）位点、Chr4:82473443（36号）位点、Chr4:82473473（37号）位点、Chr4:82473503（38号）位点，与Chr8:12755732（58号）位点形成染色体间连锁，但程度较差，而*PLAG*1和*NR6A*1之间连锁程度较好，*PLAG*1的2号位点与*NR6A*1的Chr4:82499861（40号）位点的连锁范围最为明显，表明*PLAG*1和*NR6A*1的单倍型存在协同作用，而*LCORL*只有Chr8:12755732（58号）位点存在一定的连锁响应。

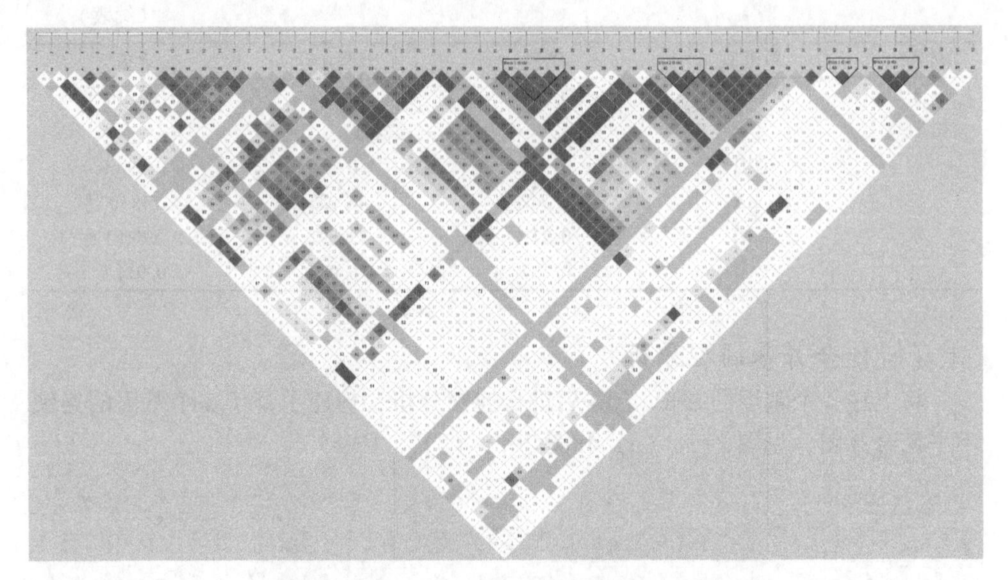

图 2-38（b） 3 个基因的连锁不平衡合并图

注：连锁值（LD）由 Haploview 软件计算生成。黑色三角形表示标签 SNPs；以连锁不平衡参数 r^2 衡量 SNPs 对之间的连锁不平衡程度，黑色代表 $r^2=1$，灰色代表 $0<r^2<1$，白色代表 $r^2=0$。

根据候选的 17 个 SNP 位点，构建了 3 个基因的连锁不平衡合并图（图 2-39）。

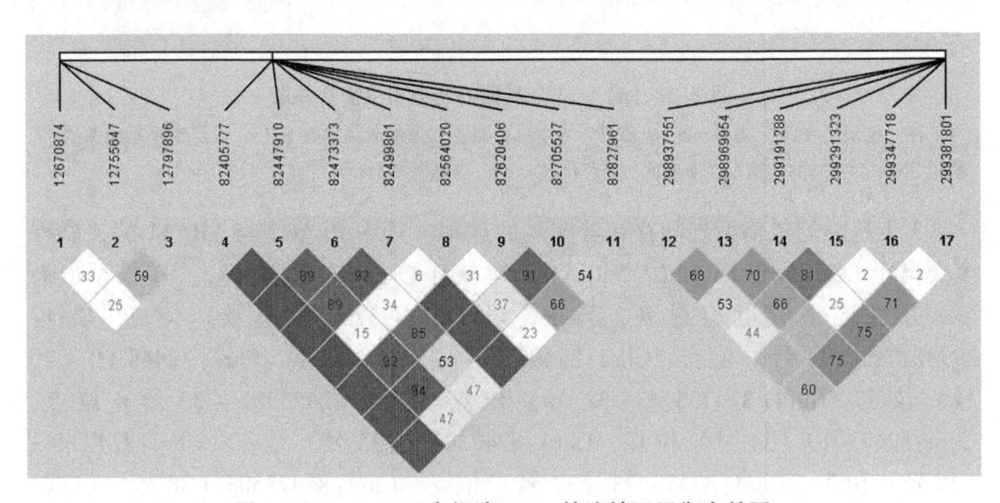

图 2-39（a） 17 个候选 SNPs 的连锁不平衡合并图

注：连锁值（LD）由 Haploview 软件计算生成。黑色三角形表示标签 SNPs；以连锁不平衡参数 r^2 衡量 SNPs 对之间的连锁不平衡程度，黑色代表 $r^2=1$，灰色代表 $0<r^2<1$，白色代表 $r^2=0$。

合并连锁分析表明 3 个候选基因区存在连锁关系，分别由 Chr1:298969954

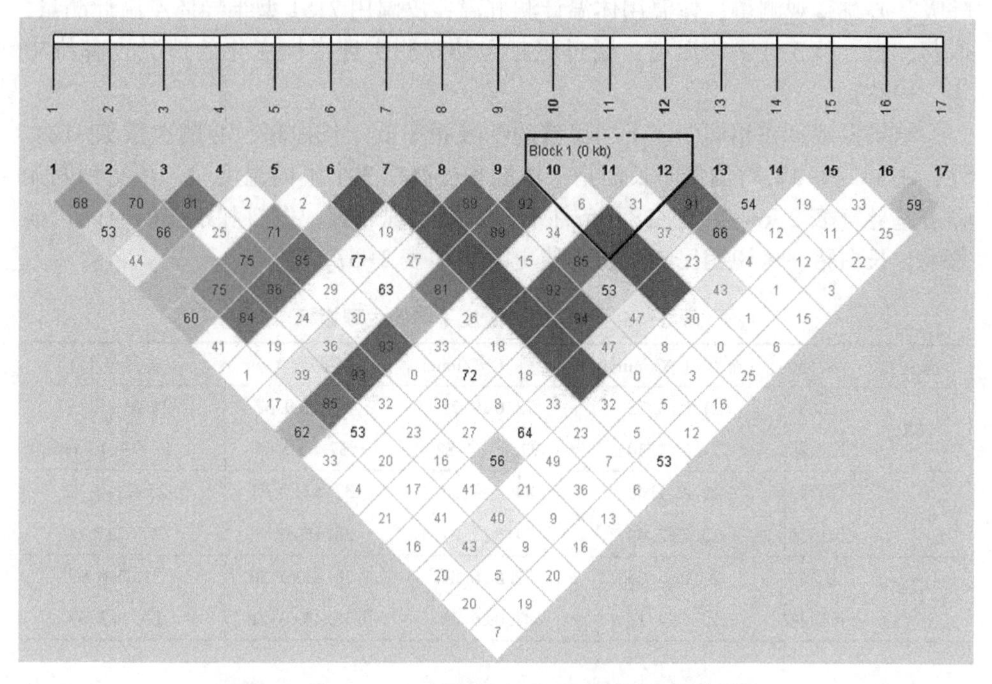

图 2-39（b）　17 个候选 SNPs 的连锁不平衡合并图

注：连锁值（LD）由 Haploview 软件计算生成。黑色三角形表示标签 SNPs；以连锁不平衡参数 r^2 衡量 SNPs 对之间的连锁不平衡程度，黑色代表 $r^2=1$，灰色代表 $0<r^2<1$，白色代表 $r^2=0$。

（2 号）位点、Chr1:299191288（3 号）位点、Chr1:2992913232（4 号）位点、Chr1:299381801（6 号）位点、Chr4:82405777（7 号）位点、Chr4:82473373（9 号）位点、Chr4:82499861（10 号）位点、Chr8:12670874（15 号）位点构成染色体间连锁。

第四节　民猪耐寒性状研究进展

东北地区冬季寒冷而漫长，早期因条件有限，猪舍简陋，无棚，冬季无供暖。在这样的条件下，民猪仍可正常生长产仔，可见其耐寒性明显。

一、民猪耐寒性能的观察

韩维中等（1983）在开放式简易猪舍条件下，选择成年民猪和长白猪各 5 头［民猪体重为（164.20±6.19）kg，长白猪体重为（178.49±21.58）kg］，3 个不同的时间点（−28℃、−12℃和−3℃）进行了生理指标的对比观察与测定。

呼吸、心跳直观测得；体温用体温计测肛温；皮温用7151型半导体点温计测量，取荐、腹、腋3处平均温度；通过驱赶运动观测生理指标变化的情况（韩维中等，1983）。

结果发现，在相同温度下，民猪的呼吸频率低于长白猪，心跳次数除-12℃外，-28℃和-3℃时均低于长白猪，体温和皮温在3个不同温度时，两猪种间无显著差异（表2-66）。在-28℃条件下，民猪出现弓腰、发抖和不安的时间均显著晚于长白猪，这说明民猪比长白猪更耐寒（表2-67）。

表2-66　不同外界温度下猪的生理指标

温度	猪种	呼吸（次/min）	心跳（次/min）	体温（℃）	皮温（℃）
-28℃	民猪	21.0±3.32	73.6±9.21	37.6±0.37	24.01±12.35
	长白猪	14.2±1.30	77.80±4.82	37.8±0.64	23.93±13.68
-12℃	民猪	22.4±1.48	83.2±16.3	37.52±0.31	25.23±7.42
	长白猪	13.5±2.49	74.6±2.97	38.16±0.36	26.67±3.00
-3℃	民猪	20.0±3.08	77.6±6.84	38.22±0.30	31.1±6.99
	长白猪	15.2±4.15	97.0±6.63	38.44±0.21	29.4±3.87

表2-67　在-28℃条件下猪的呼吸率表现变化观察

猪种	日照	运动速度	呼吸率变化表现		
			出现弓腰时间（min）	出现发抖时间（min）	出现不安时间（min）
民猪	日光斜照	自由运动	2′40″±41″	12′以上	12′以上
长白猪	日光斜照	自由运动	35″±5″	4′16″±26″	4′56″±16″

二、寒冷环境下民猪表现及行为学研究

刘自广等（2019）观察并比较了不同月龄民猪和大白猪在寒冷环境下的表现及行为学变化。其中包括民猪和大白猪新生仔猪各1窝、5月龄民猪和大白猪各6头、80~90kg体重民猪20头和大白猪14头。在黑龙江省冬季（12月份）时，将民猪和大白猪的待产母猪各1头放入大棚舍中，在新生仔猪出生后至断奶期间，记录新生仔猪的冻死情况。将5月龄民猪和大白猪各3头分栏放入暖舍中作为对照，另外5月龄民猪和大白猪各3头分栏放入冷舍中，观察耳组织冻伤情况。将80~90kg体重民猪10头（每栏各5头）和大白猪4头分栏放入暖舍中作为对照，另外80~90kg体重民猪和大白猪各10头分栏放入冷舍中（每栏各5头），观察猪的筑巢、挤卧、弓腰、颤栗、打喷嚏、流鼻涕、冻死、冻伤等

情况，照相、录像并记录战栗时间、战栗频率等数据。获得部分研究结果如下。

（一）寒冷环境下猪的筑巢、挤卧、弓腰和战栗等情况

由于猪的 *UCP*1 基因在进化过程中丢失，因而猪没有能进行非战栗性产热的褐色脂肪组织（BAT）；与牛、鼠等拥有褐色脂肪组织的哺乳动物相比，猪相对不耐寒，在低温下易战栗，并有筑巢、挤卧习性。5 月龄及 80~90kg 体重的民猪与大白猪，在冷、暖舍中均有筑巢、挤卧现象，在暖舍中的挤卧时间短于在冷舍中的挤卧时间，在暖舍中也未见弓腰、战栗、打喷嚏、流鼻涕等现象。但是在冷舍中，5 月龄及 80~90kg 体重的大白猪一直挤卧在一起（图 2-40a），全部出现弓腰现象（图 2-40c）、全身剧烈战栗，有打喷嚏、流鼻涕现象；而 5 月龄及 80~90kg 体重的民猪挤卧时间短于大白猪（图 2-40b），有 40%（$n=10$）的民猪仍能长时间站立，仅 40%（$n=10$）的民猪出现弓腰（图 2-40d）和轻微战栗现象，没有打喷嚏、流鼻涕现象。

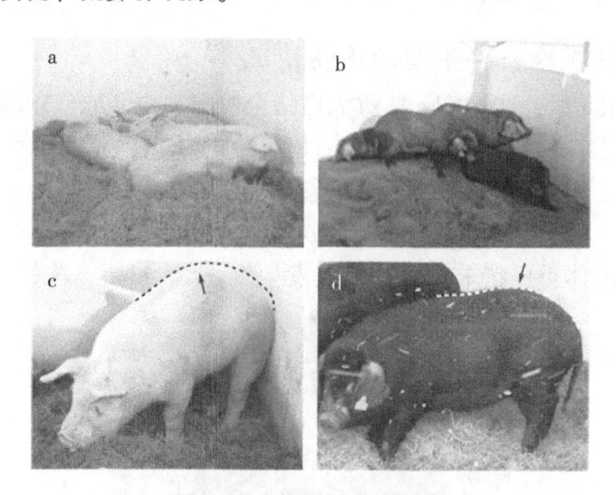

图 2-40 挤卧与弓腰现象

注：a. 大白猪全部挤卧在一起；b. 民猪有的站立有的挤卧；
c. 大白猪弓腰（箭头处）；d. 民猪弓腰（箭头处）。

在冷舍中，5 月龄民猪的持续战栗时间为 4s，明显低于 5 月龄大白猪 12s 的持续战栗时间（图 2-41a，$P<0.005$）。80~90kg 体重民猪的战栗间隔时间 2.5s，明显长于 80~90kg 体重大白猪 1.05s 的战栗间隔时间（图 2-41b，$P<0.001$）。80~90kg 体重民猪的战栗频率为 85t/m，明显低于 80~90kg 体重大白猪 212t/m 的战栗频率（图 2-41c，$P<0.001$）。说明在长期寒冷条件下，对于 5 月龄及 80~90kg 体重猪的耐寒能力，民猪强于大白猪。

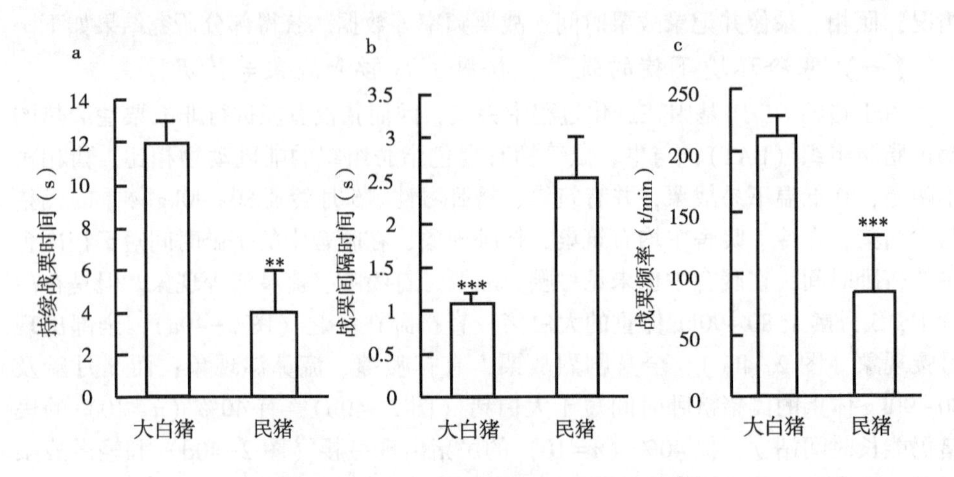

图 2-41　大白猪与民猪的战栗情况比较

（二）长期寒冷条件下猪的冻伤情况

进入冷舍 48h 后，80~90kg 体重大白猪全部出现皮肤冻红现象（图 2-42a），耳组织全部出现冻伤现象（图 2-42c）；80~90kg 体重民猪未见胴体皮肤冻红现象（图 2-42b），也未见耳组织冻伤现象（图 2-42d）。进入冷舍 23d 后，80~90kg 体重大白猪耳组织冻伤恶化，出现冻裂、结痂现象（图 2-42e），冻伤率达 100%；80~90kg 体重民猪未有冻伤现象发生（图 2-42e），冻伤率为 0。5 月龄

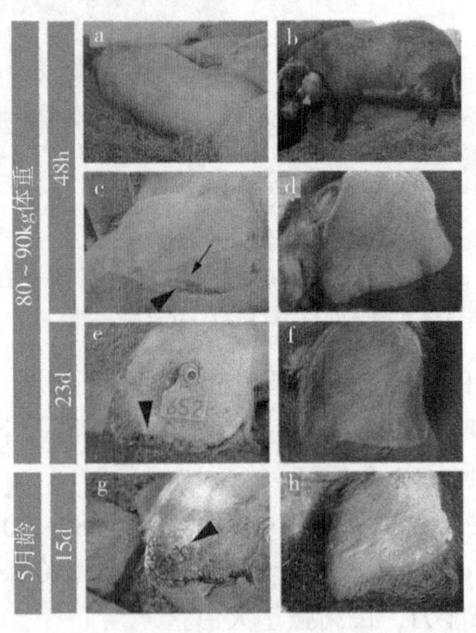

图 2-42　民猪和大白猪冻伤情况比较结果

大白猪在进入冷舍48h后也全部出现皮肤冻红和耳组织冻伤现象，在进入冷舍15d后也全部出现耳组织冻伤恶化的冻裂、结痂现象（图2-41g），冻伤率达100%；5月龄民猪同样未见耳组织现象（图2-42h），冻伤率为0。这些结果也表明，在长期寒冷条件下，5月龄和80~90kg体重的民猪比5月龄和80~90kg体重的大白猪耐寒。

（三）长期寒冷条件下猪的冻死情况

观察了大棚舍中新生猪仔的冻死情况，发现民猪新生猪仔在出生后7d内无冻死现象，仅在断奶时（30d）冻死1头，冻死率为10%；大白猪新生猪仔在出生后7d内全部冻死，冻死率达100%（表2-68）。说明民猪的新生仔猪比大白猪新生仔猪耐寒能力强。5月龄民猪、80~90kg体重民猪与5月龄大白猪均无冻死现象，但80~90kg体重大白猪在进入冷舍中48h后，即有1头已濒临死亡状态（图2-43a），另有1头已经冻死（图2-43b），且冻死猪只的耳朵（图2-43c）和胴体（图2-43d）呈严重冻伤，其冻死率达30%（表2-68）。说明在长期寒冷条件下民猪的确比大白猪耐寒。

表2-68　长期寒冷条件下民猪和大白猪冻死率

试验用猪	冷舍中数量（头）	冻死数量（头）	冻死率（%）
大白猪新生仔猪	11	11	100
民猪新生仔猪	10	1	10
5月龄大白猪	3	0	0
5月龄民猪	3	0	0
80~90kg大白猪	10	3	30
80~90kg民猪	10	0	0

三、简易猪舍冬季覆盖塑料薄膜对民猪肥育和脂肪沉积的影响

早期，在东北地区，民猪多为一家一户的散养，条件简陋。即使是组织集中饲养的公社，其搭建的猪圈也非常简陋。图2-44记录了黑龙江省安达县先锋公社团结管理区试建的一处窑洞式简易猪舍。这种猪舍除门用少量木板外，其余全是用草和泥筑成，造价低廉、经济实用。但当时人们也注意到，虽然在这种环境下民猪可以正常生长，但是对其生长速度、脂肪沉积、饲料消耗等还是有影响的。因此，胡殿金等（1988）首先研究了利用塑料薄膜覆盖简易开放猪舍对冬季肥育猪生产性能的影响，他们发现，开放舍（无塑料薄膜覆盖）试验猪达90kg体重需235. 8d，平均日增重512. 9g，每千克增重耗料5. 1kg；同样的开放

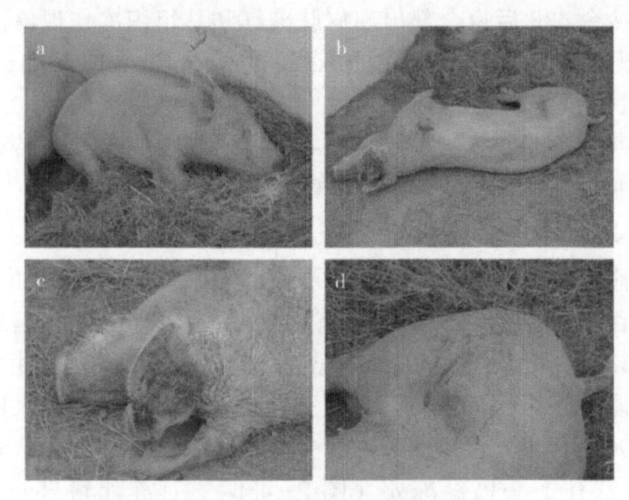

图 2-43　大白猪冻死情况

舍覆盖一层塑料薄膜，试验猪分别为 225. 9d，555. 4g 和 3. 7kg。可见，简易舍覆盖塑料薄膜减少了猪抗寒的能量消耗，提高了肥育能力。

此外，不同猪种冬季肥育性能也不同，长民一代杂种猪达 90kg 体重需 226. 8d，日增重 596. 5g，每 1kg 增重耗料 3. 47kg，长白猪为 225. 1d，522. 7g 和 5. 42kg，民猪分别为 240. 7d，483. 3g 和 4. 33kg。可见，虽然民猪更耐寒，但因其品种自身特点，其达 90kg 体重日龄、日增重和料肉比仍低于长民猪和长白猪，而长民猪的肥育性能最好，兼有两个品种的特点。

后期，他们又对简易猪舍冬季覆盖塑料薄膜对肥育猪脂肪沉积的影响进行了研究（图 2-44）。结果发现，肠系脂肪占空体重比例，棚内和开放舍试验猪相同。民猪肠系脂肪比例最多，其次为长民猪和长白猪，不同猪种间差异极显著。

图 2-44　早期的简易猪舍

肾周脂肪占空体重比例，棚内虽高于开放舍，但舍间差异不显著。品种间比较，民猪最多，长民猪最少。皮下脂肪占空体重比例，舍间及品种间差异均不显著。肌间脂肪占空体重比例，舍间差异不显著；但品种间差异极显著，民猪最多，其次为长民，长白猪最少。

左半胴背肩部最厚处、6~7 肋处、背膘结合处和荐部的平均背膘厚度，棚内的虽微多于开放舍的，但差异不显著。民猪平均背膘最厚，其次为长民猪和长白猪。民猪与长民猪种间差异不显著，但民猪及其杂种一代平均背膘厚显著高于长白猪。各猪种 6~7 肋处膘厚微高于平均背膘厚度，舍和猪种间差异程度与平均膘厚薄趋势相似（表 2-69）。

肠系、肾周、皮下和肌间脂肪占总脂肪比例，猪舍间差异不显著。肠系和皮下脂肪种间差异 F 测验达到极显著水准。民猪肠系脂肪比例最大，其次为长民猪和长白猪。长白猪皮下脂肪最多，其次为长民猪和长白猪。如将皮下和肌间脂肪相加计算，同样长白猪最多，其次为长民猪和民猪。左半胴皮下加肌间脂肪占骨皮肉脂总重比例，民猪最多，其次为长民猪和长白猪，F 测验种间差异极显著（胡殿金等）。

表 2-69　民猪、长白猪和长民猪的脂肪比较结果

项目	a 因素（舍别）			b 因素（猪种）				ab 互作
	开放	棚内	F	民猪	长白	长民	F	
肠系脂肪占空体重比例（%）	2.25^{a}	2.22^{a}	0.04	2.39^{a}	1.44^{c}	2.2b7	29.46**	0.84
双侧肾周脂肪占空体重比例（%）	2.86^{a}	3.12^{a}	0.70	3.45^{a}	3.03^{b}	2.48^{a}	3.48	0.38
皮下脂肪占空体重比例（%）	19.94^{a}	20.27^{a}	0.19	20.43^{a}	19.08^{a}	20.81^{a}	1.87	1.25
肌间脂肪占空体重比例（%）	2.84^{a}	2.71^{a}	0.25	3.42^{a}	2.33^{b}	2.59^{ab}	5.9**	0.08
背部平均膘厚（cm）	3.29^{a}	3.49^{a}	2.67	3.65^{a}	2.97^{a}	3.52^{a}	10.71**	3.94
6~7 肋处背膘厚（cm）	3.45^{a}	3.76	2.09	4.04^{a}	3.00^{b}	3.76^{a}	8.6**	2.94
肠系脂肪占总脂肪比例（%）	7.92^{a}	7.76^{a}	0.11	9.86^{a}	5.73^{c}	7.92^{b}	21.82**	1.49
肾周脂肪占总脂肪比例（%）	10.17^{a}	10.92^{a}	0.94	11.27^{a}	9.86^{a}	10.51^{a}	1.09	0.10
皮下脂肪占总脂肪比例（%）	71.97^{a}	71.76^{a}	0.02	67.65^{b}	75.45^{a}	72.48^{a}	9.37**	0.33
肌间脂肪占总脂肪比例（%）	10.10^{a}	9.56^{a}	0.39	11.21^{a}	9.19^{ab}	9.01^{b}	2.56	0.18
皮下和肌间脂肪占骨皮肉脂总重比例（%）	33.43^{a}	32.94	0.23	35.31	30.07^{b}	34.19^{a}	9.68**	1.19

注：同一行字母不同表示差异显著（$P<0.05$）。

四、低温环境下民猪血液生化指标的变化情况

王文涛等开展了低温环境下民猪血液生化指标的测定工作，选择体重为20kg的民猪和大白猪各10头作为试验动物。试验猪只的起始环境温度为18℃，然后转移到温度为-26℃的环境中，并于0h、1h和72h共计3个时间点空腹采前腔静脉血，送交医院，进行血清谷丙转氨酶（ALT）、血清谷草转氨酶（AST）、谷草：谷丙（AS：AL）、血清γ-谷氨酰基转移酶（GGT）、血清肌酸激酶（CK）、血清葡萄糖（GLU）的检测。

（一）血清中4种酶类的检测结果

血清中谷丙转氨酶、谷草转氨酶、谷草/谷丙的含量及变化情况见表2-70。一般认为，转氨酶是反映肝脏功能的一项指标，当组织器官活动或病变时，会将其中的转氨酶释放到血液中，使血清中转氨酶含量增加，血清丙氨酸氨基转移酶、天门冬氨酸氨基转移酶和谷丙转氨酶/谷草转氨酶增加是肝炎、心肌炎和肺炎病变程度的重要指标，表示肝脏、心脏、肺脏等组织器官可能受到了损害。在民猪和大白猪由18℃环境转移到平均温度-26℃环境时，血清内丙氨酸氨基转移酶、天门冬氨酸氨基转移酶和谷丙转氨酶/谷草转氨酶含量均有增加，1h时，民猪3个指标分别增加了-3%、23%和27%，大白猪分别增加了18%、47%和90%；3d时，民猪3个指标分别增加了5%、102%和10%，大白猪分别增加了18%、47%和22%。民猪与大白猪相比，民猪3个指标增加速度较缓慢、增加幅度较小，从该角度可认为寒冷应激（1h）和持续寒冷（3d）对民猪机体的影响较小。

表2-70　民猪和大白猪血清中酶类检测结果

猪种	时间（h）	谷丙转氨酶（IU/L）	谷草转氨酶（IU/L）	谷草转氨酶/谷丙转氨酶（IU/L）
民猪	0	78±4.24	94±4.54	1.204±0.15
	1	75.6±2.88	116±8.88	1.532±0.32
	3	80.4±5.94	106.6±7.94	1.33±0.50
大白猪	0	81±1.41	92.5±4.50	1.145±0.08
	1	85.5±4.56	187±8.56	2.18±0.10
	3	96±5.66	136.5±9.66	1.4±0.78

（二）血清中肌酸激酶和葡萄糖的检测结果

冷处理后，民猪和大白猪血清中肌酸激酶和葡萄糖含量变化见表2-71。肌

酸激酶通常存在于动物的心脏、肌肉以及脑等组织的细胞浆和线粒体中，是脊椎动物唯一的磷酸原激酶，是与细胞内能量运转、肌肉收缩、ATP 再生有直接关系的重要激酶，能可逆地催化肌酸与 ATP 之间的转磷酰基反应，是判断动物应激、心脏和骨骼肌疾病的重要指标。民猪和大白猪由 18℃环境转移到平均温度-26℃环境时，血清中肌酸激酶含量均有增加，1h 时，民猪增加了 202%，大白猪增加了1 108%；3d 时，民猪增加了 32%，大白猪增加了 837%。民猪与大白猪比较来看，民猪在突然遭受冷应激时，血清中肌酸激酶快速增加，但增加倍数远低于大白猪，如果低温刺激持续增加，则民猪的增速显著变慢，而大白猪依旧维持在一个很高的水平上。

血清中葡萄糖的来源主要是饲料中的糖类被消化进入血液，并通过神经和激素的调节维持血清葡萄糖浓度的恒定，以保证机体对葡萄糖的需要量，血清葡萄糖水平的显著升高说明肝糖原分解加强，抑制组织对糖的清除，降低脂肪组织对胰岛素的敏感性，增强机体动用血清葡萄糖维持机体热应激状态下新陈代谢所需的血清葡萄糖。民猪和大白猪由 18℃环境转移到平均温度-26℃环境时，血清中葡萄糖含量均有增加，1h 时，民猪增加了 17%，大白猪增加了 4%；3d 时，民猪增加了 2%，大白猪增加了 6%。民猪与大白猪相比，早期民猪增速较快，但冷刺激持续至 3d 时，民猪增幅显著降低，而大白猪血清中葡萄糖随着冷应激时间的增加而增加。

表 2-71　民猪和大白猪血清中肌酸激酶和葡萄糖变化结果

猪种	时间（h）	血清肌酸激酶（IU/L）	血清葡萄糖（IU/L）
民猪	0	2 016±186. 93	7. 658±1. 55
	1	6 088. 4±225. 91	8. 922±0. 947
	3	2 660±234. 85	7. 828±1. 974
大白猪	0	812±80. 13	8. 68±2. 75
	1	9 813±389. 31	8. 995±1. 732
	3	7 607±482. 73	9. 19±0. 339

五、低温环境下民猪免疫指标的变化情况

如果猪持续饲养在低温环境下，其免疫力一定会下降。因此，彭福刚等（2018，2019）测定了低温环境下民猪免疫指标的变化情况。他们选取临床健康、经检测猪瘟抗体水平一致的 48 日龄仔猪 40 头，其中民猪 20 头，大白猪 20 头。试验用猪在 21 日龄时已完成猪瘟兔化弱毒疫苗免疫，48 日龄时采血检测猪

瘟抗体水平，挑出抗体水平一致、体重相近、临床健康的仔猪40头，随机分成4组，每组10头：低温民猪组（ML）、低温大白猪组（YL）、民猪对照组（MH）和大白猪对照组（YH）。在正常猪舍饲养至48日龄时，将低温组个体转移至低温猪舍，24h后开始试验。试验开始后，每头仔猪肌注猪瘟兔化弱毒疫苗2头份。分别在免疫猪瘟疫苗前（0d）、免疫猪瘟疫苗后的第7天、第14天时早上空腹对仔猪前腔静脉采血，分离血清用于猪瘟抗体（CSF）、胰岛素（INS）、干扰素-α（IFN-α）、白细胞介素6（IL-6）、皮质醇（Cort）、甲状腺素（T_4）、三碘甲状腺原氨（T_3）的测定。

（一）低温对猪瘟疫苗免疫猪血清中胰岛素浓度的影响

免疫前（0d），各处理组胰岛素浓度差异不显著（$P>0.05$）；猪瘟疫苗免疫7d时，YL组比MH组和YH组胰岛素浓度分别降低13.81%、12.34%（$P<0.05$），YL组比ML组胰岛素浓度降低6.76%，但差异不显著（$P>0.05$），其他各组间差异不显著（$P>0.05$）。随着时间的进行，低温两试验组胰岛素浓度呈“V”字形变化，先下降再升高，对照组略微上升再下降，猪瘟疫苗免疫14d时胰岛素水平各处理组浓度相近（$P>0.05$）（表2-72和图2-45）。

表2-72 不同时间点各处理组血清中胰岛素浓度的变化 （单位：IU/L）

时间	ML组	YL组	MH组	YH组
免疫前	10.18±0.79	9.72±0.63	10.68±0.95	10.42±1.59
7d	9.90±0.46[ab]	9.23±0.27[b]	10.71±0.68[a]	10.53±0.66[a]
14d	10.35±0.96	9.82±1.01	10.08±0.87	10.39±0.88

注：同行肩标小写字母完全不同表示差异显著（$P<0.05$），含相同字母或无肩标表示差异不显著（$P>0.05$）。

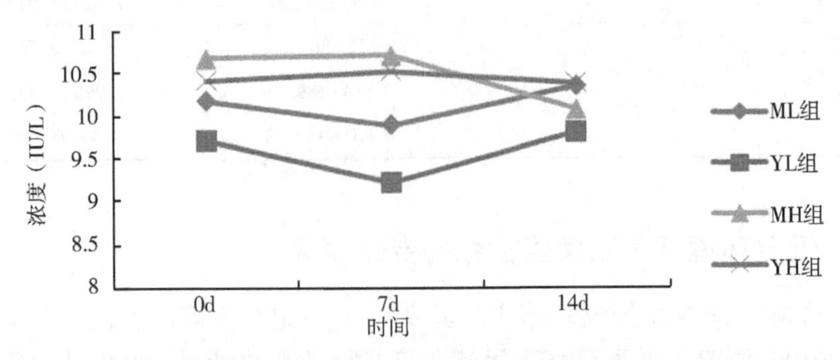

图2-45 猪瘟疫苗免疫条件下温度对猪血清中胰岛素浓度的影响

（二）低温对猪瘟疫苗免疫猪血清中皮质醇浓度的影响

由表2-73可见，免疫前（0d）YL组比MH组和YH组皮质醇浓度分别升高34.29%和46.06%（$P<0.05$），YL组比ML组皮质醇浓度升高19.11%（$P>0.05$），其他各处理组间差异均不显著（$P>0.05$）；猪瘟疫苗免疫7d和14d时，YL组比其他3组皮质醇浓度显著升高（$P<0.05$）。随着时间的进行，各处理组皮质醇浓度均呈倒“V”字形变化，先升高再下降，YL组上升速度快而下降速度较慢，其他3组变化幅度相近，见图2-46。

表2-73　不同时间点各处理组血清中皮质醇浓度的变化　（单位：ng/mL）

时间	ML组	YL组	MH组	YH组
免疫前	60.33±7.67[ab]	71.86±7.66[a]	53.51±7.78[b]	49.20±8.97[b]
7d	101.54±10.61[b]	132.52±14.53[a]	96.58±9.71[b]	95.64±6.85[b]
14d	81.31±8.32[b]	130.81±15.77[a]	78.26±8.04[b]	79.64±6.35[b]

注：同行肩标小写字母完全不同表示差异显著（$P<0.05$），含相同字母或无肩标表示差异不显著（$P>0.05$）。

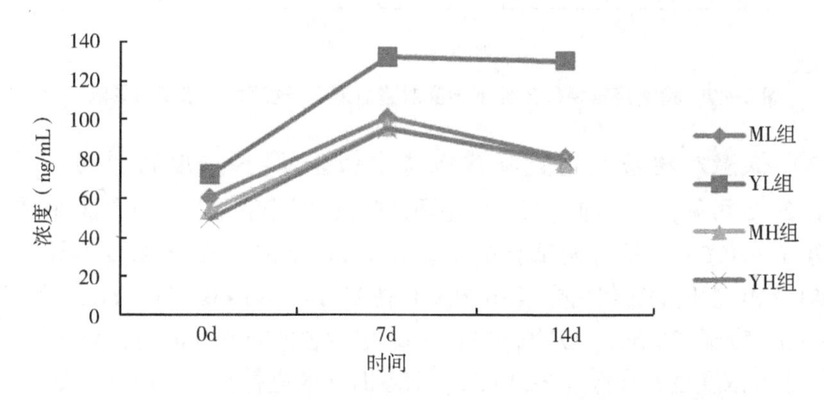

图2-46　猪瘟疫苗免疫条件下温度对猪血清中皮质醇浓度的影响

（三）低温对猪瘟疫苗免疫猪血清中干扰素-α浓度的影响

由表2-74可见，免疫前（0d）和免疫7d时各处理组干扰素-α浓度差异不显著（$P>0.05$）；猪瘟疫苗免疫14d时，YL组比YH组干扰素-α浓度降低了23.79%（$P<0.05$），YL组比ML组和MH组干扰素-α浓度降低了14.02%、11.12%，差异不显著（$P>0.05$），其他各处理组间差异均不显著（$P>0.05$）。随着时间的延长，YH组干扰素-α浓度呈先升高再下降的变化，其他各处理组干扰素-α浓度均呈升高状态，YL组升高幅度较其他两组幅度大，见图2-47。

表 2-74　不同时间点各处理组血清中干扰素-α 浓度的变化（pg/mL）

时间	ML 组	YL 组	MH 组	YH 组
免疫前	47.23±7.34	46.66±5.16	45.22±4.18	43.61±5.79
7d	54.96±7.57	51.49±4.73	55.64±5.79	55.08±5.52
14d	53.31±6.91[a]	40.35±3.64[b]	53.81±4.87[a]	56.79±6.21[a]

注：同行肩标小写字母完全不同表示差异显著（$P<0.05$），含相同字母或无肩标表示差异不显著（$P>0.05$）。

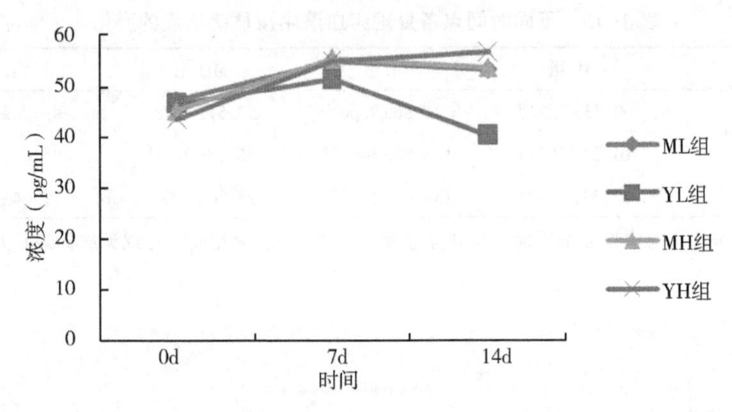

图 2-47　猪瘟疫苗免疫条件下温度对猪血清中干扰素-α 浓度的影响

（四）低温对猪瘟疫苗免疫猪血清中白介素-6 浓度的影响

由表 2-75 可见，免疫前（0d）低温两试验组 YL 组和 ML 组白介素-6 浓度差异不显著（$P>0.05$），适温两试验组 MH 组和 YH 组白介素-6 浓度差异不显著（$P>0.05$），ML 组比 MH 组白介素-6 浓度升高 27.14%（$P<0.05$），YL 组比 YH 组白介素-6 浓度升高 26.56%（$P<0.05$）；猪瘟疫苗免疫 7d 和 14d 时，YL 组比其他 3 组白介素-6 浓度显著降低（$P<0.05$）。随着时间的进行，各处理组白介素-6 浓度均呈先升高再下降趋势变化，上升速度快而下降速度较慢，见图 2-48。

表 2-75　不同时间点各处理组血清中白介素-6 浓度的变化（单位：ng/mL）

时间	ML 组	YL 组	MH 组	YH 组
免疫前	139.96±15.41[a]	140.63±12.25[a]	110.08±6.59[b]	111.12±5.06[b]
7d	380.14±24.01[a]	277.26±22.55[b]	370.84±27.54[a]	344.92±26.27[a]
14d	306.68±11.69[a]	265.52±13.56[b]	314.97±14.59[a]	310.50±16.52[a]

注：同行肩标小写字母完全不同表示差异显著（$P<0.05$），含相同字母或无肩标表示差异不显著（$P>0.05$）。

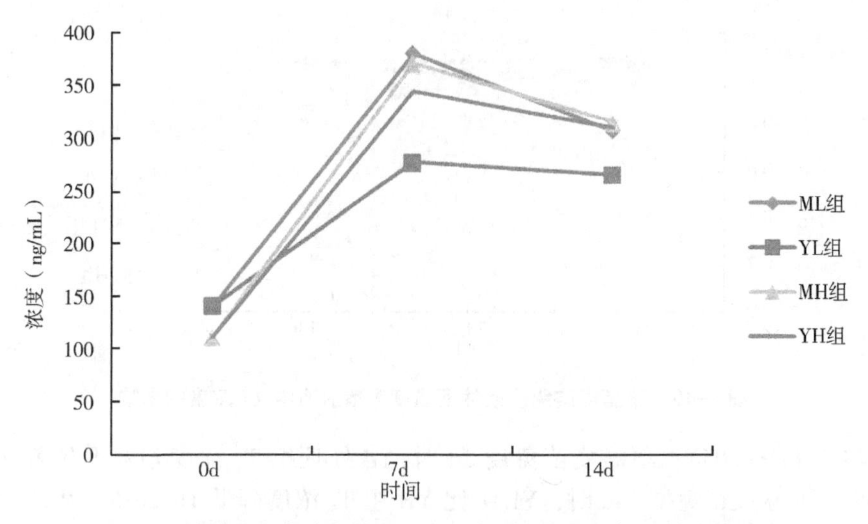

图 2-48　猪瘟疫苗免疫条件下温度对猪血清中白介素-6 浓度的影响

（五）低温对猪瘟疫苗免疫猪血清中 T_4 浓度的影响

由表 2-76 可见，免疫前（0d）各处理组 T_4 浓度差异不显著（$P>0.05$），猪瘟疫苗免疫 7d 时，YL 组与 MH 组和 YH 组 T_4 浓度差异显著（$P<0.05$），与其他两组差异不显著（$P>0.05$）；免疫 14d 时，YL 组比 YH 组 T_4 浓度降低 20.56%（$P<0.05$），YL 组比 ML 组和 MH 组 T_4 浓度降低 19.81%、22.01%，差异均显著（$P<0.05$），其他各处理组间差异均不显著（$P>0.05$）。随着时间的进行，YL 组变化幅度较大，而其他各处理组 T_4 浓度变化幅度不大，见图 2-49。

表 2-76　不同时间点各处理组血清中 T_4浓度的变化　　（单位：ng/mL）

时间	ML 组	YL 组	MH 组	YH 组
免疫前	1.06±0.04	1.05±0.03	1.09±0.15	1.07±0.09
7d	1.02±0.05[ab]	0.98±0.07[b]	1.07±0.05[a]	1.08±0.04[a]
14d	1.06±0.04[a]	0.85±0.03[b]	1.09±0.05[a]	1.07±0.05[a]

注：同行肩标小写字母完全不同表示差异显著（$P<0.05$），含相同字母或无肩标表示差异不显著（$P>0.05$）。

（六）低温对猪瘟疫苗免疫猪血清中 T_3 浓度的影响

由表 2-77 可见，免疫前（0d）低温两试验组 YL 组和 ML 组 T_3 浓度差异不显著（$P>0.05$），适温两试验组 MH 组和 YH 组 T_3 浓度差异不显著（$P>0.05$），ML 组比 MH 组 T_3 浓度升高 10.85%（$P<0.05$），YL 组比 YH 组 T_3 浓度升高

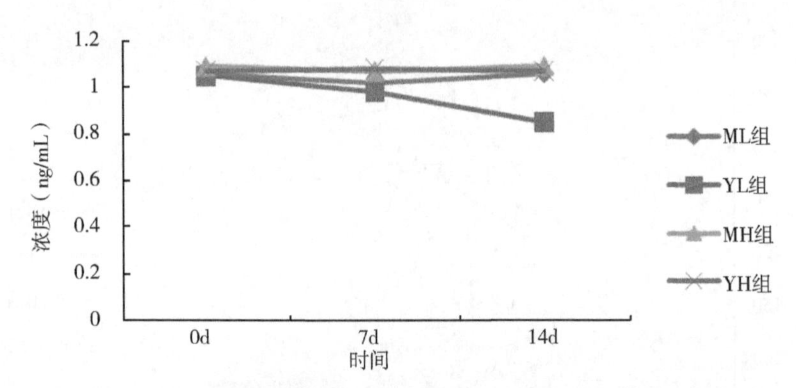

图 2-49 猪瘟疫苗免疫条件下温度对猪血清中 T4 浓度的影响

16.44%（$P<0.05$）；猪瘟疫苗免疫 7d 时，各处理组 T_3 浓度差异不显著（$P>0.05$）；猪瘟疫苗免疫 14d 时，YL 组比 YH 组 T_3 浓度降低 16.26%（$P<0.05$），YL 组比 ML 组和 MH 组 T3 浓度降低 14.98%、17.75%，差异均显著（$P<0.05$），其他各处理组间差异均不显著（$P>0.05$）。随着时间的延长，YL 组 T_3 浓度下降较其他组明显，见图 2-50。

表 2-77 不同时间点各处理组血清中 T_3 浓度的变化 （单位：pg/mL）

时间	ML 组	YL 组	MH 组	YH 组
免疫前	3.37±0.08[a]	3.47±0.12[a]	3.04±0.11[b]	2.98±0.24[b]
7d	3.33±0.14	3.36±0.16	3.29±0.15	3.23±0.09
14d	3.27±0.16[a]	2.78±0.17[b]	3.38±0.24[a]	3.32±0.19[a]

注：同行肩标小写字母完全不同表示差异显著（$P<0.05$），含相同字母或无肩标表示差异不显著（$P>0.05$）。

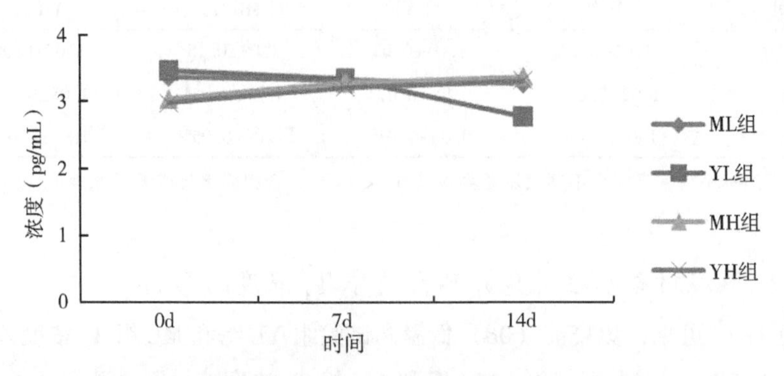

图 2-50 猪瘟疫苗免疫条件下温度对猪血清中 T_3 浓度的影响

（七）低温对猪瘟疫苗免疫猪血清中猪瘟抗体的影响

由表2-78可见，猪瘟疫苗免疫0d时，各处理组猪瘟抗体差异不显著（$P>0.05$）；猪瘟疫苗免疫14d时，YL组比YH组猪瘟抗体浓度降低17.69%（$P<0.05$），YL组比ML组和MH组猪瘟抗体浓度降低12.93%、19.03%，差异均显著（$P<0.05$），其他各处理组间差异均不显著（$P>0.05$）。

表2-78　不同时间点各处理组血清中猪瘟抗体的变化　（单位：pg/mL）

时间	ML组	YL组	MH组	YH组
0d	0.294±0.01	0.296±0.01	0.297±0.02	0.298±0.01
14d	1.368±0.04[a]	1.191±0.07[b]	1.471±0.08[a]	1.447±0.07[a]

注：同行肩标小写字母完全不同表示差异显著（$P<0.05$），含相同字母或无肩标表示差异不显著（$P>0.05$）。

六、冷刺激后民猪肌纤维类型变化情况

李忠秋等（2019）取冷处理后的民猪背最长肌2g左右，提取总RNA。采用Real-time PCR的方法对MyHC 4种亚型的表达变化情况进行检测。他们将常温组民猪的肌纤维类型4种亚型基因mRNA表达量设定为1，以相对表达水平的差异倍数为纵坐标，测得3个重复的肌纤维类型4种亚型基因mRNA动态表达水平，见图2-51和图2-52。结果显示寒冷环境下36h，4种亚型有所变化，但变化均不显著。寒冷环境下21d，MyHC Ⅰ和MyHC Ⅱx型mRNA表达量显著高于大白猪，MyHC Ⅱa表达变化差异不显著，而MyHC Ⅱb型mRNA表达量显著低于大白猪。说明长时间寒冷环境下民猪肌肉中氧化型纤维含量显著增加，能量代谢能

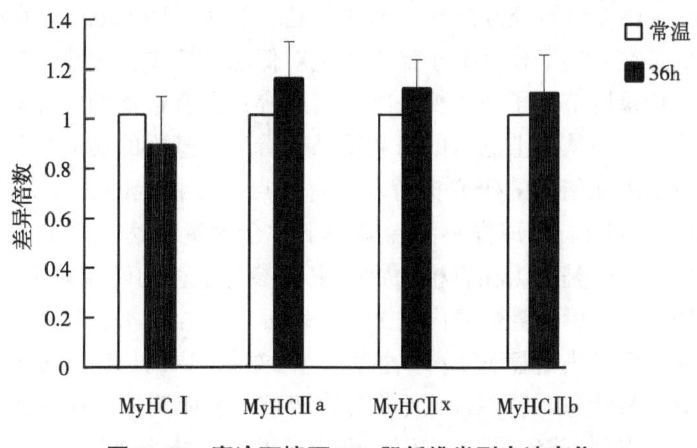

图2-51　寒冷环境下36h肌纤维类型表达变化

力增强。

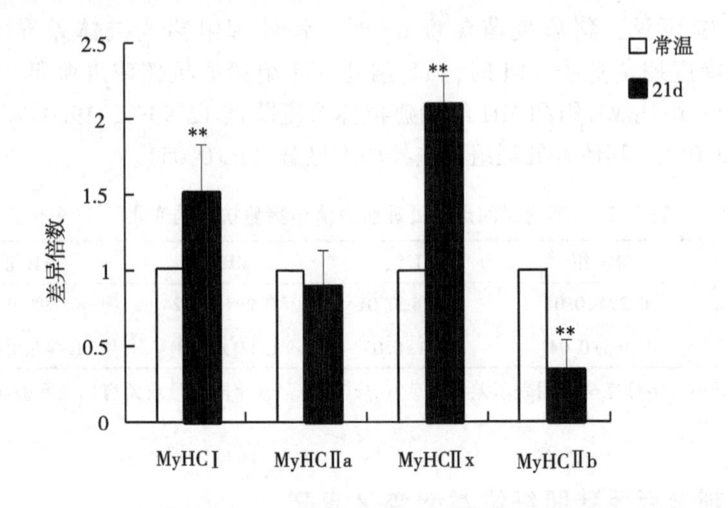

图 2-52　寒冷环境下 21d 肌纤维类型表达变化

七、利用候选基因法对民猪耐寒特性的研究

笔者在早期也探讨了利用候选基因法筛选民猪抗寒基因，选择了多个基因作为民猪耐寒特性的候选基因进行了 qPCR 检测，检测其是否真的受到冷应激诱导。

（一）*Y-box* 基因

将常温组民猪的 *Y-box* 基因 mRNA 表达量设定为 1。T-test 结果显示民猪的 *Y-box* 基因的 mRNA 水平经冷诱导后出现了显著下降（$P<0.05$）。在植物和细菌上该蛋白主要是在低温下作为分子伴侣或是对低温环境作出应答；在无脊椎动物中主要是作为转录调节因子或是促进细胞增殖等；在脊椎动物中，对该基因的功能研究还不透彻，但从以上已有的研究结果来看，该基因的功能非常强大，但目前还未看到该基因在猪上的研究报道。但有一点可以肯定的是，脊椎动物的 *Y-box* 并不像细菌中的 CspA 那样只在冷刺激下才会大量表达，而是在正常情况下即可高水平表达，这是因为在脊椎动物中它要参与多种的转录调节与翻译调节。民猪在被冷诱导 13d 后，骨骼肌内的 *Y-box* 基因 mRNA 水平并没有像预想的那样出现显著增高，而是出现显著下降。推测产生这种结果的原因一方面可能是因为当民猪处于冷应激状态时，*Y-box* 所参与的转录、翻译调控反应受到抑制，进而自身的转录水平出现下降；另一方面也可能是因为脊椎动物的 *Y-box* 基因以一种不同于原核生物的作用方式参与冷应激反应（张冬杰等，2011）。

（二）骨形态发生蛋白2基因（*BMP2*）

*BMP2*基因在民猪的常温组和低温组之间差异不显著（$P=0.177$），低温冷诱导后表达无显著变化。骨形态发生蛋白（BMP）是TGF-β超家族中最大的分泌型信号传导分子家族，最早是从骨提取物中分离获得，目前已有20多个成员。人的骨形成蛋白是具有多种生物学功能的生物因子，在胚胎发育、细胞分化和组织修复过程中发挥重要作用。目前，在动物上研究较多的是将其作为与绒山羊毛囊发育有关的候选基因进行研究，还有将其作为与羊的排卵数有关的候选基因进行研究，但在猪上相关的研究报道较少。*BMP2*是BMP基因家族中活性最强的一个基因，所以将其作为可能是影响民猪抗寒特性的候选基因之一进行了研究。但结果表明，*BMP2*基因在民猪肌肉组织的mRNA转录水平在冷诱导前后并没有发生显著的变化。推测产生这种结果的原因一方面可能是因为*BMP2*基因根本就不参与民猪的产热过程，另一方面也可能是因为*BMP2*基因在民猪的产热过程中仅仅起着协同作用，而非主效作用（张冬杰等，2010）。

（三）肝素结合表皮生长因子样生长因子基因（*HB-EGF*）

*HB-EGF*基因在民猪的常温组和低温组之间差异显著（$P<0.01$），该基因在低温冷诱导后表达显著下降。作为表皮生长因子（Epidermal growth factor，*EGF*）家族成员之一的肝素结合表皮生长因子样生长因子（Heparin binding epidermal growth factor-like growth factor，*HB-EGF*）可参与囊胚的着床、骨骼肌的发育、心肌的分化、肾小管的形成，以及伤口处或缺血/再灌注损伤后的组织修复和肿瘤的形成。可见，*HB-EGF*的生物学功能非常强大。在低温诱导下，该基因的表达水平出现了显著下降，推测这可能与低温下民猪生长变得缓慢有关。生活在低温环境下的民猪与生活在常温的民猪相比，体重增加减少约4kg（常温组增加5.1kg，低温组增加1.03kg）。民猪很可能是通过停止或减缓生长来节省能量而用于抵御寒冷，因此与生长有关的*HB-EGF*基因的表达水平才会出现显著下降（张冬杰等，2010）。

（四）脂蛋白酯酶基因（*LPL*）

*LPL*基因在民猪的常温组和低温组之间差异不显著（$P>0.05$），该基因在低温冷诱导后表达无显著变化。目前普遍认为，白色脂肪组织中*LPL*的活性升高有助于机体脂质的贮存，而骨骼肌中*LPL*的活性升高与机体产热有关。Spurlock ME等（2001）在对32头公猪所做的饥饿试验中发现，挨饿的试验组与正常饲喂的对照组相比，*LPL*基因的mRNA水平显著下降（$P<0.01$）。但当将民猪置于低温环境时，*LPL*并没有像当初预想的那样表达量发生显著变化，推测一方面可能是因为*LPL*基因并不是民猪抗寒冷性状的主效基因，另一方面，也可能是因

为民猪并不是通过增加产热来抵御寒冷气候的（张冬杰等，2011）。

（五）磷酸葡萄糖变位酶1基因（*PGM*）

*PGM*基因在民猪的常温组和低温组之间差异显著（$P<0.05$），该基因在低温冷诱导后表达显著降低。身体热量的来源主要来自机体内糖类、脂肪和蛋白质三大物质的代谢。机体内产热最多的器官为骨骼肌和肝脏，其次是脑、心和肾。肝脏是体内物质代谢最旺盛的器官，产热量多，其温度比主动脉血液高出0.4~0.8℃。但因肝脏体积有限，所以产热的总量不及骨骼肌。考虑到以上两个方面的因素，研究者选择了在糖代谢过程中起着关键作用的磷酸葡萄变位酶在骨骼肌中的表达变化来分析民猪的抗寒特性。结果表明，冷诱导后，PGM的表达水平出现了显著下降。这与之前所设想的民猪可能是通过增加糖代谢来增加产热、抵御寒冷的想法并不一致。推测产生这种结果的原因可能是：①民猪不是通过增加糖代谢来增加产热，而是通过增加脂肪或蛋白质的代谢来增加产热；②PGM在民猪抵御寒冷过程中并不起关键作用，PGM mRNA的这种表达变化只是机体在适应寒冷气候时的一种普遍、正常反应；③PGM在民猪抵御寒冷气候中起到了一定的作用，但是作用机理以及作用方式还未知（张冬杰等，2011）。

（六）葡萄糖-6-磷酸脱氢酶基因（*PGD*）

*PGD*基因在民猪的常温组和低温组之间差异显著（$P<0.05$），该基因在低温冷诱导后表达显著增加。PGD基因广泛表达于哺乳动物、植物和微生物。该酶位于动物细胞的胞质溶胶和线粒体上，位于植物的叶绿体上。它广泛地表达于所有组织和血细胞内，是一种看家酶，是磷酸戊糖旁路代谢的起始酶，提供戊糖用于核酸合成，提供还原型辅酶Ⅱ（NADPH），用于各种生物合成及维持血红蛋白和红细胞膜的稳定性。血细胞中缺乏PGD，临床上通常会表现为溶血性贫血。研究中所检测的大肠、腿肌、肺、脂肪、心脏、脾脏和肝脏组织内，该基因均高水平表达，这一点与其他已知的看家酶特点相符，说明该基因在民猪上的表达并不存在组织特异性。但马建岗等（1995）在家鸡上的研究显示，PGD在家鸡胚胎期和未成年之前不显示明显的同工酶区带，成年之后仅在部分组织中出现活性带；任立杰等（2010）也发现PGD在奶牛泌乳7d时的活性要显著高于其他时间点，这说明PGD基因的表达在不同物种间还是存在一定差异的。民猪经低温冷诱导后，肌肉组织中的PGD基因的表达水平显著升高。因为该基因在猪上以及其他哺乳动物上的相关研究报道较少，主要集中在对人的PGD缺乏症的筛查、治疗和机理研究上。但是在植物上关于该基因的研究报道较多，林元震等（2009）报道了杨树G6PDH基因启动子区序列，他们发现该序列除具有启动子的基本元件TATA-box、CAAT-box外，还包含多个胁迫诱导元件，如低温诱导元件LTR，抗冻、缺水、脱落酸、抗寒元件MYB和MYC，以及光响应元件Lbox、G-box、3AF-1、TC 丰富区等。而且该基因的超表达，可以显著提高烟草的抗寒冻性。从本研究结果看，将其作为一个影响民猪抗寒特性的候选基因进行研究具有一定的理论基础和实际意义（张冬杰等，2011）。

（七）乳酸脱氢酶 A 基因（*LDHA*）

LDHA 基因在民猪遭受低温冷诱导后表达水平显著降低（$P<0.05$）。脱氢酶类是生物体内氧化还原反应中重要的催化剂之一，在生物体内的氧化产能、解毒以及某些生理活动中起着十分重要的作用，在生产实践中也有广泛的应用。在不同的组织中各种组分的含量和比例有所不同，它是各组织生化代谢特点的反映。乳酸脱氢酶是一个较为公认的与生物个体抗寒性有关的酶类，其在关键铰链区的一个氨基酸替换就可以显著改变生物个体的抗寒性。民猪在被冷诱导后，肌肉组织内的 *LDHA* 基因的 mRNA 水平出现了显著的下降。这一结果与史福胜等（2007）在对不同海拔地区的牦牛组织中 LDH 的活性研究结果基本一致。LDH 不仅能够催化丙酮酸和乳酸之间的相互转化，而且还能够调节烟酰胺腺嘌呤二核苷酸（NAD）和烟酰胺腺嘌呤二核苷酸磷酸（NADH）的比率，因而对细胞内的一系列生化反应起调节控制作用。可见，当民猪处于低温环境时，它通过下调 LDHA 基因的转录来达到抵御寒冷的目的（张冬杰等，2011）。

（八）胰岛素样生长因子（IGF）轴基因

冷应激后，IGF-Ⅰ基因表达水平显著上调（$P<0.01$），IGF-Ⅱ和 IGF-ⅠR 显著下调（$P<0.01$），而 IGFBP3 冷诱导前后表达变化差异不显著（$P>0.05$）。胰岛素样生长因子（Insulin-like growth factor，IGF）是一个独特的既能刺激生长又能促进分化的多肽，化学结构和作用与胰岛素相似，几乎存在于所有哺乳动物的各种组织中，主要在肝细胞合成，以自分泌及旁分泌的方式通过 IGF 受体介导参与细胞周期的调节。IGF-Ⅰ的作用受 IGF 结合蛋白（IGFBPs）的调控，已知的 6 种 IGFBPs 中，IGFBP3 是最重要的一种，血循环中的大部分 IGF（在成人血浆中>90%）由 IGFBP3 运载。IGF-Ⅰ、IGFBP3 与另一个附加蛋白结合组成一个“三元”复合物，是 IGF-Ⅰ在循环中的存在方式，可以限制 IGF-Ⅰ在细胞外的转运。在细胞水平上，IGF-Ⅰ则与 IGFBPs 组成“二元”复合物，发挥局部作用。

民猪肌肉组织中的 IGF-Ⅰ mRNA 在冷诱导后表达水平出现显著增加，而 IGF-Ⅱ mRNA 则出现显著下降的现象。分析产生这种结果的原因很可能是民猪在被冷诱导后，利用 IGF-Ⅰ基因可刺激肌纤维对氨基酸的利用，从而促进蛋白质合成，还可抑制蛋白质的降解这一功能，上调该基因的表达，从而达到在抵御寒冷气候的同时能够维持正常生长。有人认为，IGF-Ⅱ主要在胚胎期发挥作用，而在动物个体出生后则主要由 IGF-Ⅰ发挥促进细胞增殖和个体发育的功能。但也有报道称，IGF-Ⅱ在细胞增殖和分化、代谢调节以及调控骨细胞代谢方面具有重要作用。但可以肯定的是，不同组织中IGFs的表达模式不尽相同。它既要受到IGF-R的调控，同时也要受到组织自身功能的影响。在张冬杰等(2012)研究中，IGF-Ⅰ mRNA与IGF-ⅠR mRNA表达的变化趋势并不相同，提示腿肌组织中IGFR的表达并不像报道的那样在脂肪组织中受到IGFs的调节，而是不受组织局部产生的IGFs调节。

IGFBP3既可以依赖IGF对细胞的生长发育发挥着重要作用，也可以不依赖IGF而发挥作用，IGFBP3主要存在于血液中，是循环中主要的运输分子，血液中90%以上的IGF-Ⅰ和IGF-Ⅱ与IGFBP3结合，IGFBP3可作为IGFs的局部存储器，通过自分泌或旁分泌形式持续将其释放于局部环境而增加IGFs的半衰期。从已有研究结果看，IGFBP3与牛、羊的泌乳性、繁殖性和生长发育以及与猪的生长和肉质性状都存在着显著相关，这也在某种程度上说明该基因的生物学功能同样非常强大。在张冬杰等(2012)研究中，腿肌内IGFBP3与IGF-Ⅰ和IGF-Ⅱ的表达模式并不相似，冷诱导后，该基因的表达没有发生显著变化。推测可能是因为在组织中，IGFBP3并不是起着主要作用的IGFBPs，而是由其他IGFBPs家族成员与IGF-Ⅰ结合发挥其生物学作用。

(九)冷诱导RNA结合蛋白基因(*CIRP*)

将常温组民猪的*CIRP*基因mRNA表达量设定为1，以相对表达水平的差异倍数为纵坐标，测得3个重复的CIRP基因mRNA动态表达水平。结果显示，民猪背最长肌的*CIRP*基因mRNA水平在冷诱导后显著升高，说明寒冷环境刺激*CIRP*基因的表达，推测*CIRP*基因在民猪抗寒冷机制中可能具有一定的作用(张冬杰等，2012)。

(十)过氧化物酶体增殖物活化受体γ辅助激活因子1α基因(*PGC-1α*)

将常温组民猪的*PGC-1α*基因mRNA表达量设定为1，以相对表达水平的差异倍数为纵坐标，测得3个重复的PGC-1α基因mRNA动态表达水平。结果显示，民猪背最长肌的*PGC-1α*基因mRNA水平在冷诱导后显著升高，说明寒冷环境刺激*PGC-1α*基因的表达，推测PGC-1α在民猪抗寒冷机制中可能具有一定的作用。

八、利用表达芯片筛选民猪耐寒基因

张冬杰(2016)利用表达芯片筛选了民猪潜在的耐寒基因。从3窝75日龄民猪中每窝随机选取4头母猪，共计12头。将每窝个体随机分成2组即常温组

和低温组，每组各6头。2009年12月25日至2010年1月6日，将常温组置于正常舍内饲养，温度控制在（10±2）℃，低温组在舍外半敞式大棚内饲养，平均温度为（-20±2）℃，两组均饲喂相同的饲料。处理结束后屠宰，取腿部肌肉各10g左右，液氮带回实验室，-80℃冰箱冻存。提取总RNA后，送交天津生物芯片技术有限责任公司进行芯片制备与数据分析。

结果发现2个处理组间差异倍数在2倍以上的基因共有34个（表2-79），其中有些基因只是一段EST序列，经NCBI的BLAST在线软件比对后，也无法查找出其源基因，只能以Affymetrix芯片公司上的编号命名，其中低温处理组与常温组相比，差异倍数在2倍以上的基因中，显著下降的基因共27个，其中10个是未知基因；显著上升的基因共7个，其中2个是未知基因。

表2-79　2个处理组间差异表达的基因

序号	基因	基因符号	GenBank登录号	染色体位置	平均差
与常温组相比表达下降的基因					
1	Ssc. 2641. 1	未知	AW313822	—	-1. 05
2	Ssc. 29281. 1	未知	CO953055	—	-1. 40
3	Ssc. 30216. 1	未知	CO988299	—	-1. 10
4	Ssc. 30008. 1	未知	CO947798	—	-2. 35
5	Ssc. 30027. 1	未知	CO948050	—	-1. 12
6	Ssc. 10799. 1	未知	BQ598004	—	-1. 02
7	Ssc. 10285. 1	未知	BI400467	—	-1. 46
8	Ssc. 26005. 1	未知	BX926252	—	-1. 55
9	Ssc. 17718. 1	未知	BQ604042	—	-1. 12
10	Ssc. 26456. 1	MCA-32	CN069543	—	-1. 03
11	myxo-virus resistance 1	MX1	NM_ 214061	13	-1. 25
12	2′, 5′ - oligoadenylate synthetase 1, 40/46kDa	OAS1	NM_ 214303	14	-1. 38
13	cytochrome P450 1A1	CYP1A1	NM_ 214412	7	-1. 21
14	inflammatory response protein 6	IRG6	NM_ 213817. 1	3	-1. 45
15	interferon stimulated exonuclease gene 20kDa	ISG20	NM_ 001005351	—	-1. 29
16	IgG heavy chain	LOC396781	NM_ 213828	—	-1. 35
17	follistatin	FST	NM_ 001003662	16	-1. 04

（续表）

序号	基因	基因符号	GenBank 登录号	染色体位置	平均差
18	leukocyte antimicrobial peptide precursor	PG-2	L24745	—	-1.97
19	Ig gamma 2b chain constant region/ IgG heavy chain	IGG2B/ LOC396781	BX670708	—	-1.04
20	DEAD（Asp-Glu-Ala-Asp）box polypeptide 58	DDX58	AF319661.1	—	-1.08
21	proline dehydrogenase（oxidase）1	PRODH	AK231562	—	-1.33
22	brain expressed X-linked 1	BEX1	XM_ 003135280	X	-1.13
23	S100 calcium binding protein A9	S100A9	NM_ 001177906	4	-1.07
24	Interferon-induced protein with tetratricopeptide repeats 1（IFIT - 1），transcript variant 2	IFIT1	XM_ 003133142	14	-1.22
25	ISG15 ubiquitin-like modifier	ISG15	NM_ 001128469	—	-1.26
26	chemokine（C-X-C motif）ligand 9	CXCL9	NM_ 001114289	8	-1.07
27	numb homolog（Drosophila），transcript variant 1	NUMB	XM_ 003128649	7	-1.09
与常温组相比表达上升的基因					
28	Ssc. 7399. 1	未知	BF712467	—	1.01
29	Ssc. 22211. 2	未知	CF794439	—	1.76
30	zinc finger protein 12	ZNF12	XM_ 003125424	3	1.04
31	chemokine（C-X-C motif）ligand 2	CXCL2	XM_ 003126160	5	1.91
32	haptocorrin	haptocorrin	X52566	—	1.47
33	PDZ domain containing ring finger 3	PDZRN3	XM_ 003132326	13	1.17
34	solute carrier family 23 member 3	SLC23A3	XM_ 001925526	15	1.57

干扰素系统属于脊椎动物抵抗病毒攻击的先天免疫系统，病毒感染后细胞产生并分泌干扰素（IFN），IFN 反过来诱导一系列抗病毒蛋白的表达，使机体进入抗病毒状态。本研究中所筛出的 17 个基因表达显著下降，且功能已知的基因中有 7 个是在干扰素诱导下产生的，如 OAS1，IRG6，ISG20，DDX58，IFITl，ISG15，CXCL9。可见，冷应激使机体的抗病毒能力下降。其他 10 个显著下调的功能基因中，有 1 个与抗病毒直接相关的 MX1 基因，2 个与体温调节有关的 CYP1A1 和 P450 基因；1 个与生长性状显著相关的 FST 基因；1 个抗菌肽 PG-2；1 个线粒体酶 PRODH；1 个与精子发生及生精小管发育相关的基因 BEX1；以及

2 个与细胞生长分化和凋亡有关的 S100A9 和 Numb。

5 个表达显著上调的基因中，除 PDZRN3 基因功能未知外，其余 4 个基因分属于不同的超家族。如 ZNF12，在 MAPK（Mitogen-activated protein kinase）信号通路中起着转录阻役的作用；CXCL2 属于 ELR 趋化因子，对嗜中性粒细胞有强烈的趋化活性，但不能趋化单核细胞；维生素 B_{12}是一个与维生素 B_{12}运载相关的蛋白；SLC 是细胞内最大的一类转运蛋白。

通路分析采用公共 Pathway 数据库 KEGG，*P* 值设为 0.001 时，未发现与差异基因可能相关的通路。推测这可能是由于目前猪的基因组注释信息还很有限，GO 和 Pathway 的注释信息也有限，故导致 GO 和 Pathway 等功能富集分析难以获得有生物学意义的结果。层次聚类分析结果显示，有 4 个基因（OAS1，CXCL2，DDX58，CXCL9）聚为免疫反应类（Immune response），3 个基因（MX1，IRG6，DDX58）聚为病毒反应类（Response to virus），3 个基因（OAS1，ISG20，DDX58）聚为 RNA 结合类（RNA binding）。

九、利用二代高通量测序技术筛选民猪背部脂肪中受冷应激诱导基因

（一）民猪脂肪组织冷应激前后差异表达基因的筛选

张冬杰也开展了利用二代测序技术筛选民猪背部脂肪中受冷应激诱导基因的筛选工作，在民猪冷应激组获得了 212.2MB 的测序数据（3 头个体），其中 83.2%的数据可以比对到参考基因组上，对照组获得了 89.0MB 的测序数据（2 头个体），其中 79.45%的数据可以比对到参考基因组上。通过对两组数据的比较发现，冷应激后，民猪背部脂肪组织有 1435 个基因发生了显著上调，706 个基因发生了显著下调，差异倍数均在 2 倍以上。这些差异基因主要富集在细胞通讯（Cell communication），折叠（Folding），排序和退化（Sorting and degradation），其他次生代谢产物的生物合成（Biosynthesis of other secondary metabolites）这 4 个通路上（图 2-53）。GO 功能富集分析显示，碳水化合物代谢过程（P=0.031），脂质代谢过程（P=0.002），氧化还原酶活性（P=0.036）被显著富集。在基因水平上，ATP6V0A4、NOX1、TAP2、NADH 脱氢酶亚基 4L（NADH dehydrogenase subunit 4L，ND4L）和细胞色素 C 氧化酶亚单位 Vic（Cytochrome c oxidase subunit Vic，COX6C）变化倍数最高。

（二）大白猪脂肪组织冷应激前后差异表达基因的筛选

大白猪冷应激组获得了 152.6MB 的测序数据（2 头个体），其中 83.6%的数据可以比对到参考基因组上，对照组获得了 145.2MB 的测序数据（3 头个体），81.9%的数据可以比对到参考基因组上。冷应激后，大白猪背部脂肪组织中有 1 045个基因转录水平显著上调，656 个基因显著下调。差异基因显著富集的通路包

括碳水化合物代谢（Carbohydrate metabolism）、能量代谢（Energy metabolism）、脂类代谢（Lipid metabolism）、氨基酸代谢（Amino acid metabolism）、萜类化合物和聚酮类化合物的代谢（Metabolism of terpenoids and polyketides）、其他次生代谢产物的生物合成（Biosynthesis of other secondary metabolites）、共生产物代谢（Xenobiotics biodegradation and metabolism）、信号转导（Signal transduction）、信号分子与相互作用（Signaling molecules and interaction）、细胞交流（Cell communication）、内分泌系统（Endocrine system）、消化系统（Digestive system）、心血管疾病（Cardiovascular diseases）（图 2-53）。GO 功能富集分析显示在细胞组成、分子功能和生物过程 3 个层面上，胞外区（$P=3.32\times10^{-22}$），解剖结构发育（$P=7.81\times10^{-14}$），氧化还原酶活性（$P=1.46\times10^{-14}$），细胞黏附（$P=1.22\times10^{-15}$），细胞分化（$P=7.88\times10^{-13}$）等得到富集。在基因水平上，促泌素（Secretagogin，SCGN）变化倍数最高，是大白猪背部脂肪中冷应激后变化倍数最高的基因。其次为双特异性磷酸酶（Dual specificity phosphatase 26，DUSP26）、γ-氨基丁酸 A 受体（Gamma-aminobutyric acid A receptor，GABRA）等。

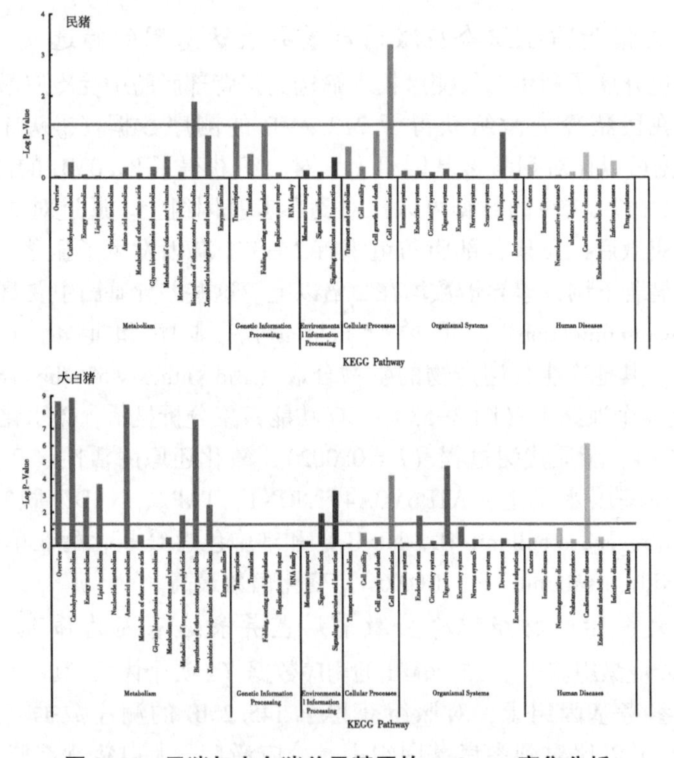

图 2-53　民猪与大白猪差异基因的 pathway 富集分析

（三）民猪与大白猪差异基因之间的比较分析

冷应激后民猪背部脂肪组织内无论是上调表达还是下调表达的基因数量，均显著高于大白猪。但基因改变的倍数又显著低于大白猪（表2-80）。据此，我们推测冷应激后，民猪与大白猪相比，有更多的基因参与到缓解应激反应中，但每个基因的改变倍数都显著低于大白猪的，参与反应的生物学通路也远少于大白猪。

表2-80　民猪与大白猪冷应激后基因改变倍数统计结果

差异倍数	上调基因					下调基因				
	5≤倍数≤12	4≤倍数≤5	3≤倍数≤4	2≤倍数≤3	1≤倍数≤2	5≤倍数≤13	4≤倍数≤5	3≤倍数≤4	2≤倍数≤3	1≤倍数≤2
民猪	10	24	125	558	735	6	11	40	142	501
大白猪	111	100	156	236	393	30	17	38	171	388

十、利用RNA-Seq技术筛选民猪背脂内受冷应激诱导的lncRNA

张冬杰（2020）选择6月龄雌性民猪6头，随机分成2组，1组置于正常舍内饲养，设为对照组，样品编号为MC1、MC2和MC3；1组置于室外半敞篷舍内饲养，设为试验组，样品编号为ML1、ML2和ML3。对照组环境温度控制在(18±2)℃，试验组环境温度控制在（-18±5)℃，两组饲喂相同的饲料，均为自由采食、饮水。处理24h后，屠宰，取背部皮下脂肪，置于液氮中带回实验室，-80℃保存备用。

研究中lncRNA的基本筛选条件如下：①转录本长度大于等于200bp，外显子个数大于等于2；②计算每条转录本的reads覆盖度，筛去所有样本中均小于5的转录本；③利用gffcompare同猪的基因组注释文件进行比较，筛除已知的mRNA及其他非编码RNA（rRNA，tRNA，snoRNA，snRNA等）；④根据比较结果中的class_ code信息（“u”，“i”，“x”）筛选潜在的lincRNA、intronic lncRNA、anti-sense lncRNA。筛选完成后，同时使用4个编码潜能分析软件CNCI、CPC、PFAM和CPAT判断所筛选出的lncRNA是否具有编码潜能。

使用FPKM法（Trapnell等，2010）估计基因表达值。其计算公式：$FPKM(A)=\frac{10^3\times F}{NL/10^6}$，其中F为唯一比对到基因A的片段数，N为唯一比对到参考基因的总片段数，L为基因A的外显子区域长度。FPKM法能消除基因长度和测序量差异对计算基因表达的影响。

采用DEseq进行差异表达分析，选取｜log2Ratio｜≥1和$q<0.05$的基因作为

显著差异表达筛选条件，得到上下调基因个数。利用 R 软件（版本号：V3.1.1）对不同样本中差异表达的 mRNA 进行层次聚类分析，利用 NCBI、Uniprot、GO 和 KEGG 等数据库对差异表达基因进行注释，获得差异表达基因详细描述信息。利用 Ensembl、NCBI、GENCODE 和 HGCN 等数据库进行 lncRNA 的注释。

利用猪的 GO 注释数据库，直接进行 GO 分析。针对 GO 数据库中第三层的条目，统计差异表达基因（区分上调表达和下调表达）在该条目里的个数，并计算百分比。对 KEGG 中每个 Pathway 应用超几何检验进行富集分析，找出差异表达基因显著性富集的 Pathway。

对 lncRNA 和 mRNA 进行结构、表达量和组织特异性的比较分析。对差异表达的 lncRNA 的靶基因开展 cis 和 trans 两种方式的靶标预测，通过靶基因间接预测其功能。预测以 Cis 方式作用的将 lncRNA 相邻位置（上下游 50Kb）的蛋白编码基因筛选出来作为靶基因。预测以 Trans 方式作用的根据 lncRNA 同 mRNA 表达量的相关性系数进行筛选（相关系数 corr≥0.9）。对差异 lncRNA 的靶基因进行功能富集分析，分析方法同差异 mRNA 的分析相同。根据识别出的靶基因，利用 Cytoscape 软件绘制 lncRNA-mRNA 的调控网络图。

利用 Roche 实时荧光定量 PCR 仪 LightCycler480 Ⅱ 对试验组显著高表达的 10 个 lncRNA 进行 SYBR Green 实时定量检测，引物信息见表 1。反应体系为：cDNA 样品 0.5μL，2×SYBR Green PCR Mixture 10μL，特异性引物上下游各 0.5μL，灭菌水补充至 20μL。反应程序为：95℃ 10min；95℃ 15s，60℃ 30s，72℃ 30s，40 个循环。检测结果根据 $2^{-\Delta\Delta Ct}$ 法计算各模板中目的基因相对于内参基因 β-actin 的表达量。

（一）冷应激下民猪背脂的转录组测序结果

对试验组和对照组共计 6 头个体的 RNA 开展了全转录组去 rRNA 测序。每个样品平均获得 87.5 百万的原始序列，质量控制后获得约 83.0 百万的过滤序列。与猪的参考基因组序列（Sus scrofa 11.1）比对，平均 94.4%的过滤序列可以比对到基因组上，大约有 75.7 百万的序列可比对到唯一位置。通过转录本的富集和重建，总计获得了 24 305个转录本（FPKM≥0.01），包括 18 772个已知的转录本。

（二）民猪背脂内 lncRNA 的筛选与鉴定

是否具有编码潜能为判断新转录本是否为 lncRNA 的关键条件，综合 CNCI、CPC、PFAM 和 CPAT 软件筛选出的 lncRNA 的交集作为后续分析的数据集，共计 7 856个（图 2-54）。将本研究中所获得的 lncRNA 与 mRNA 进行了转录本长度、外显子个数、组织特异性以及表达量的对比分析。结果发现，lncRNA 和

mRNA 的长度都集中在 2 900 bp 左右，整体趋势一致（图 2-55a）。主要的 lncRNA 有 2 个外显子（最多可达 31 个外显子，平均是 2.99 个），显著低于编码蛋白基因（最高可达 118 个外显子，平均 9.64 个）（图 2-55b）。与 mRNA 相比，lncRNA 表现出更强烈的组织特异性（图 2-55c）。同等条件下，mRNA 的表达水平要相对高于 lncRNA（图 2-55d）。这与以往在猪、鼠和人上的研究结果一致。

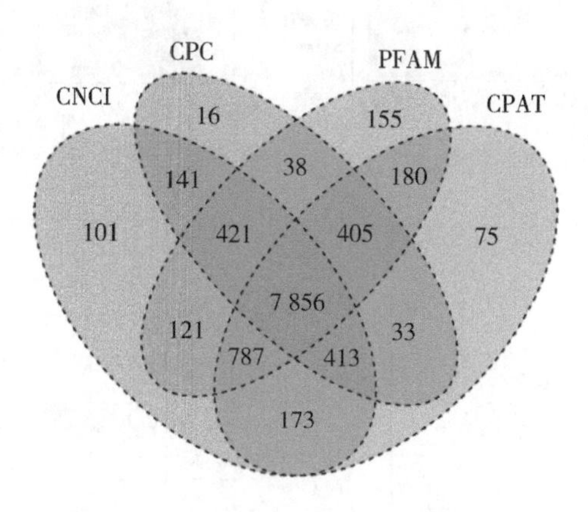

图 2-54　4 种方法预测结果的维恩图

（三）受冷应激诱导的 lncRNA 和 mRNA 的筛选与分析

利用 FPKM 值定量估计基因表达值，以对照组为参照，筛选出受冷应激诱导的 lncRNA166 个，其中上调表达的 78 个，下调表达的 88 个。但仅有 2 个下调表达的为已知 lncRNA，其余全部为新发现的 lncRNA。269 个 mRNA 发生了显著变化，其中上调表达的 141 个，下调表达的 128 个。显著上调表达基因中，双孔 K+通道蛋白（KCNK3）变化倍数最大，为 7.49 倍，其次是激酶非催化 C-叶结构域蛋白（KNDC1）和减数分裂特异性端粒结合蛋白（TERB1），分别达到 5.92 倍和 5.44 倍。显著下调表达基因中，果糖二磷酸醛缩酶 B（ALDOB）变化倍数最大，为 6.24 倍，其次是 Slit 引导配体 1（SLIT1）和微管相关蛋白 6（MAP6），分别下调 5.98 倍和 5.20 倍。

聚类分析往往用于反映不同实验条件下样本差异表达 RNA 的变化模式，可以很直观反映出不同条件下 RNA 的表达量变化情况。利用 R 软件（v3.1.1）对试验组和对照组间差异表达的 RNA 进行层次聚类分析，得到聚类图见图 2-56。在图 2-55 中，表达量的变化用颜色的变化表示，深色表示表达量较低，浅色表示表达量较高。由聚类图可知，组内个体间表达模式基本一致，说明重复性较好，但组间差异较大，尤其是 lncRNA 变化明显，说明冷应激对 lncRNA 的影响

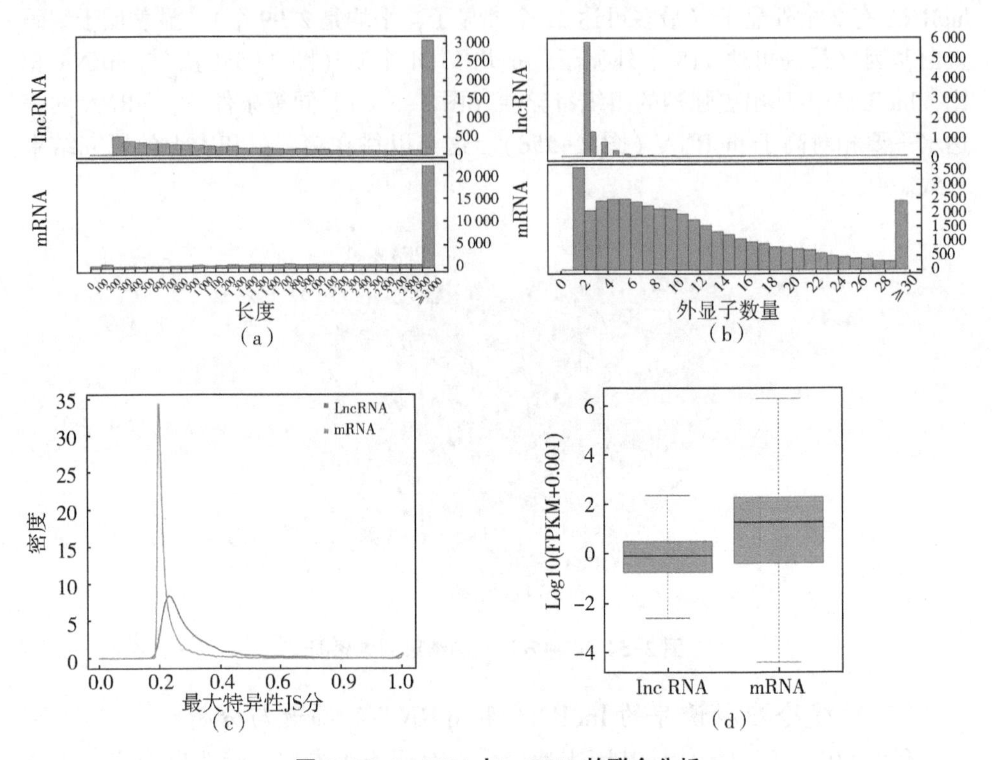

图 2-55 lncRNA 与 mRNA 的联合分析

注：（a）lncRNA 与 mRNA 的长度分布比较图；（b）lncRNA 与 mRNA 的外显子个数比较图；（c）JS Score 分布图；（d）lncRNA 与 mRNA 的表达量比较图。

较大。

（四）不同表达基因的 GO 注释与 KEGG 通路分析

GO 富集分析结果表明，153 个基因被富集到生物过程（BP），7 个基因被富集到分子功能（MF），细胞组分（CC）中无显著富集的基因。在生物学过程条目中，57 个条目被显著富集，很多基因被富集到防御反应、对生物刺激的反应以及病毒的反应等条目下（图 2-57）。在分子功能条目中只有“双链 RNA 结合”条目被富集。GO 注释结果提示，民猪在遭受冷应激 24h 后，并没有马上启动非颤栗性产热过程，而是先启动了机体的防御和免疫应答反应，抵抗冷刺激的同时，提高机体免疫力。

KEGG 通路富集分析表明 269 个基因富集到 156 个信号通路中，但均未达到显著富集的程度。按照 Q 值大小，排在前 5 位的信号通路分别是 PPAR 信号通路、视黄醇代谢通路、细胞外基质受体相互作用通路、果糖和甘露糖的新陈代谢

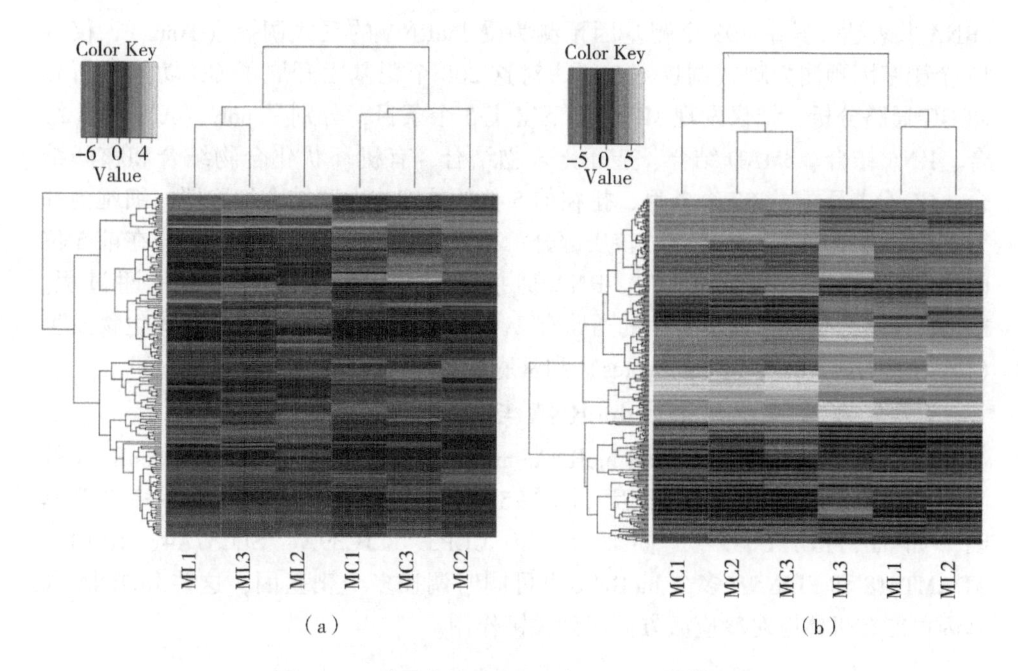

图 2-56　差异表达 lncRNA 和 mRNA 的聚类图

注：(a) 差异表达 lncRNA 的聚类图；(b) 差异表达 mRNA 的聚类图。

通路和糖酵解/糖异生通路，这 5 个通路基本都与脂类和糖类代谢相关。

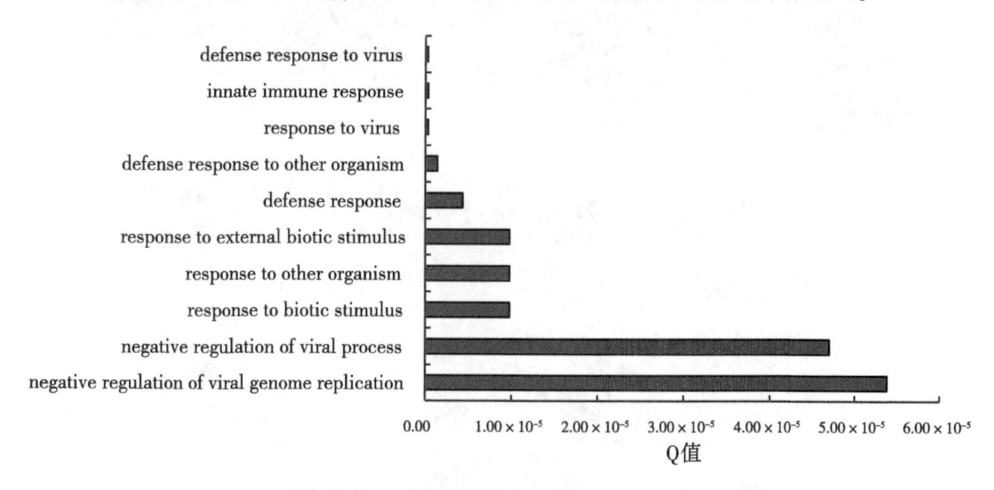

图 2-57　受冷应激诱导的差异表达 mRNA 的 GO 功能富集分析

(五) 受冷应激诱导的 lncRNA 的靶基因预测与功能分析

通过相关系数分析发现，208 个不同表达的 mRNA 与 144 个不同表达的 lncRNA 共表达，其中 193 个靶基因预测为受 lncRNA 的反式调控（Trans），仅有 15 个靶基因预测为顺式调控（Cis）。对这 208 个靶基因开展了 GO 功能分析和 KEGG 通路分析，结果发现 MF 分类下富集 5 个条目，分别是 poly（A）RNA 结合、RNA 结合、SMAD 结合、杂环化合物结合、有机环状化合物结合和核酸结合；CC 分类下富集 27 个条目，排在前 5 位的是细胞内膜结合细胞器、细胞内部分、膜结合细胞器、核斑点、核质部分；BP 分类下富集 52 个条目，排在前 5 位的是 RNA 加工、mRNA 加工、RNA 剪接、细胞代谢过程和初级代谢过程。KEGG 通路分析中，显著富集的通路有 2 个，分别是真核生物的核糖体生物发生（Ribosome biogenesis in eukaryotes）和基底细胞癌（Basal cell carcinoma）。

（六）受冷应激诱导的 lncRNA 与关键靶基因的信号通路

利用 Cytoscape 软件绘制的 lncRNA-mRNA 共表达网络表明 47 个 lncRNA 处于网络的中心，调控 114 个基因（图 2-58），1 个 lncRNA 可同时调控多个靶基因，如 MSTRG. 90687 可同时调控 UCP3、TTC39A、SLC37A4、KLF11、ADAMTS18 和 PLIN5；多个 lncRNA 也可同时调控多个靶基因，这些 lncRNA 和基因可能在机体应对冷应激方面起到关键作用。

图 2-58　lncRNA-mRNA 共表达网络图

注：红色代表上调表达的 lncRNAs，绿色代表下调表达的 lncRNAs，黄色代表预测的靶基因。

（七）qRT-PCR 验证

为了验证 RNA 测序结果的准确度，随机选择了 10 个表达存在差异的 lncRNA 进行了 qRT-PCR 试验验证。结果显示，qPCR 定量检测值与测序值相比，变化趋势基本一致（图 2-59），表明测序结果可信。

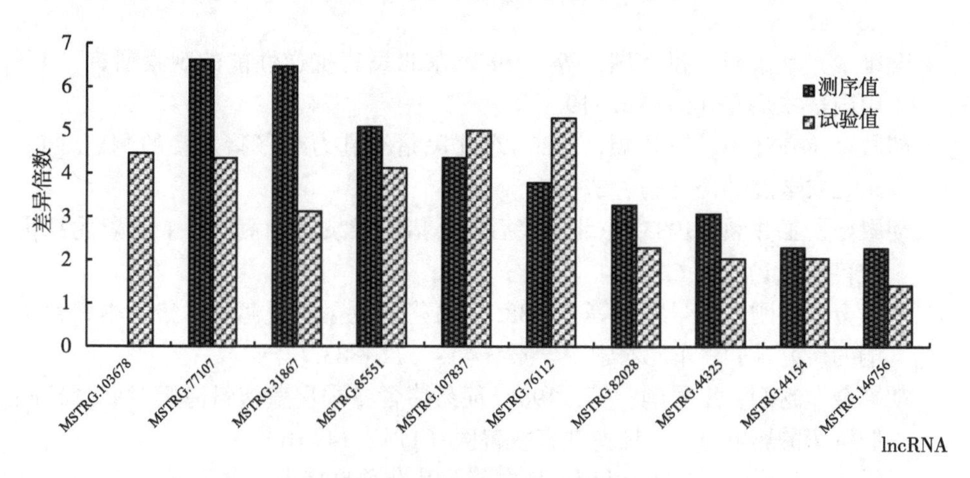

图 2-59　qRT-PCR 验证结果

参考文献

陈珩，张士卿，1985. 东北民猪精液品质的研究初报［J］. 吉林畜牧兽医（4）：9-12.

陈克飞，黄路生，李宁，等，2000. 猪雌激素受体（ESR）基因对产仔数性状的影响［J］. 遗传学报（10）：853-857.

陈蓉蓉，陈从英，幸宇云，等，2008. 猪精子黏合分子 1（SPAM1）基因新 SNPs 的鉴别及其在 12 个中外猪中的遗传变异研究［J］. 江西农业大学学报（4）：706-709.

崔世泉，包军，2006. 民猪和长白猪哺乳初期的行为观察［A］. 中国畜牧兽医学会家畜环境卫生学分会. 第十届全国家畜环境科学讨论会论文集［C］. 63-66.

崔世泉，王希彪，高健，等，2002. 民猪生殖激素变化规律与繁殖性能关系的研究［J］. 养猪（2）：12-13.

段英超，范中孚，于连惠，等，1981. 东北民猪和哈尔滨白猪毛的数量长度、粗度和真皮厚度的测定［J］. 东北农学院学报（3）：81-85.

范家萌，2015. NR6A1、PLAG1、LCORL 基因在民猪群体内的单倍型及连锁不平衡分析 [D]. 哈尔滨：东北农业大学.
关学敏，段玲欣，朱文进，等，2012. 马身猪肌肉生长抑制素基因启动区的 SNPs 多态性与生产性能的相关性 [J]. 中国畜牧杂志，48 (11)：18-20，41.
韩维中，肖振铎，崔宝瑚，等，1983. 东北民猪抗逆性能的观察研究 [J]. 中国畜牧杂志 (5)：17-19.
胡殿金，齐守荣，王景顺，1980. 东北民猪泌乳力和仔猪发育的测定 [J]. 东北农学院学报 (2)：27-34.
胡殿金，王井顺，1985. 东北民猪后备公猪生长发育的测定 [J]. 黑龙江畜牧兽医 (1)：3-6.
胡殿金，赵刚，王景顺，等，1988. 简易猪舍覆盖塑料薄膜对猪冬季肥育影响的研究 [J]. 东北农学院学报 (4)：377-383.
胡殿金，赵刚，王景顺，等，1988. 简易猪舍冬季覆盖塑料薄膜对肥育猪脂肪沉积的影响 [J]. 黑龙江畜牧兽医 (11)：14-16.
胡雪松，王希彪，2006. 民猪、长白猪及其杂种母猪催乳素受体 (PRLR) 基因的 Nae I 多态性与繁殖性状的相关分析 [J]. 畜牧兽医学报 (11)：1135-1140.
黄贺，狄生伟，田亚光，等，2011. 民猪 PRLR 基因 PCR-SSCP 多态性与产仔数关联分析 [J]. 中国农业科学，44 (11)：2341-2346.
黄贺，狄生伟，田亚光，等，2011. 民猪生殖器官 PRLR 基因表达发育变化 [J]. 中国兽医学报，31 (12)：1798-1802.
姜运良，李宁，吴常信，等，2001. 不同品种猪肌肉生长抑制素基因单核苷酸多态性分析 [J]. 遗传学报 (9)：840-845.
金显星，何勇，蔡玉环，等，1990. 东北民猪仔猪早期断奶效果的观测 [J]. 黑龙江畜牧兽医 (10)：7-8.
李婧，孟和，李长龙，等，2003. ESR 与 PRLR 基因对民猪产仔数的影响 [J]. 黑龙江畜牧兽医 (4)：11-12.
李祥辉，黄大鹏，黄玉兰，2011. 4 个不同品种猪 A-FABP 基因多态性及其与 IMF 相关性研究 [J]. 中国畜牧杂志，47 (7)：11-14.
李忠秋，刘春龙，马红，等，2019. 民猪和大白猪不同肌球蛋白重链表达差异 [J]. 黑龙江畜牧兽医 (13)：49-51，57.
林元震，张志毅，郭海，等，2009. 杨树葡萄糖-6-磷酸脱氢酶 (G6PDH) 基因启动子的克隆与分析 [J]. 基因组学与应用生物学，28 (3)：445-449.

刘瑞莉，袁玮，吴磊，等，2019. 布莱凯特黑牛 A-FABP 基因表达规律及其肌内脂肪含量研究［J］. 中国畜牧杂志，55（9）：42-47.
刘显军，陈静，武常胜，等，2010. 荷包猪种质特性研究［J］. 中国畜牧杂志，46（3）：10-12.
刘自广，刘娣，王文涛，等，2019. 寒冷条件下民猪耐寒表现的比较研究［J］. 黑龙江畜牧兽医（16）：60-62，179.
吕耀忠，闻殿英，赵刚，等，1997. 东北民猪胸、腹、盆腔内器官生长发育规律的研究［J］. 黑龙江畜牧科技（1）：1-4.
马红，王文涛，刘娣，2013. 民猪精液冷冻技术研究［J］. 猪业科学，30（7）：124-125.
马红，王文涛，刘娣，2016. 离心方法对冷冻后民猪精子质量的影响［J］. 中国兽医学报，36（10）：1779-1782，1802.
马红，王文涛，吴赛辉，等，2018. 维生素类物质对民猪精子常温保存效果的影响［J］. 黑龙江畜牧兽医（4）：78-79，82.
马建岗，邱怀，1995. MDH 和 G6PD 同工酶在家鸡个体发育中的表现特征［J］. 西北农业学报（1）：61-65.
彭福刚，孙金艳，李忠秋，等，2018. 低温环境下免疫应答对民猪血清激素水平的影响［J］. 黑龙江畜牧兽医（10）：50-52.
彭福刚，孙金艳，李忠秋，等，2019. 低温环境对民猪免疫应答的影响［J］. 黑龙江农业科学（3）：69-72.
齐守荣，胡殿金，陈润生，等，1981. 东北民猪生长发育的研究（Ⅱ）——东北民猪肌肉的生长发育特点［J］. 东北农学院学报（3）：42-49.
秦鹏春，杨庆章，吴静，等，1983. 三江白猪排卵、受精和早期胚胎发育的研究［J］. 东北农学院学报（3）：30-37.
秦鹏春，杨庆章，张心田，等，1981. 东北民猪和哈尔滨白猪排卵受精和卵裂的比较形态学研究［J］. 东北农学院学报（2）：63-68，109-113.
任立杰，佟慧丽，李庆章，等，2010. 奶牛乳腺发育与泌乳过程中能量代谢的变化［J］. 东北农业大学学报，41（2）：86-90.
师庆伟，王希彪，2006. 促黄体素（LH）β 亚基基因的单核苷酸多态性及其与猪繁殖性状的相关性［J］. 江苏农业科学（6）：302-304.
史福胜，车发梅，孙旭红，等，2007. 不同海拔地区牦牛血浆和组织中乳酸脱氢酶的比较［J］. 中国兽医杂志（2）：24-25.
孙艳香，姜国诚，郑坚伟，1995. 东北民猪肌肉密度的测量［J］. 浙江农业大学学报（4）：422-425.

田明，王文涛，何鑫淼，等，2020. 民猪绒毛表型的研究［J］. 黑龙江畜牧兽医（13）：82-83，163-164.

王楚端，陈清明，1996. 长白猪北京黑猪及民猪肌肉组织学特性研究［J］. 中国畜牧杂志（4）：33-34.

王景顺，赵刚，1989. 东北民猪繁殖性能的研究［J］. 黑龙江畜牧兽医（4）：14-16.

王林安，王本华，丁文权，1983. X线摄影观察猪骨骼发育的研究（Ⅰ）——东北民猪与哈尔滨白猪跟骨骨骺骨化中心X线摄影观察［J］. 东北农学院学报（4）：39-42.

王书林，丁文权，1983. 猪心电图的研究——Ⅰ. 哈尔滨白猪与东北民猪正常心电图值的测定［J］. 东北农学院学报（3）：38-52.

王秀利，仇雪梅，刘娣，2007. 猪肌肉组织表达序列标签（ESTs）的分析［J］. 黑龙江畜牧兽医（8）：31-33

吴学军，王希彪，朱发山，2007. 东北民猪生殖腺发育的组织学观察［J］. 养猪（2）：13-14.

许振英，陈润生，王性善，等，1981. 东北民猪和长白猪的胴体品质与内脏器官的特点及其遗传方式与杂种优势的研究Ⅰ［J］. 畜牧兽医学报（2）：5-11.

薛尚军，高鹏飞，郭晓红，等，2012. FSHβ亚基基因多态性对猪产仔性能的影响［J］. 国外畜牧学（猪与禽），32（6）：49-51.

杨庆章，秦鹏春，张心田，等，1982. 东北民猪垂体组织结构的研究［J］. 东北农学院学报（3）：53-56，95-96，99.

杨秀芹，李景芬，刘娣，2005. 东北民猪 Myostatin 基因5′调控区的克隆和 RFLP 分析［J］. 黑龙江畜牧兽医（11）：38-39

杨秀芹，刘娣，李景芬，2002. 不同品种猪抑肌素基因启动区的 RFLP 分析［J］. 畜牧与兽医，34（10）：1-2

杨秀芹，刘惠，郭丽娟，等，2007. 野猪、民猪、大白猪μ-钙激活酶基因的变异位点分析［J］. 遗传（5）：581-586

张冬杰，2010. 民猪 BMP2 基因的冷诱导研究［J］. 黑龙江农业科学（11）：4-5.

张冬杰，2011. 冷诱导下 Y-box 结合蛋白基因的表达变化［J］. 黑龙江畜牧兽医（3）：42-43.

张冬杰，刘娣，汪亮，等，2011. 冷诱导下民猪磷酸葡萄变位酶基因的表达变化［J］. 黑龙江畜牧兽医（17）：39-40.

张冬杰，刘娣，汪亮，等，2011. 民猪 PGD 和 LDHA 基因的表达与冷诱导研究［J］. 东北农业大学学报，42（9）：17-21.

张冬杰，刘娣，汪亮，等，2011. 民猪 Y-box 结合蛋白基因的克隆、表达以及冷刺激对其表达方式的影响［J］. 畜牧兽医学报，42（9）：1207-1212.

张冬杰，刘娣，汪亮，等，2011. 民猪脂蛋白脂酶基因在冷诱导后表达变化的研究［J］. 中国畜牧兽医，38（2）：96-99.

张冬杰，刘娣，汪亮，等，2012. 冷诱导下胰岛素样生长因子（IGFs）系统基因的表达变化［J］. 中国畜牧兽医，39（2）：16-19.

张冬杰，刘娣，汪亮，等，2012. 民猪 CIRP 基因的克隆与冷诱导研究［J］. 东北农业大学学报，43（12）：1-5.

张冬杰，刘娣，汪亮，等，2013. 民猪和大白猪背最长肌差异表达基因的筛选与注释［J］. 畜牧兽医学报，44（2）：181-187.

张冬杰，沙伟，杨国伟，等，2005. 促黄体激素基因（LH）与产仔数性状关系的初步研究［J］. 黑龙江畜牧兽医（5）：41-42.

张冬杰，沙伟，杨国伟，等，2005. 催乳素受体基因（PRLR）与产仔数关系的研究［J］. 安徽农业科学（12）：2340-2341.

张伟力，刘娣，吴赛辉，等，2012. 民猪肉切块质量点评［J］. 猪业科学，29（11）：120-122.

赵刚，王景顺，1982. 东北民猪和哈白猪不同产次繁殖性能的测定［J］. 辽宁畜牧兽医（2）：30-31

赵要凤，张顺，李宁，等，1997. 香猪、民猪 FSHβ 亚基基因位点的多态性分析［J］. 遗传（S1）：27-28.

周殿正，1984. 对初生仔猪皮肤和毛的初步观察［J］. 东北农学院学报（2）：33-45.

周伟民，娄燕萍，1984. 猪肝小叶形态学的年龄变化［J］. 河南农学院学报（1）：81-86.

GERBENS F, VERBURG F J, VAN MOERKERK H T, et al., 2001. Associations of heart and adipocyte fatty acid-binding protein gene expression with intramuscular fat content in pigs［J］. *J Anita Sci*, 79（2）：347-354.

SMITH P L, CASAS E, REXROAD Ⅲ CE, et al., 2000. Bovine*CAPN*1 maps to a region of BTA29 containing aquantitative trait locus for meat tenderness［J］. *J Anim Sci*, 78（10）：2589-2594.

SPURLOCK M E, JI S Q, GODAT R L, et al., 2001. Changes in the expression of uncoupling proteins and lipases in porcine adipose tissue and skeletal muscle during feed deprivation [J]. *J Nutr Biochem*, 12 (2): 81-87.

WANG W T, ZHANG D J, LIU Z G, et al., 2018. Identification of differentially expressed genes in adipose tissue of min pig and large white pig using RNA-seq [J]. Acta Agriculturae Scandinavica, Section A-Animal Science, 68: 2, 73-80.

ZHANG D J, LIU D, WANG L, et al., 2016. Gene expression profile analysis of pig muscle in response to cold stress [J]. Journal of Applied Animal Research, 44 (1): 1-4.

第三章　利用民猪开展的杂交选育工作

虽然民猪具有肉质优良、繁殖力高、抗逆性强等优点，但同时也具有生长速度慢、瘦肉率低、料肉比高等缺点。为了满足市场需求，从20世纪60年代，人们就开始尝试用民猪与引进猪种进行杂交选育，以改良民猪原有的缺点。据此，也培育了三江白猪、哈尔滨白猪、松辽黑猪等新品种，以及一些杂交组合配套模式。这些举措充分发挥了民猪的优良种质特性，扬长避短，使民猪这一古老地方猪种，在新时代焕发出新光彩。

第一节　利用民猪培育的新品种

一、三江白猪

（一）三江白猪的育种规划

三江白猪是在黑龙江省三江平原地区国营农场群中培育成的一个肉用型新品种。从1973年开始制定育种方案至1982年末基本完成规定的育种指标（陈润生等，1983）。整个育种过程大致划分为两个阶段，即杂交阶段（1973—1976）和横交选择阶段（1976—1982年）。在杂交阶段完成了长白猪与民猪的正交和反交，以及由此而产生的F1母猪分别与长白公猪的回交。从回交后裔的自群繁殖开始即进入横交选择阶段，到1982年产生横交6世代后裔，全群平均世代间隔1.1~1.2年。1982年底有核心群（5世代以上）后备母猪500多头，基础母猪500多头，繁殖群母猪1 000多头，杂交育肥群1万余头。核心群各项性状已达到和接近育种指标（表3-1）。

三江白猪具有明显的肉用型猪体况：后躯发达，被毛密长，四肢粗壮，蹄质坚实，引入的长白和大白猪易患的蹄裂、肢弱、关节变形和风湿症等疾患基本消除。母猪性成熟期比长白猪提早1个月左右，发情征候明显，受胎率高，空怀率低。胴体瘦肉率58%左右。肌肉大理石纹丰富，宰后45min的pH值为6.0以上，肌肉系水力良好，肉嫩味美。

表 3-1　主要性状与育种指标对比

比较项目	6 月龄活重（kg）	饲料利用率[2]（kg）	背膘厚[3]（cm）	胴长（cm）	腿臀比例（%）	瘦肉率[4]（%）	初产母猪		
							产仔数（头）	出生重（kg）	50 日龄断乳窝重（kg）
育种指标	85.00	3.50	3.00	95.0	30.00	58.00	10.0	1.10	105.00
达成指标	84.63[1]	3.51	2.90	96.0	30.04	59.57	10.2	1.08	103.84

注：①按 1982 年 345 头后备公、母猪平均体重计算；②指风干全植物性混合精料（1kg 含消化能 3.2 兆卡，可消化粗蛋白 140g 左右）；③背膘厚按 6 月龄活体测膘平均值；④瘦肉率按全国统一方法计算。

5~6 世代核心群近交系数变动在 4%~9%，初步形成英系长白正交系，英系长白反交系和法系长白回交系 3 个独立的封闭系群。育成初期拥有育种核心场 5 个，繁殖场 10 个和肥育生产场 33 个。

在杂交亲本品种的选择上，主要根据当时农场的猪种资源和对其特性的初步认识，确定了以民猪和长白猪为杂交的亲本品种，期望新品种能兼备民猪的抗寒力强、性成熟早、产仔多、肉质好以及长白猪的生长快、瘦肉多、脂肪少的优点。实践的结果并未完全如愿以偿。

三江白猪能够在严寒的三江平原地区顺利繁殖，证明其继承了民猪抗寒力强的优点，还克服了本地区长白猪常发的繁殖机能障碍和高达 25%的空怀率。母猪发情征候明显，易配易准。初产平均产仔 10 头，经产为 12 头。据测量，其生殖器官的形态近似民猪。

但是，民猪是一个高产脂肪尤其是腹内脂肪多的猪种，与长白猪杂交，在一系列标志产脂力的性状上表现高度显著的杂种优势，即呈现民猪性状的显性遗传。由于胴体脂肪率与肌肉率存在负的遗传相关，所以三江白猪的瘦肉率性状并不理想。

（二）三江白猪的育种历程

1. 两纯种亲本品种胴体性状的测定

民猪和长白猪的宰前平均活重分别为（88.60 ± 0.37）kg 和（89.57 ± 0.58）kg，胴体重分别为（63.40±0.52）kg 和（64.62±0.88）kg，屠宰率分别为 71.56%和 72.14%，两品种猪的屠宰率近似。两猪种间的胴体性状相比，肉身各部比例存在着明显的差异。腰部是大量沉积板油的部位，民猪腰部比例比长白猪大 3.05%，从外形上看腹大而下垂，这与其高产板油的性能相适应。背膘厚度与胴体脂肪率呈强正相关，是产脂能力的重要指标。民猪平均背膘厚度超过长白猪 0.61cm，即比长白猪的背膘厚度大 23.7%。与此相应的民猪的腹外脂肪（包括皮下脂肪和肌肉脂肪）的相对重量也相当于长白猪的 1.22 倍。两品种猪在腹内脂肪上的差异尤为明显：板油的绝对重量和相对重量，民猪分别超过长白猪 1.29kg 和 2.09%，即相当于后者的 1.84 倍和 1.88 倍。水油的绝对重量和相对重量也分别超过后者 0.762kg 和 1.24%，即相当于后者的 1.76 倍和 1.80 倍。民猪在胴体性状上的严重缺点是皮肤过厚，眼肌处民猪的皮肤厚度超过长白猪 0.25cm，即相当于后者的 1.8 倍，因此，其皮肤的相对重量，也相当于长白猪的 1.58 倍，致使胴体中有价值的肉脂产品率相应降低（黑龙江省三江白猪育种协作组，1978）。

长白猪则在标志产肉力的性状上大大超过民猪：长白猪腿臀部发达，眼肌面积大，胸椎数和肋骨数比民猪多 2 个，因此其肉身长度也大。集中反映在肌肉的相对重量上比民猪大 11.02%，即相当于后者的 1.24 倍。长白猪各项胴体性状指标，均保持着腌肉型品种的典型特征。

上述资料证明，民猪以高产腹内脂肪为最突出的特征。脂肪是动物有机体的一种晚熟组织。民猪在生后 6~7 月龄活重 90kg 时，已开始强度沉积各种脂肪，其腹内脂肪量（包括板油与水油）已超过同龄同重长白猪的 80%以上，腹外脂肪量超过 20%以上，均达到统计学极其显著的水平。说明民猪是一个很早熟的猪种。

2. 正反交杂种一代猪的杂种优势

按杂种一代猪与双亲品种性状平均数之差对双亲品种性状平均数之比值，计算了各性状的杂种优势率，并对优势率进行了生物统计学显著性检测。部分结果如下。

正交杂种一代猪（长白公猪×民猪母猪所得后裔），在所考察的 17 项胴体性状中，有 7 项性状的优势率达到统计学显著水准以上。在这 7 项性状中后裔性状值超过双亲均值的有 4 项：背膘厚度、板油、腹外脂肪和总脂肪的相对重量，其优势率（%）分别为 26.39、27.19、19.35 和 16.77；后裔性状值低于双亲均值的有 3 项；腿臀部比例、眼肌面积和肌肉的相对重量，其优势率（%）分别为 -5.35、-13.04 和-9.02。其余性状的优势率均未达到统计学显著水平。

反交杂种一代猪（民猪公猪×长白母猪所得后裔），在板油、腹外脂肪和总脂肪的相对重量上的杂种优势率（%）显著，分别为 22.81、14.67 和 12.34；在眼肌面积和肌肉相对重量上的优势率（%）分别为 - 12.63 和 - 6.78（表 3-2）。

由上述可见，民猪无论作母本或作父本与长白猪杂交，所得杂种一代后裔都在产脂（尤其是板油）力性状上，呈现出高度的杂种优势，而在产肉力性状上低于双亲均值。在杂种优势的表现上具有共同的趋势，充分显示出民猪的肉脂特性对后裔的强烈遗传影响。比较正、反交一代猪的胴体性状值可见，前者在板油、腹外脂肪、总脂肪、皮肤厚度与相对重量上超过后者，而后者又在肉身长、胸椎数、肋骨数、腿臀比例和肌肉相对重量上大于前者。虽然这些性状间的差异并未达到统计学显著水平，但也未显示出父本品种对杂种后裔胴体性状有更大的遗传影响。

表 3-2　杂种一代猪胴体性状的杂种优势率

性状		两纯种亲本		正交一代猪			反交一代猪		
		头数	性状值±S	头数	性状值±S	优势率（%）	头数	性状值±S	优势率（%）
	屠宰率	12	71.91±0.40	14	72.40±0.48	0.64	14	69.79±0.63	-2.97**
各部占肉身重量的百分率（%）	颈肩胸部	11	54.80±0.49	13	55.09±0.55	0.36	14	55.59±0.25	1.28
	腰部	11	14.97±0.56	13	15.77±0.35	5.34	14	14.57±0.88	-2.70
	腿臀部	11	30.15±0.25	13	29.14±0.37	-5.35*	14	29.85±0.36	-0.99
肉身测量	平均背膘厚（cm）	12	2.88±0.10	14	3.64±0.14	26.39**	14	3.03±0.13	5.21
	眼肌面积（cm^2）	11	27.15±0.99	14	23.61±0.99	-13.04*	14	23.72±0.86	-12.63*
	皮肤厚度（cm）	12	0.435±0.016	14	0.41±0.03	-5.75	14	0.36±0.021	-17.24*
	胸椎数（个）	11.5	14.95±0.15	14	15.00±0.10	0.33	13	15.23±0.13	1.87
	肋骨数（个）	14	15.18±0.08	14	15.00±0.18	-1.19	14	15.14±0.09	0.26
各种组织占肉身重量的百分率（%）	骨骼	11	9.25±0.23	14	8.69±0.33	-6.06	14	9.60±0.69	3.78
	肌肉	11	50.87±0.60	14	46.28±0.67	-9.02***	14	47.42±1.09	-6.78*
	总脂肪	11	31.84±0.77	14	37.18±0.70	16.77***	14	35.77±1.67	12.34*
	皮肤	11	8.00±0.24	14	7.85±0.30	-1.88	14	7.22±0.37	-9.75
3 种脂肪占胴体重量的百分率（%）	板油	12	3.42±0.16	14	4.35±0.23	27.19**	14	4.20±0.23	22.81*
	水油	12	2.17±0.08	14	2.37±0.08	9.22	14	2.24±0.07	3.23
	腹外脂肪	12	27.54±0.63	13	32.87±0.70	19.35**	14	31.58±1.54	14.67*

（三）回交猪的杂种优势

正、反交杂种一代母猪与长白公猪回交得到回交后裔。度量回交猪的杂种优势时所用的双亲性状平均数是按 0. 25×民猪性状值+0. 75×长白猪性状值计算。

正回交猪（长白公猪×正交杂种一代母猪所得后裔）的杂种优势与正交一代猪的表现基本一致。经统计学显著性测验证明，达到显著水平以上的性状仍然是背膘厚、板油、水油、腹外脂肪和总脂肪的相对重量，其优势率分别为 30. 76%、40. 00%、11. 82%、28. 77%和 25. 11%。腿臀部比例和肌肉相对重量的优势率分别为-4. 07%和-11. 64%。

反回交猪（长白公猪×反交杂种一代母猪所得后裔）的杂种优势率经统计学显著性测验证明，达显著水平以上的同样是主要的产脂力和产肉力性状，而且优势率更加显著。在皮肤厚度与重量上有更明显的下降，其优势率分别为-16. 22%和-27. 79%（表 3-3）。

从正、反回交猪的性状杂种优势率可见，虽经长白公猪回交，其后裔的产脂力性状的优势率仍持续增长，而标志产肉力的一些性状则仍然呈现负的优势率。

表 3-3 回交猪胴体性状的杂种优势率

性状		两纯种亲本平均		正回交猪			反回交猪		
		头数	性状值±S	头数	性状值±S	优势率（%）	头数	性状值±S	优势率（%）
	屠宰率（%）	12	72. 14±0. 53	12	73. 16±0. 55	1. 41	9	73. 69±0. 69	2. 15
各部占肉身重量的百分率	颈肩胸部	11	55. 06±0. 46	12	56. 29±0. 51	2. 23	9	55. 23±0. 58	0. 31
	腰部	11	14. 20±0. 15	12	14. 23±0. 45	0. 21	9	15. 58±0. 19	9. 72*
	腿臀部	11	30. 75±0. 25	12	29. 50±0. 30	-4. 07**	9	29. 20±0. 60	-5. 04*
肉身测量	肉身长（cm）	12	95. 71±0. 82	13	95. 38±0. 72	-0. 32	9	96. 36±1. 12	0. 68
	平均背膘厚（cm）	12	2. 73±0. 09	13	3. 57±0. 12	30. 76***	9	3. 72±0. 14	36. 26***
	眼肌面积（cm^2）	11	29. 13±1. 25	13	26. 73±1. 10	-8. 24	9	26. 74±1. 06	-8. 20
	皮肤厚度（cm）	12	0. 37±0. 011	12	0. 33±0. 02	-10. 81	10	0. 31±0. 03	-16. 22*
	胸椎数（个）	11. 5	15. 43±0. 19	10	15. 90±0. 18	3. 05	9	15. 50±0. 19	0. 45
	肋骨数（个）	14. 0	15. 66±0. 11	11	15. 91±0. 16	1. 59	9	15. 60±0. 16	-0. 38

（续表）

性状		两纯种亲本平均		正回交猪			反回交猪		
		头数	性状值±S	头数	性状值±S	优势率（%）	头数	性状值±S	优势率（%）
各种组织占肉身重量的百分率	骨骼	11	9.27±0.25	12	8.45±0.32	-8.85	9	7.79±0.31	-15.97**
	肌肉	11	53.63±0.51	12	47.39±0.73	-11.64***	9	47.59±1.38	-11.26***
	总脂肪	11	29.95±0.68	12	37.47±1.12	25.11***	9	39.52±1.50	31.95***
	皮肤	11	7.09±0.197	12	6.43±0.40	-9.31	9	5.12±0.13	-27.79***
三种脂肪占胴体重量的百分率	板油	12	2.90±0.17	12	4.06±0.17	40.00***	9	4.75±0.38	63.79***
	水油	12	1.86±0.09	12	2.08±0.05	11.82*	9	2.27±0.12	22.04*
	腹外脂肪	12	26.07±0.57	12	33.57±1.08	28.77***	9	34.66±1.36	32.95***

注：* 表示差异显著（$P<0.05$），** 表示差异极显著（$P<0.01$）；*** 表示差异极显著（$P<0.001$）。

（四）民猪、长白猪和三江白猪胴体及雌性生殖器官的比较研究

1. 民猪、长白猪和三江白猪之间的胴体性状比较结果

三江白猪育成后，人们又探讨了三江白猪与其亲本品种民猪和长白猪三者间的各类性状差异。汪嘉燮等（1982）根据民猪、长白猪和三江白猪的前躯、腰部、腿臀及其主要组织（骨、肉、脂、皮、板油）的生长试验数据，按异速生长方程（$y=ax^b$）分别计算了 b（生长系数）、a（截距）及 R^2（相关指数），结果发现所考察的 3 个品种均以腰部生长势最强。民猪的前躯生长势强于其他两品种猪，但腰部和腿臀部生长势则相反。

3 个品种猪胴体各部的肌肉组织生长势均以腿臀部肌肉与胴体肌肉最相似，而且其 b 值由小到大的顺位均为：前躯—腿臀—腰。三江白猪的前躯和腰部的肌肉生长势与长白猪接近，而腹外脂肪生长模式与民猪相似，腿臀部生长势高于长白猪。

2. 民猪、长白猪和三江白猪之间雌性生殖器官的比较结果

杨庆章等（1984）比较了活重 15kg、30kg、60kg、90kg、120kg 时民猪、长白猪和三江白猪之间雌性生殖器官生长特性的差异，部分研究结果如下。

（1）卵巢。体重 15kg 时，三江白猪卵巢近椭圆形，表面光滑，重为 0.08~0.09g，没有卵泡发育。长白猪卵巢也无明显的卵泡发育，重量在 0.09~0.12g。

民猪卵巢则已有明显的卵泡发育，重量在0.1~1g，但个体差异悬殊。这3个品种间，卵巢重量比较，差异均不显著。但三江白猪同民猪、长白猪卵巢的长度方面比较，差异接近显著。由此可知，三江白猪卵巢的长、宽、重方面的发育在15kg时比其他两者均弱。

在体重30kg时，三江白猪卵巢有不同大小的生长卵泡，并有红体出现。重量在0.15~1.5g。民猪卵巢发育明显，呈葡萄状，有不同大小的生长卵泡，卵巢重量为0.55~1.85g。长白猪有少量的生长卵泡，其中1头有白体出现，重量为0.15~1.4g。虽然它们在卵泡发育上有显著不同，但从长、宽、重比较，差异均不显著。

体重60kg时，三江白猪卵巢发育比30kg时由明显长大，重量为2.7~5.1g。发育的卵泡仅在1头猪种发现较多，未见有红体、黄体的变化。民猪卵巢在重、长、宽方面，不及三江白猪大，但卵泡的发育远比三江白猪发育完好，在所检查的猪卵巢中，均出现白体，成熟和生长卵泡。长白猪卵巢重1.7~3.6g，在所检查的猪种，仅1头具有成熟或生长卵泡。这3个品种间在卵巢重量、长、宽方面，差异均不显著。

体重90kg时，三江白猪卵巢重量的增长与60kg相近，2.3~6.5g。3头三江白猪中，仅1头有黄体11个，其余2头仅有不同大小的生长卵泡，既无黄体，也无白体。民猪的卵巢发育完好，其中2头共有黄体30个，生长卵泡16个，另1头正在排卵，并具有15个红体，卵巢重2.3~9.6g。而长白猪的卵巢发育较弱，重量在2.2~3.6g，3头之中仅1头表现有黄体19个，1头具生长卵泡11个，1头无变化。3个品种间，重、长、宽差异均不显著。

体重120kg时，三江白猪卵巢发育完好，重量在5.35~8.3g，所测3头猪中，均出现黄体、红体和滤泡，总数分别为41个、36个和87个，未见有白体出现。民猪卵巢发育有下降的趋势，重量在2.35~7g，3头中仅2头具黄体和红体，另1头无卵泡生长。长白猪中仅2头具黄体、红体和滤泡，总数分别为26个、36个和38个。另1头无卵泡生长和变化。各项相比，差异均不显著。

（2）输卵管。体重15kg时，三江白猪输卵管长度和重量远不及民猪，也稍差于长白猪，仅在管径粗度上，三江白猪比民猪、长白猪都大，而与长白猪比较，差异显著。

体重30kg时，输卵管平均长度、重量及管径，3个品种间相比，差异均不显著。

体重60kg时，三江白猪与民猪差异显著，三江白猪与长白猪差异不显著。在重量方面，它们之间差异不显著，管径均数，差异均不显著。

体重90kg时，伞部均较宽阔，肥厚，近腹腔端较粗，近子宫端窄而细，长度、重量、宽度差异均不显著。而与体重 60kg 时各方面数值相比，仅长白猪有明显增长，而三江白猪、民猪则增长缓慢。

体重 120kg 时，输卵管近伞部端明显比子宫端粗，伞部宽阔而厚，在长、重、宽均数差异均不显著。

（3）子宫角。体重 15kg 时，子宫角轻度盘曲，系膜亦窄，品种之间差异不显著。体重 30kg 时，子宫的盘曲度稍有加强，管壁加厚，径变粗，品种之间差异不显著。

体重 60kg 时，变化较大，盘曲度加大，壁增厚，三江白猪子宫角均长，与民猪比较，差异显著，径粗度与长白猪比较，差异显著；民猪与长白猪子宫角重量方面比较，差异非常显著。

体重 90kg 时，3 个品种猪子宫角的长度均为 500~700mm，仅在粗细及重量上有些不同，差异均不显著。

体重 120kg 时，三江白猪子宫角相当盘曲，肥厚；民猪个体差异相当大，长白猪个体差异亦大，品种之间比较，差异不显著。

（4）子宫体。体重 15kg 时，三江白猪和民猪的子宫体长度接近；而民猪的子宫发育较长；在长度方面的差异，三江白猪与长白猪、民猪与长白猪，差异均显著。重量方面比较均不显著。

体重 30kg 时，3 个品种的长、重增加，民猪最为明显，民猪与三江白猪、长白猪比较，差异均非常显著。

体重 60kg 时与体重 30kg 时比较，仅有轻度增长，而三江白猪与民猪比较，差异显著。

体重 90kg 时，3 个品种均有显著增长，黏膜加厚，品种之间仅有民猪和长白猪子宫体重量差异显著。

体重 120kg 时，都有明显增重，黏膜增厚，三江白猪和长白猪的宫体长差异接近显著（$P<0.1$），重量差异显著。

（5）子宫颈。体重 15kg 时，黏膜嵴状突起明显，互相楔合，近阴道端黏膜呈纵走皱襞，与阴道无明显界限，3 个品种间无显著差异。

体重 30kg 时，宫颈长度变化不大，而重量反而不及体重 15kg 时，这种现象纯属个体差异。

体重 60kg 时，宫颈明显增长和加重，肌层加厚，黏膜嵴增高，近子宫端，细而呈实心状，近阴道端似壶腹状膨大，三江白猪和民猪宫颈长度差异接近显著（$P<0.1$）；三江白猪与长白猪宫颈重量差异亦接近显著（$P<0.1$）。

体重 90kg 时，长度和重量明显增加，尤其近子宫端更为膨大，品种之间三江白猪与民猪在宫颈的重量方面差异显著。

体重120kg时，与90kg时比较无显著变化，品种之间的差异不显著。

三江白猪早期（15kg）卵巢的发育不如东北民猪及长白猪，差异接近显著（$P<0.1$）。三江白猪生殖器官后期发育（30~120kg）时，重量与长白猪接近，而滤泡发育不及民猪。三江白猪卵巢、子宫重量的增长强度与长白猪接近，表现为晚熟型。

（6）阴道。猪的阴道在肉眼看来，与子宫颈无明显的界限。在测量上仅依据宫颈黏膜突起而定宫颈的范围；与前庭的界限有一明显的环形光滑带分开，环带从体重15~120kg均有。在阴道重量方面，体重30kg时，三江白猪和民猪差异显著，民猪和长白猪差异非常显著。体重60kg时，三江白猪与长白猪，差异显著；体重90kg时，3个品种差异均不显著。体重120kg时，三江白猪与民猪差异接近显著（$P<0.1$），三江白猪与长白猪比较，差异亦接近显著（$P<0.1$）；民猪与长白猪相比，差异显著。在长度方面，体重15~120kg，3个品种之间仅在体重120kg时民猪与长白猪差异显著，其余均不显著。

（7）阴道前庭。3个品种之间，体重15kg时，无明显差异。

体重30kg时，在长度方面：三江白猪与民猪之间差异显著，三江白猪与长白猪比较差异非常显著，民猪与长白猪之比差异显著。重量方面：三江白猪与民猪比较，差异不显著，民猪与长白猪比较，差异接近显著（$P<0.1$）。

体重60kg时，长度方面：三江白猪与长白猪差异不显著，三江白猪与民猪比较，差异接近显著（$P<0.1$），民猪与长白猪比较，差异接近显著（$P<0.1$）。重量方面：三江白猪与民猪相比较，差异接近显著（$P<0.1$），三江白猪与长白猪比较，差异不显著。

体重90kg时，3个品种在长度方面的数值都比体重60kg小，3个品种间之差异均不显著。

120kg时，随着体重增加相应地增长，但3个品种之间无明显差异（汪嘉燮等，1982）。

二、哈尔滨白猪

（一）哈尔滨白猪的培育历程及品种特点

哈白猪是以大白公猪与配地方白猪培育而成，在地方白猪中，有的是含有民猪血液的改良种，也有不少是中、小型约克夏猪的后裔。由于地方白猪存在体躯短小、后躯发育不良、生产性能不高、体型外貌不一致等缺点，经过反复试验，确定引入大白公猪与配地方白猪母猪杂交一、两代再横交固定的育种方案，即主要培育含有大白猪血液1/2至3/4的哈白猪。经过10多年的培育，现已育成具有体质健壮、适应性强和生产性能高的哈白猪新品种。

1. 体型外貌

被毛全白，头中等大，嘴中等长，颜面微凹，两耳直立或稍倾斜；结构匀称，背腰平直，四肢粗壮，乳头6~7对。

2. 生长发育

据123头成年公猪和1 055头成年母猪的体尺测定，成年公猪平均体长149. 7cm，胸围144. 0cm，体高84. 7cm，体重222. 1kg；成年母猪则分别为139cm，131. 8cm、75. 6cm和176. 5kg，属于大型的肉脂兼用型品种。又据8个月龄后备猪的体尺测定，52头后备公猪平均体长115. 2cm，胸围104. 6cm，体高65. 2cm，体重96. 2kg，225头后备母猪则分别为114. 2cm、103. 1cm、63. 1cm和88. 0kg。在良好的饲养管理条件下，后备母猪生长发育正常，满8个月龄即可参加配种，满1周岁开始产仔。

3. 繁殖能力

据不同年度901窝和1 314窝的统计，平均产仔数11. 3头，初生重1. 2kg；双月断奶成活9. 8头，个体重16. 1kg，窝重15kg。据观察，哈白猪与繁殖性能较好的长白猪在同样优厚的饲养条件下，长白猪的繁殖性能略高于哈白猪；但在同样一般的饲养条件下，前者不如后者繁殖性能高，说明哈白猪的适应性较好。

4. 肥育性能

据32头从2~8月龄肥育猪的测定，8月龄体重120. 6kg，平均日增重594g；每增重1kg消耗混合料3. 7kg，折合燕麦饲料单位4. 4个；屠宰率为73. 5%，6~7月龄间膘厚4cm。不同年度的多点测定，结果均相似，说明哈白猪的遗传性能比较稳定。

5. 杂交效果

在较高的饲养水平下测定2~8月龄的肥育猪，哈白公猪与配民猪母猪杂种一代，试验期日增重676g，比母本民猪586g提高15. 5%；比父本哈白猪603g提高12. 1%，比长白公猪与配民猪母猪杂种一代日增重628g提高7. 6%。在较低的营养水平下，哈白公猪与配民猪母猪杂种一代，试验期日增重516g，比父本哈白猪564g降低5. 5%，比母本民猪478g提高7. 4%；比长白公猪与配民猪母猪杂种一代498g提高3. 6%，民猪公猪与配哈白母猪杂种一代平均日增重632g，比母本哈白猪提高15. 8%；比父本民猪提高32. 2%，也比长白公猪与配民猪母猪杂种一代提高26. 6%。据长白公猪与配哈白母猪所生杂种一代的测定，其双月断奶窝重174. 4kg，比母本哈白猪（151. 1kg）多23. 3kg；20~90kg育肥猪的日增重为540g，比母本哈白猪482g多58g。由此可知，哈白猪与地方民猪或长白猪杂交，均显示了不同品种间的杂交优势，其中以与民猪杂交效果更好一些，尤其以哈民杂交的反交效果更为突出。

6. 品种结构

哈白猪选育历史较久，在各地自然环境、经济条件和猪的血统来源等因素影响下，已初步形成了具有不同特征特性的遗传性较稳定的类群。在此基础上，又通过以类群为基础，采取亲缘配种，突出性能表现的三结合建系方法，闭锁猪群，系内繁育，先近后远，分支疏血；群选窝选，系族结合；建立三群，选育提高，从而加速了品种结构的形成。据 10 个主持建立品系单位的调查，分别具有早熟、块长、体长、断奶窝重高级抗寒、耐粗等特点，从而丰富了哈白猪的遗传基础，增强了品种的生命力，特别是由于建立抗寒、耐粗、适应性强等品系，对促进生产发展具有重大意义（黑龙江省畜禽育种委员会，1977）。

（二）哈白猪、民猪及其杂交一代不同部位肌群的比较

选择活体重为 15kg、60kg、75kg 和 90kg 的民猪、哈白猪及其杂交一代猪为试验材料，屠宰后，将左半胴颈肩胸、腰和腿臀部切段，骨皮肉脂剥离开来，在剥离肌肉同时，先剥离和称量肩带脂群、腰段背最长肌和后肢肌群。所测肌群：①肩带肌群（斜方肌、背阔肌、臂头肌、腹侧锯肌、胸深肌、肩胛横突肌）；②前肢肌群（三角肌、小园肌、冈上肌、冈下肌、肩胛下肌、前臂扩筋膜张肌、大园肌、喙肱肌、臂三头肌、肘肌）；③背最长肌（肩胸部和腰部背长肌）；④后肢肌群（股薄肌、半腱肌、半膜肌、股二头肌、内收肌、股四头、扩筋膜张肌、臀中肌、臀浅肌、臀深肌、髂腰肌、腓肠肌）。计算各部肌肉比例，并考察各部肌肉的年龄变化（胡殿金和齐守荣，1989）。获得部分结果如下。

1. 左半胴瘦肉率

15kg 体重阶段哈白猪最高（56. 761±0. 934）%；其次为正交猪和民猪，反交猪最低；60kg 体重阶段反交猪最高（48. 011±1. 133）%，民猪最低；75kg 体重阶段哈白猪最高（45. 120±1. 370）%；90kg 阶段正交猪最高（43. 891±1. 404）%，民猪最低，但种间差异不显著。屠宰体重 15~90kg，左半胴瘦肉率随屠宰体重增加而下降，民猪下降 10. 86%，哈白猪、正交猪和反交猪分别下降 14. 68%、9. 39%和 6. 86%（表 3-4）。

表 3-4　左半胴及其各切段的瘦肉率　（单位：%）

体重（kg）	猪种	左半胴	颈肩胸部	腰部	腿臀部
15	民猪	52.7 ± 1.4^{b}	53.7 ± 1.3^{a}	43.1 ± 2.2^{b}	59.7 ± 1.3^{b}
	哈白猪	56.8 ± 0.9^{a}	60.5 ± 5.7^{a}	53.9 ± 2.1^{a}	63.3 ± 0.8^{a}
	正交猪	53.3 ± 0.7^{b}	53.4 ± 0.6^{a}	45.9 ± 1.0^{b}	60.4 ± 1.3^{b}
	反交猪	48.7 ± 0.6^{c}	47.1 ± 1.9^{b}	36.7 ± 0.6^{c}	56.2 ± 0.7^{c}

（续表）

体重（kg）	猪种	左半胴	颈肩胸部	腰部	腿臀部
60	民猪	44.2±0.7[b]	44.3±0.8[b]	33.0±0.9[b]	50.4±0.8[b]
	哈白猪	46.6±1.3[ab]	45.0±1.0[b]	38.1±2.1[a]	54.6±1.5[a]
	正交猪	45.9±1.1[ab]	45.1±1.2[b]	35.3±1.2[ab]	53.6±1.0[a]
	反交猪	48.0±1.1[a]	48.1±1.3[a]	36.2±2.1[ab]	55.0±1.2[a]
75	民猪	43.2±1.0[ab]	43.4±1.3[a]	30.7±0.7[b]	50.6±0.9[bc]
	哈白猪	45.1±1.4[a]	44.4±1.8[a]	34.3±1.1[a]	52.8±0.8[a]
	正交猪	41.2±0.7[b]	41.0±0.7[a]	32.1±1.1[ab]	47.3±1.1[c]
	反交猪	44.7±0.7[a]	43.2±1.5[a]	32.3±0.6[ab]	52.2±1.0[ab]
90	民猪	41.8±1.1[a]	42.8±1.1[a]	30.4±1.2[a]	47.1±7.1[a]
	哈白猪	42.1±1.4[a]	43.2±2.8[a]	32.4±1.7[a]	49.6±0.6[a]
	正交猪	43.9±1.4[a]	44.6±1.5[a]	31.0±1.1[a]	50.3±1.6[a]
	反交猪	41.8±0.7[a]	42.0±0.8[a]	30.1±0.3[a]	48.4±0.6[a]

注：平均数肩标附有相同字母者差异不显著（$P>0.05$）；附有不同字母差异显著（$P<0.05$）。

2. 左半胴各切段瘦肉率

①颈肩胸部。随体重增加瘦肉率呈下降趋势，民猪下降10.35%，哈白、正交和反交猪分别下降17.22%、8.48%和5.09%。②腰部。哈白猪各阶段瘦肉率最高。15~90kg体重阶段，腰部瘦肉率呈渐减趋势，民猪瘦肉率降低12.67%，哈白猪、正交猪和反交猪降低22.55%、14.89%和6.58%。③腿臀部。15~90kg，民猪腿臀部瘦肉率降低12.57%，哈白猪、正交猪和反交猪分别降低13.72%、10.04%和7.76%。

3. 肌群占左半胴和各切段肌肉的比例

各猪种肩带肌群、前肢肌群、背最长肌和后肢肌群合计占左半胴肌肉总重63%~67%。从15~90kg体重阶段，四肌群占左半胴肌肉比例处于稳定状态。肩带肌群占颈肩胸切段肌肉比例，15~90kg体重阶段，各猪种均在26.36%~28.71%范围中（表3-5）。

同一阶段各猪种肩带肌比例也基本相同。腰段背最长肌占腰段肌肉比例，种间差异不显著。后肢肌群占腿臀部肌肉比例，各猪种均为80%~83%，各屠宰体重阶段的比例也基本相同。除15kg哈白猪与民猪和反交猪差异显著外，其他体重阶段种间差异均不显著。

表 3-5　各肌群占左半胴和各阶段肌肉的比例　　（单位：%）

体重（kg）	猪种	四肌群占左半胴肌肉比例	肩带肌群占颈肩胸部肌肉比例	前肢肌群占颈肩胸部肌肉比例	腰段背最长肌占腰部肌肉比例	后肢肌群占腿臀部肌肉比例
15	民猪	67. 3±1. 0^{a}	27. 0±0. 6^{a}	26. 3±0. 3^{b}	34. 7±1. 6^{a}	80. 5±0. 8^{b}
	哈白猪	67. 2±1. 0^{a}	28. 0±1. 6^{a}	30. 2±2. 7^{ab}	32. 1±2. 1^{a}	83. 6±0. 7^{a}
	正交猪	67. 5±1. 3^{a}	28. 8±1. 7^{a}	27. 3±0. 3^{a}	33. 5±1. 9^{a}	81. 7±0. 7^{ab}
	反交猪	65. 6±0. 7^{a}	27. 8±1. 1^{a}	26. 6±0. 5^{ab}	28. 2±3. 0^{a}	80. 9±0. 4^{b}
60	民猪	67. 1±2. 1^{a}	26. 6±0. 4^{b}	25. 7±0. 5^{a}	34. 6±1. 2^{a}	80. 9±1. 2^{a}
	哈白猪	66. 8±0. 3^{a}	27. 4±0. 3^{ab}	25. 2±0. 4^{a}	32. 4±0. 9^{a}	33. 2±1. 0^{a}
	正交猪	65. 8±0. 6^{a}	28. 1±0. 3^{a}	25. 4±0. 4^{a}	30. 6±1. 5^{a}	82. 0±0. 4^{a}
	反交猪	65. 9±0. 7^{a}	27. 3±0. 7^{ab}	24. 7±1. 3^{a}	35. 1±1. 4^{a}	81. 9±0. 5^{a}
75	民猪	65. 0±0. 5^{c}	27. 2±0. 4^{a}	24. 7±0. 4^{b}	32. 5±1. 2^{a}	80. 6±0. 6^{a}
	哈白猪	66. 4±0. 8^{c}	26. 3±0. 6^{a}	25. 8±0. 4^{ab}	35. 1±1. 4^{ab}	82. 2±0. 6^{a}
	正交猪	69. 9±0. 8^{a}	26. 6±0. 8^{a}	25. 8±0. 2^{a}	32. 6±2. 0^{b}	82. 2±1. 1^{a}
	反交猪	66. 8±0. 3^{b}	26. 8±0. 3^{a}	26. 0±0. 1^{a}	38. 2±0. 9^{b}	32. 2±0. 6^{a}
90	民猪	64. 5±0. 7^{ab}	27. 1±0. 6^{a}	25. 5±0. 5^{a}	33. 6±2. 0^{a}	82. 3±0. 6^{a}
	哈白猪	67. 1±1. 2^{a}	27. 3±0. 9^{a}	26. 0±1. 1^{a}	34. 5±1. 3^{a}	83. 2±0. 6^{a}
	正交猪	63. 5±0. 9^{b}	26. 6±0. 9^{a}	23. 3±0. 6^{a}	31. 5±1. 1^{a}	81. 8±0. 4^{a}
	反交猪	64. 7±0. 9^{ab}	27. 1±0. 5^{a}	24. 1±1. 7^{ab}	31. 6±0. 5^{a}	82. 3±0. 3^{a}

注：同一列字母不同，表示差异显著（$P<0.05$）。

（三）哈白猪、民猪和长白猪主要器官数值测量分析

段英超等（1981）选择了 2 头平均体重 164. 5kg，平均体长 102. 3cm 的哈白猪；2 头平均体重 131. 3kg，平均体长 105. 2cm 的民猪和 2 头平均体重 186. 7kg，平均体长 112. 3cm 的长白猪。屠宰前测量体重和体长，用不放血法致死，用 10%甲醛液防腐固定。根据活体重和甲醛液重算出尸体重，以此作为计算的标准。在解剖尸体过程中测量各器官的重量和长度。获得部分测定结果如下。

1. 骨骼

民猪的胸腔呈扁椭圆形，哈白猪和长白猪呈圆形（表 3-6）。民猪的髋骨长而宽，哈白猪较短而宽，但臀尖较窄。长白猪较长而狭窄，骨性产道都呈椭圆形，但民猪较大，长白猪较小，哈白猪居于中间（表 3-7）。

表 3-6　民猪、哈白猪和长白猪胸腔

项目	单位	民猪	哈白猪	长白猪
高度	cm/100cm 体长	19.6	17.7	17.3
宽度	cm/100cm 体长	13.8	14.3	12.5

注：高度在第六肋骨处由胸椎腹侧正中到胸骨背侧正中的距离。宽度为两侧第六肋骨间距。

表 3-7　民猪、哈白猪和长白猪髋骨

项目	单位	民猪	哈白猪	长白猪
髋结节间距	cm/100cm 体长	16.68	15.63	14.78
坐骨结节间距	cm/100cm 体长	11.78	10.3	11.79
髋、坐骨结节间距	cm/100cm 体长	24.42	21.62	22.28
荐耻径	cm/100cm 体长	8.25	8.05	7.49
腰肌结节间距	cm/100cm 体长	6.51	5.54	5.48
坐骨棘间距	cm/100cm 体长	6.39	5.79	5.86

2. 肌肉

肌肉的重量方面，长白猪的最重，民猪的最轻。背最长肌横切面形状，民猪的呈等腰三角形，哈白猪和长白猪的类似椭圆形，面积以长白猪的最大（表 3-8 和表 3-9）。

表 3-8　民猪、哈白猪和长白猪的臀中肌、股后肌群和股四头肌测定结果

项目	民猪	哈白猪	长白猪
臀中肌（斤）	0.603±0.022	0.583±0.021	0.647±0.022
股二头肌（斤）	0.697±0.058	0.788±0.048	0.930±0.055
半腱肌（斤）	0.253±0.099	0.243±0.015	0.263±0.057
半膜肌（斤）	0.490±0.050	0.598±0.039	0.680±0.036
股四头肌（斤）①	0.750±0.057	0.765±0.049	0.817±0.042

注：①因此项研究开展较早，此时重量单位还未统一为千克（kg）。

表 3-9　民猪、哈白猪和长白猪的背最长肌测定结果

项目	单位	民猪	哈白猪	长白猪
重量	斤①	1.135±0.135	1.303±0.041	1.523±0.099
宽度：厚度	—	8.5：2.6	8.8：3.3	9.6：3.4

注：①因此项研究开展较早，此时重量单位还未统一为千克（kg）。

3. 消化系统

胃全重和胃黏膜重民猪都占优势，哈白猪和长白猪的较轻。民猪和哈白猪的小肠长度、重量和大肠长度、重量相差较小，长白猪的各项数值都小。

民猪的肝最重，余者较轻。胰的重量哈白猪较重，长白猪的较轻（表3-10）。

表3-10　民猪、哈白猪和长白猪消化系统的比较结果

项目	单位	民猪	哈白猪	长白猪
腹腔容积	L	14.23±5.26	16.83±0.75	17.71±1.92
胃重	斤	0.96±0.05	0.74±0.04	0.61±0.09
胃黏膜占体重	%	0.42±0.01	0.25±0.03	0.22±0.03
胃黏膜占胃重	%	43.97±2.29	32.01±0.57	36.00±0.60
小肠长度	cm	1 235.52±54.14	1 169.25±80.24	913.55±137.71
大肠长度	cm	319.60±4.45	328.43±7.72	284.23±43.86
小肠重量	斤	3.05±0.25	2.30±0.27	1.80±0.26
大肠重量	斤	1.79±0.04	1.59±0.21	0.97±0.08
肝脏	斤	3.54±0.42	2.64±0.31	2.80±0.23
胰腺	斤	0.12±0.01	0.13±0.01	0.10±0.02

4. 心、肺和肾的重量

民猪的心、肺和肾的重量都高于哈白猪和长白猪（表3-11）。

表3-11　民猪、哈白猪和长白猪心、肺和肾的重量比较结果

项目	单位	民猪	哈白猪	长白猪
心	斤	0.43±0.05	0.31±0.03	0.37±0.04
肺	斤	1.91±0.06	1.14±0.08	1.64±0.18
肾	斤	0.56±0.03	0.42±0.01	0.50±0.07

5. 子宫角

民猪的子宫角最发达，直径也粗，哈白猪最小（表3-12）。

表3-12　民猪、哈白猪和长白猪子宫角的比较结果

项目	单位	民猪	哈白猪	长白猪
左子宫角长	%	89	29	39

（续表）

项目	单位	民猪	哈白猪	长白猪
右子宫角长	%	80	22	37.5
子宫角直径	mm	17	10–13	11–12

6. 淋巴系统

民猪的淋巴系统所测得各项指标里，均占优势（除脾与长白猪的几乎等重外），哈白猪次之，长白猪较差（表 3–13）。

表 3–13　民猪、哈白猪和长白猪淋巴系统的比较结果

项目	单位	民猪	哈白猪	长白猪
淋巴集结面积	cm^2	533.90±199.76	464.48±174.58	345.78±49.08
淋巴弧结数量	个	1 709.00±611.22	800.50±191.59	538.00±46.52
全身淋巴结重	斤	0.44±0.01	0.30±0.03	0.28±0.04
脾重	斤	0.30±0.06	0.50±0.02	0.31±0.03
胸腺重	斤	0.07±0	0.05±0.02	0.04±0.01

（四）民猪和哈白猪性行为的观测

胡殿金和王井顺（1985）观察、测量并文字描述了民猪和哈白猪的性行为特点，观测项目包括初情期日龄和体重、发情周期、发情持续期、休情期、母猪体温和外部生殖器官变化、母猪发情行为反应、公猪性行为反应、公猪爬跨与配种、射精次数与时间等（胡殿金和王井顺，1985）。获得部分研究结果如下。

1. 发情

（1）初情期。民猪性早熟，据 57 头民猪观测，生后（127.37±2.04）d 开始发情，47 头哈白猪平均为（137.68±3.5）d，种间差异显著（$P<0.05$）。但民猪初情期体重较小，民猪和哈白猪分别为（32.94±0.40）kg 和（39.43±0.63）kg，种间差异同样显著。

（2）发情周期。民猪发情周期短于哈白猪，据对第 1～7 个发情期的观测，337 头次后备民猪发情周期平均（22.46±0.07）d，227 头次哈白猪为（22.76±0.05）d，种间差异非常显著。

（3）发情持续期。民猪发情持续时间长于哈白猪，据 7 个发情期 337 头次民猪和 302 头次哈白猪后备猪统计，民猪发情持续时间为（81.75±0.163）h，哈白猪为（63.29±0.32）h。民猪发情持续时间非常显著地长于哈白猪。

（4）发情期体温变化。据对 27 头民猪和 23 头哈巴猪后背母猪第 6 个发情期的测定，后备母猪发情期体温高于休情期，民猪低于哈白猪（$P>0.05$），休情期的体温种间差异显著（表3-14）。

表3-14　发情期间后备母猪体温变化

猪种	头数	发情期	休情期
民猪	27	38.98±0.05	38.69±0.04
哈白猪	25	39.10±0.07	38.87±0.04
民猪：哈白猪（+，-）		-0.12	-0.19 **

（5）休情期。据7个休情期337头次民猪和261头次哈白猪后背母猪观测，民猪平均为（19.09±0.06）d，哈白猪为（19.74±0.06）d，种间差异非常显著。

经产母猪断乳后发情日数，根据1981年72头经产民猪和15头哈白经产母猪断乳后发情配种观测，母猪断乳后发情配种日数，民猪为（9.94±0.63）d，哈白猪为（13.93±1.84）d，种间差异非常显著。

（6）母猪外部生殖器官的变化。发情期间，母猪外阴部变化明显，根据母猪发情期外阴部长度和宽度的测量资料，并按体长计算相对长度。一般来说，发情期间，民猪外阴部长和宽均大于休情期，而且民猪也都大于哈巴猪（表3-15）。

表3-15　母猪外阴部变化测量结果

产次	猪种	头数	发情期				休情期			
			长		宽		长		宽	
			长度	为体长%	长度	为体长%	长度	为体长%	长度	为体长%
初产	民猪	41	4.30±0.02	3.07±0.02	2.89±0.02	2.07±0.02	3.79±0.02	2.68±0.02	2.10±0.02	1.47±0.01
	哈白猪	37	4.26±0.09	2.90±0.06	2.78±0.04	1.89±0.03	3.38±0.02	2.29±0.02	1.89±0.01	1.28±0.01
	民猪：哈白猪（+或-）		0.04	0.17 **	0.11 *	0.18 **	0.41 **	0.39 **	0.21 **	0.19 **
经产	民猪	27	4.40±0.11	4.12±0.12	3.60±0.10	3.40±0.09	4.14±0.09	3.84±0.08	3.00±0.07	2.80±0.07
	哈白猪	25	3.01±0.10	3.35±0.11	3.35±0.11	3.15±0.11	3.24±0.11	3.08±0.11	3.04±0.08	2.76±0.12
	民猪：哈白猪（+或-）		1.21 **	1.11 **	0.25	0.25	0.90 **	0.76	-0.04	0.04

注：* 表示差异显著（$P<0.05$）；** 表示差异极显著（$P<0.01$）。

（7）母猪发情的行为表现。据1981年对24头民猪和17头哈白猪的观测，发情母猪几乎全部减食、互相爬跨和闹圈。少数母猪发出特异鸣叫声，民猪和哈白猪母猪近似。如将发情母猪放出猪舍或猪栏，或者母猪自行跳出猪栏，发情母猪一般奔向公猪栏或配种场，这是民猪和哈白猪发情性行为的共同点。

2. 配种

（1）公猪对发情母猪的反应。公猪发现发情母猪，一般发出特异叫声，追赶发情母猪，口吐白沫，有的公猪前肢扒地和排尿，民猪、哈白猪公猪反应基本相同，但民猪公猪比哈白猪反应强烈。

（2）公猪接触发情母猪部位和顺序。公猪鼻嘴先接触发情母猪，一般接触母猪头、外阴部、体侧和背部。据32头次民公猪观测，公猪接触母猪头、外阴部、体侧和背部的比例，分别占观测公猪头次的84.4%、87.5%、50%和18.8%；而哈白猪分别为84.9%、60.6%、78.8%和21.1%。可以看出，民公猪接触母猪外阴部和头部的最多，哈白公猪接触头部和体侧的最多。

（3）公猪爬跨发情母猪和配种。公猪接触发情母猪，开始接近和爬跨，接着配种。从爬上到性交时间，民公猪长于哈白公猪。据幼龄民公猪32头次统计，从爬上到性交时间平均为（1.18±0.06）min，相同头次哈白幼龄公猪为（1.05±0.04）min。另据81头次壮龄民公猪统计，从爬上到性交时间为（1.56±0.05）min，哈白猪为（1.09±0.01）min（74头次）。民猪从爬上到性交时间均长于哈白猪，壮龄民哈公猪差异达到非常显著水平。

（4）配种持续时间。公猪从爬上到射精后从母猪背上爬下整个配种持续时间，民猪长于哈白猪。据32头次青年民公猪观测，每次配种持续时间（6.18±0.15）min。32头次哈白猪平均为（5.46±0.13）min。另外，据81头次壮龄民公猪观测，配种持续时间平均为（6.02±0.19）min，74头次哈白猪平均为（4.51±0.07）min，种间差异达到非常显著水平。

（5）射精次数。公猪在配种的全程中，间歇射精1~4次。据民猪81头次和哈白猪74头次壮龄公猪配种观察，大部公猪每次配种间歇射精1~2次。如民公猪射精1~2次的占观测数的75.3%，哈白猪为79.7%，射精4次的较少，民哈公猪分别为观察的7.4%和4.1%。

（6）民公猪每次交配射精回数亦多于哈白猪，据81头次民猪和74头次哈巴壮龄公猪观测，民猪公猪每次交配射精（2.11±0.02）回，哈白猪为（1.94±0.01）回，种间差异非常显著（$P<0.01$）。

（7）射精抽动次数。据对81头和74头次民哈壮龄公猪射精行为观测，按肛门抽动次数计算，民猪射精抽动次数多于哈白猪，如民猪每次交配共计抽动（64.3±2.37）次，哈白猪为（57.5±1.13）次，种间差异显著。

（8）射精时间。在配种全程中，公猪间歇射精。壮龄民公猪射精时间长于哈白猪，如民公猪每次配种射精时间平均为（0.32±0.01）min，约占配种时间的8.9%，哈白猪分别为（0.28±0.02）min和8.21%，但种间差异不显著。

（五）民猪与哈白猪、长白猪繁殖力比较及其杂交效果

蔡玉环和何勇（1990）利用600窝的产仔哺乳记录，探讨了民猪与哈白猪、长白猪及其杂交猪的繁殖力差异。其中包括170窝的民×民，69窝的哈×哈，14窝的长×长，266窝的哈×民，46窝的哈×杜民，16窝的长×民，16窝的民×哈和5窝的民×长。统计分析后发现，民猪总产仔数和活产仔数高于哈白猪和长白猪，种间差异极显著。民仔猪断奶个体数比长白猪多1.12头（$P<0.01$）。民母猪与哈白和长白公猪杂交窝总产仔数均高于父本品种猪的产仔数，差异极显著。哈白母猪与民公猪杂交窝产仔总数比哈白猪多1.23头，差异极显著。长白母猪与民公猪杂交窝产仔总数低于长白纯种猪的产仔数，但因窝数少不能代表这一杂交组合的繁殖力。民猪断奶仔猪个体重比哈白和长白纯种仔猪第3.07kg和2.15kg，种间差异极显著。二元、三元杂种仔猪断奶个体重均超过纯民仔猪，种间差异极显著（表3-16）。

表3-16　母猪的繁殖力

猪种	初生			60d		
	活仔数	总仔数	存活率	仔猪数	成活率	个体重
民猪×民猪	11.94±0.27	13.47±0.27	88.64	9.88±0.15	83.58	12.58±0.19
哈白猪×哈白猪	10.37±0.4	11.21±0.38	92.51	9.57±0.17	92.29	15.43±0.30
长白猪×长白猪	10.29±0.98	11.00±1.02	93.55	8.86±0.38	86.10	14.50±0.79
哈白猪×民猪	12.29±0.20	13.73±0.22	89.25	10.07±4.60	81.94	14.78±0.16
长白猪×民猪	11.88±1.22	13.63±1.38	87.16	9.88±0.51	83.16	15.22±0.91
民猪×哈白猪	11.63±0.49	12.44±0.56	93.49	10.06±0.30	86.50	14.43±0.70
民猪×长白猪	8.60±0.93	9.40±1.17	91.49	5.20±0.58	60.47	15.31±0.92
哈白猪×杜民	12.52±0.44	13.39±0.53	93.50	10.74±0.25	85.78	15.75±0.35

（六）哈白猪与民猪杂交肥育研究

兰西县种猪场的技术人员（1975）开展了哈白猪与民猪的杂交肥育试验，以哈白公×民猪母、民猪公×哈白母与长白公×民猪母为试验组，以哈白和民猪为对照组，每组6头个体。计算各阶段的日增重、饲料报酬、6月龄和8月龄体尺。试验结束后进行屠宰测定。获得部分研究结果如下。

1. 增重速度

全期增重速度以民公×哈母组最快，为632g，7~8月龄日增重高达830g；哈白组次之，为546g；再次是哈公×民母组，为516g；长公×民母组和民猪组日增重分别为498g和478g。民公×哈母组比父本民猪提高32.2%，比母本哈白组提高15.7%。哈公×民母组比父本哈白组低5.5%，比母本民猪组提高7.9%。长公×民母比母本民猪组提高4.1%。

2. 饲料报酬

以民公×哈母组为最好。酶增重1kg消耗3.77kg混合料，0.51kg青饲料折合3.93个饲料单位。其次是长公×民母组，每增重1kg消耗3.79kg混合料和0.45kg青饲料，折合3.96个饲料单位。其他各组每增重1kg消耗混合料、青饲料及折合饲料单位分别是：哈白组为3.99、0.50、4.17；哈公×民母组为4.05、0.48、4.23；民猪组为4.14、0.66、4.34。

3. 体尺

8月龄时体长以长公×民母组和哈白组为最长，分别为119.6cm和119.0cm。体高和胸围以民公×哈母组为最高，分别为70.0cm和115.6cm。

4. 屠宰性状

①屠宰率：以民公×哈母组为最高，达75.9%；其次为哈白组，为74.8%；哈公×民母组、长公×民母组及民猪组分别为73.4%、70.9%、69.7%。②膘厚：以民公×哈母组为最厚，达5.9cm；哈公×民母组和哈白组居中，分别为5.0cm和4.9cm；民猪组和长公×民母组较薄，分别为4.08cm和3.9cm。后腿比例差异不明显。③板油：以民公×哈母组为最高，达4.1kg；其次是哈公×民母组，为3.3kg。④眼肌面积：以民公×哈母组最大，为30.8cm^2；民猪最小，为23.8cm^2，其他各组居中。

由此可知，民公×哈母组增重快，饲料报酬高、屠宰率高、眼肌面积大。哈公×民母组与哈白组相近，与民猪组相比，各项指标都有不同程度的提高。

（七）民猪、哈白猪及其正反交F1代的肉质比较

陈润生等（1982）对体重75kg和90kg的民猪、哈白猪及其正、反交F1代个体的肉质进行了比较。结果发现民猪在肌肉颜色和大理石纹评分、熟肉率、贮存损失、肌肉中干物质含量和粗脂肪含量上均优于哈白猪。例如，背最长肌颜色评分，民猪没有被评为1分（异常肉色）者，而哈白猪却有16.7%；光密度值，民猪为0.937±0.064，而哈白猪为0.657±0.09，与肉色评分结果相符。大理石纹评分，民猪半膜肌得4分者为25%，哈白猪为0，但哈白猪被评为二分者占50%，相当于民猪的2倍。五花肉的熟肉率在75kg和90kg时民猪为52.85%和88.26%，哈白猪分别为51.57%和86.52%。以加压重量法测

定背最长肌失水率（90kg 时），民猪为 20.42±1.61，哈白猪为 26.45±1.58，差异显著（$P<0.05$）。

对 90kg 体重屠宰时样本的背最长肌和半膜肌的化学成分分析显示，民猪这两块肌内的总水分分别为（71.36±0.94）%和（67.59±0.84）%，而哈白猪分别为（75.40±0.60）%和（73.58±0.64）%，即比哈白猪低 4.04%和 5.9%（$P<0.05$），这表明民猪肌肉中干物质含量更高。同样地，在粗脂肪上，民猪分别为（5.22±0.40）%和（6.12±0.67）%，而哈白猪分别为（4.04±0.38）%和（4.11±0.41）%，即超过哈白猪 1.18%和 2.01%（$P<0.05$）。

（八）民猪、哈白猪肌肉和骨在饥饿和补偿状态下的抵抗力和补偿力

郑坚伟等（1987）研究了民猪和哈白猪的肌肉和骨在饥饿和补偿状态下的抵抗力和补偿力。从兰西县种猪场引入雄性民猪和哈白猪各 30 头。从入场到 30kg 体重为预试期，在此期间进行去势、驱虫和预防注射，30kg 体重时，每品种屠宰 6 头。30~50kg 体重期间为饥饿期，每品种同时分为 3 组，分别以正常饲养、维持饲养和低维持饲养 3 种体重为标准，每品种各营养组都宰 4 头。50~70kg 体重为补偿期，正常饲养组继续正常饲养，而维持和低维持饲养组也恢复正常饲养，70kg 体重时，每品种各营养组均宰 4 头。经测定、比较和分析后有如下发现。

1. 正常饲养情况下肌肉和骨的品种间比较

（1）肌肉重。30kg 体重阶段，两品种的肌肉重无显著差异。50kg 体重阶段，哈白猪占绝对优势的肌群是背最长肌、肩臂肌群、臀股肌群和小腿肌群，4 项合计占半胴肌总重的 53.4%。70kg 体重阶段，哈白猪占绝对优势的肌群，比 50kg 阶段又多了胸带肌群，5 项合计占半胴肌总重的 67.8%。由此可知，在正常饲养情况下，30kg 体重时两品种产肉量无显著差异。50kg 体重阶段，哈白猪的产肉量显著大于民猪，大在后肢肌、背最长肌和肩臂肌群；70kg 体重阶段又增加一个胸带肌群。

（2）骨长度。在骨长度方面，品种间差异主要反映在后肢骨和荐尻尾椎上，民猪 3 阶段都显著大于哈白猪。

（3）骨重。在骨重方面，品种间差异较小。30kg 阶段，民猪前肢骨大于哈白猪，占半胴骨的 23%。因而，该阶段民猪半胴骨有重于哈白猪的趋势。50kg 阶段，民猪的荐尻尾椎大于哈白猪；70kg 阶段，民猪的颈椎又较重了。但这两项占半胴骨的比例都很小。所以，50kg 和 70kg 两个阶段，半胴骨重的品种间差异都不显著。据此可知，在正常饲养情况下，民猪的后肢骨和荐尻尾椎长于哈白猪。但在骨重方面，两品种间无显著差异。

2. 两品种对限制营养的抵抗力

（1）肌群重。经限制营养后，肌肉重的品种间差异发生了巨大变化，民猪的总肌肉量居然与哈白猪拉平，某些甚至在构成比中非重要的肌群（颈部肌群、前臂肌群、胸腰杂肌和腹壁肌群）还超过哈白猪。由此可知，民猪在肌群重方面抵抗限制营养的能力强于哈白猪。但随着营养水平由维持到低维持，民猪肌肉的抵抗力并未表现得更明显。

（2）骨长。正常饲养时，民猪仅仅后肢骨和荐尻尾椎长于哈白猪。但在限制营养后，骨长度的品种间差异比正常饲养时显著增加，维持组增加了前肢骨，低维持组又增加了脊柱和第六肋骨。

（3）骨重。骨重的品种间差异由正常饲养时的均势转为限制营养时的民猪占优势。维持组民猪的半胴骨有重的趋势（$P<0.2$），而低维持组则民猪的更重（$P<0.05$）。由此可知，民猪在骨长度和骨重方面对限制营养的抵抗力强于哈白猪。而且，随着营养水平的降低，民猪的抵抗力更明显。

3. 两个品种的补偿力

（1）肌群重。维持组补偿到70kg体重时，由于各大肌群重的品种间差异都不显著，半胴肌重的品种间差异也不显著。这说明两品种从50~70kg体重期间，补偿的肌肉量基本相同；但是，哈白猪用的天数少于民猪，所以，肌肉日增重的品种间差异达$P<0.2$，说明哈白猪的肌肉补偿速度很可能大于民猪。

由于低维持饲养组补偿时间长，结果哈白猪的背最长肌和肩臂肌群又超过了民猪，半胴肌的差异达到了$P<0.1$，特别是肌肉日增重的差异也达到了$P<0.1$。由此可知，肌肉重的品种间差异有由限制饲养时两品种均势转为恢复后哈白猪占优势的可能。这就说明，哈白猪的肌肉补偿力有大于民猪的趋势。如补偿期拉长一些，结果表现得可能会更明显。

（2）骨长度。限制饲养组补偿后，哈白猪的脊柱长从限制饲养时的劣势到恢复后的两品种均势，发现哈白猪脊柱长的补偿力强于民猪。这主要靠胸腰椎的补偿，尤其是腰椎，结果又恢复了哈白猪脊柱长度的品种特征。至于前、后肢骨长的品种间差异，恢复正常饲养后民猪仍然占优势，即品种间差异无变化。造成这种结果的原因，很可能是进入补偿期时，肢骨长度的生长高峰已过，处于生长后期，骨长度不可能有太大变化。这就很难对两品种肢骨长度补偿力的强弱下结论。民猪肢骨长是该品种固有特征的体现。

（3）骨重量。经补偿后，哈白猪除维持组的胸腰椎和低维持组的肋胸骨低于民猪外，其他骨和半胴骨均赶上了民猪，即哈白猪的骨重由限制饲养时的劣势转为恢复后的均势。由此可知，哈白猪骨重的补偿力强于民猪。

（九）民猪、哈白猪骨骼外侧面积对限制营养的抵抗力和补偿力

郑坚伟和张立教（1987）观察了在采用维持和低维持饲养时，民猪与哈白猪骨骼外侧面积发生的变化，探讨了两个品种对限制营养的抵抗力和补偿力。部分研究结果如下。

1. 正常饲养时骨骼外侧面积的品种间比较

30kg 体重阶段，民猪的肩胛骨、肱骨、桡尺骨和股骨略大于哈白猪，而髋骨和胫腓骨则稍小于哈白猪，但上述差异不显著。50kg 体重阶段，民猪的各骨外侧面积均略大于哈白猪，而且，髋骨的品种间差异达到显著程度（$P<0.05$）。到 70kg 体重阶段，除髋骨外，民猪的肩胛骨外侧面积也显著大于哈白猪。

2. 两品种骨骼外侧面积对限制营养的抵抗力

从 30~50kg 体重期间，经限制饲养后，两品种的差异发生很大变化。在维持饲养的情况下，髋骨的品种间差异由正常饲养时的显著（$P<0.05$）变化到现在的极显著（$P<0.01$）；胫腓骨则由差异不显著到显著；其他各骨的差异也有所增加。低维持饲养使品种间差异发生的变化更大。民猪的桡尺骨和股骨外侧面积也分别显著和极显著地大于哈白猪；其他各骨也有大于哈白猪的趋势。由此可知，民猪骨骼外侧面积对限制营养的抵抗力强于哈白猪，而且，随着营养水平的降低表现得更明显。

3. 两品种骨骼外侧面积的补偿力

维持饲养组经恢复正常饲养补偿后，髋骨的品种间差异由限制饲养时的极显著到补偿后的显著，胫腓骨由差异显著到不显著。其他各骨的差异无显著变化。

低维持饲养组恢复正常补偿后，髋骨和股骨的品种间差异由限制饲养时的极显著到不显著；桡尺骨由差异显著到不显著，肱骨则由不显著变化到显著。由此可知，哈白猪的髋骨、股骨和桡尺骨外侧面积的补偿力大于民猪；股骨的补偿力小于民猪；其他各骨的补偿力两品种相同。

（十）民猪、哈白猪及其正反一代杂种猪血清脂酶活性的比较研究

康世良（1983）对在同一饲养管理条件下，民猪、哈白猪及其正反一代杂种猪的血清脂酶活性进行了研究。其中民猪 32 头、32 头哈白猪、32 头正交一代杂种猪和 32 头反交一代杂种猪，每组内均包括 15 头公猪和 17 头母猪，试验用猪共计 128 头。结果发现，无论是猪品种间，还是各组猪不同性别间以及不同体重间，血清脂酶活性差异均不显著。

三、松辽黑猪

（一）松辽黑猪的培育历程

松辽黑猪是由吉林省农业科学院畜牧分院培育的我国北方地区第一个瘦肉型

黑色母系品种，于2009年11月5日通过国家畜禽遗传资源委员会审定。母本是民猪，第一父本是丹系长白猪，第二父本是美系杜洛克。

1. 基础群的组成

松辽黑猪的育种时采用三元杂交育种法，1986年将严格选择的本地猪（民猪）38头，与4个血统的长白种公猪杂交，生产长民母猪，从中选留出59头参加配种。再用杜洛克进行杂交，产生杜长民三元杂交猪。其毛色的分离比例是黑：白：花为12：49：39。松辽黑猪就是从3种毛色之中选留黑色（28头母猪，5头公猪），为了扩大黑猪头数，1988年又开始了杜长民黑公猪配长民母猪，从中又选留了14头母猪，组成了松辽黑猪的基础群，含杜洛克血为45.84%，长白和民猪各占27.08%。

2. 选育的主要措施和方法

以遗传学理论为指导，在重视数量性状的基础上，育种前期以质量性状选择为主。因为松辽黑猪的育种在毛色上不同于国内任何一个新品种，它是从长民（白色）之中分离出的黑色猪进行横交，而毛色由两对以上的基因控制，为使毛色达到纯合，需进行横交。0世代测交（黑公猪×杜洛克母）结果显示所测得6头公猪没有1头是纯合子，1世代所测6头之中有3头达到纯合。可见，随着横交代数的增加，猪的毛色逐步达到纯合。

采用三品种杂交，重视亲本品种和优秀个体的选择。在亲本个体选择上，作为母本的民猪重视其繁殖性能，产仔数均要达到12头以上；作为父本的杜洛克和长白猪都是经过后裔测定选择出来的优秀个体。其中杜洛克是从美国直接引入，瘦肉率达60%～62%。腿臀肌肉和眼肌发育良好，四肢粗壮，来源于5个血统。

采用避免全同胞和半同胞的随机交配法，近交系数控制在12.5%。核心群春秋二季分娩，种猪群采用当时国内最先进的养猪工艺，网上笼养，年产仔2.2窝，常年配种。采用重叠式不完全小群闭锁选育。0世代的重叠率为19.15%，1世代是21.21%。世代的重叠虽然不能达到1年1个世代，但是增加了群体之中有益基因的含量，扩宽了血缘，避免了群体近交系数的上升，除头胎留种外，2胎也留种。每一世代核心群的数量是母猪60头，公猪12头。一胎和二胎各半。3胎以后的猪送到育种基点或作为观察群（张树敏等，2012）。

3. 育成后的品种特点

松辽黑猪全身被毛纯黑色，体质结实，结构匀称；头大小适中，耳前倾；背腰平直，中躯较长，腿臀较丰满，腹不下垂，四肢粗壮结实，身体各部位结合良好；乳头7对以上，排列整齐；生殖器官发育正常；体型外貌一致，遗传性能稳定。成龄公猪体重247.25kg，体长153.50cm，体高86.00cm，胸围151.00cm，腿臀围 113. 00cm。成龄母猪体重 215. 50kg，体长 152. 00cm，体高 76. 00cm，胸围 145. 30cm，腿臀围 106. 50cm。

松辽黑猪的初产母猪平均窝产仔数（10. 6±0. 19）头，产活仔数（9. 3±0. 13）头，21 日龄窝重（34. 6±0. 74）kg，育成仔猪数（8. 4±0. 13）头；经产母猪平均窝产仔数（12. 7±0. 07）头，产活仔数（11. 9±0. 09）头，21 日龄窝重（47. 9±0. 31）kg，育成仔猪数（10. 6±0. 06）头。在正常饲养条件下，松辽黑猪性成熟较早，公猪 2 月龄左右开始出现爬跨动作，5. 5 月龄可以配种，但适宜的配种月龄为 9 月龄，初配体重为 100~110kg；初配母猪发情周期为 19. 2d，发情期持续 3~5d；经产母猪发情期持续 3~4d；母猪断奶后平均 6. 5d 可以进行配种，母猪 8 月龄可配种，初配体重为 85~95kg，发情期配种受胎率 92%，母猪妊娠期为 114. 09d。

松辽黑猪 25~90kg 体重时，平均日增重（692. 50±5. 12）g，单位增重耗料（2. 80±0. 03）g，活体背膘厚（2. 14±0. 01）cm；宰前体重（91. 8±0. 66）kg，屠宰率（69. 9±0. 62）%，平均膘厚（2. 53±0. 04）cm，眼肌面积（30. 88±0. 41）cm^2，胴体瘦肉率（57. 2±0. 54）%。

（二）松辽黑猪繁殖性状的研究

刘庆雨等（2012）对吉林省农业科学院原种猪场 2010 年 4-8 月份记录的 110 窝松辽黑猪哺育记录进行了分析，包括总产仔数（x_1）、产活仔数（x_2）、出生均重（x_3）、出生窝重（x_4）、20 日龄窝重（x_5）、断奶仔猪数（x_6）以及 35 日龄断奶窝重（y）7 个繁殖指标（表 3-17），结果发现松辽黑猪繁殖性能优良，但各繁殖性状的变异系数均较大，说明松辽黑猪还具有一定的选育提高潜力。

表 3-17　松辽黑猪繁殖性状表型参数

项目	平均数	标准差	变异系数（%）
总产仔数（头）	11. 38	2. 18	19. 19
产活仔数（头）	10. 29	2. 01	19. 52
出生窝重（kg）	16. 06	3. 72	23. 19
出生均重（kg）	1. 58	0. 38	24. 11
20 日龄窝重（kg）	49. 04	8. 80	17. 95
断奶仔猪数（头）	9. 99	1. 84	18. 38
断奶窝重（kg）	99. 72	16. 74	16. 78

金鑫等（2016）依据吉林省农业科学院种猪场 2013—2015 年 110 窝民猪和 156 窝松辽黑猪的生产记录，选取 1~10 胎次的产仔数、初生窝重/窝、20 日龄

头数/窝、20日龄窝重、60日龄头数/窝和60日龄窝重共计6个指标进行统计分析（表3-18），结果发现两品种繁殖性能的较高产次为3~7产，各繁殖性能间有较明显的差异。民猪在产仔数、20日龄头数/窝、60日龄头数/窝方面占优势；松辽黑猪在20日龄窝重和60日龄窝重方面占优势；两品种在初生窝重方面没有差异。

表3-18 松辽黑猪与民猪繁殖性能的比较

产次	产仔数（头）		初生仔猪窝重（kg）		哺乳仔猪20日龄头数/窝（头）		哺乳仔猪20日龄窝重（kg）		哺乳仔猪60日龄头数/窝		哺乳仔猪60日龄窝重	
	民猪	松黑	民猪	松黑	民猪	松黑	民猪	松黑	民猪	松黑	民猪	松黑
1	11.05±0.32	9.93±0.52**	11.38±0.39	11.98±1.86	8.41±0.15	8.08±0.60	33.59±1.36	35.78±3.34	8.24±0.15	7.15±0.38	90.51±2.99	61.80±6.29
2	11.58±0.47	9.81±0.44**	12.47±0.73	13.10±0.92	9.68±0.21	9.07±0.25**	42.44±1.87	39.89±1.70	9.53±0.22	9.59±0.23	115.78±3.77	119.80±3.81
3	11.93±0.53	11.58±0.46	12.70±0.05	13.86±0.95	10.33±0.30	9.62±0.27	42.16±1.27	46.02±2.37	10.17±0.24	9.21±0.23**	141.34±4.19	131.46±5.21
4	13.05±0.55	11.34±0.65	13.72±0.66	13.38±1.05	10.48±0.22	9.85±0.26	43.86±1.87	48.78±1.05	10.50±0.28	9.52±0.25	132.23±3.87	138.4±4.59
5	13.17±0.44	11.30±0.48	14.46±0.44	13.96±1.09	11.05±0.37	9.84±0.23**	48.13±2.09	50.35±14	10.63±0.22	9.68±0.23**	135.93±3.05	138.4±4.00
6	13.75±0.58	12.02±0.63	15.32±0.97	16.91±1.36	10.46±0.37	10.33±0.25	50.75±24.8	51.99±2.62	10.18±0.25	9.32±0.36	130.43±5.18	141.9±7.35
7	14.97±0.66	13.21±0.84	16.12±0.72	15.86±1.29	10.50±0.34	10.20±0.26	44.95±2.50	47.18±5.55	10.47±0.29	9.57±0.26	142.23±5.21	141.36±7.22
8	12.76±0.73	12.03±0.94	11.92±0.90	12.91±2.00	10.50±0.34	9.63±0.46	42.18±2.21	43.72±5.55	10.63±0.26	9.64±0.34*	126.61±12.04	126.86±7.13
9	14.35±1.01	12.25±1.36	13.85±1.51	11.84	11.00±0.41	8.33±0.36	42.83±3.09	45.02	10.42±0.58	10.00±0.71	132.30±12.04	126.86±7.13
10	11.81±1.02	13.01±0.75	13.55±1.41	13.01	9.50±1.04	10.00±0.62	41.15±5.73	53.18±5.26	9.20±0.86	9.89±0.63	139.30±12.04	150.88±13.28

注：*表示差异显著（$P<0.05$），**表示差异极显著（$P<0.01$）。

（三）松辽黑猪及其不同杂交组合对比试验研究

李娜等（2012）比较了同一饲养条件下，松辽黑猪、大白×松辽黑猪、长白山野猪×松辽黑猪×松辽黑猪、巴克夏×松辽黑猪组合下的育肥猪（各16头）的生长性能、100kg体重时的胴体性能以及肉品质。结果发现大白×松辽黑猪组合生长速度最快，长白山野猪×松辽黑猪×松辽黑猪组合生长最慢（表3-19）；大白×松辽黑猪组合屠宰率最高，松辽黑猪屠宰率最低，瘦肉率各组差异不显著（表3-20）；各组肉质指标均达到优质水平，松辽黑猪失水率显著低于杂交组合组（表3-21）。

表 3-19　松辽黑猪及其不同杂交组合的生长性能

项目	松辽黑猪	大白×松辽黑猪	长白山野猪×松辽黑猪×松辽黑猪	巴克夏×松辽黑猪
初始体重（kg）	25.05±0.95	24.43±4.21	31.60±3.28	34.63±9.99
结束体重（kg）	101.28±2.67	103.71±5.68	91.50±2.12	111.25±11.59
日增重（g）	692.50±91.77	762.58±39.33	558.25±103.84	660.56±46.87
料肉比	2.9	2.8	3.7	3.1

表 3-20　松辽黑猪及其不同杂交组合的屠宰性能

项目	松辽黑猪	大白×松辽黑猪	长白山野猪×松辽黑猪×松辽黑猪	巴克夏×松辽黑猪
活重（kg）	104.83±2.75	106.60±2.12	110.67±9.87	106.33±7.51
屠宰率（%）	68.72±1.42	73.27±2.22	70.99±2.04	73.20±0.07
瘦肉率（%）	55.76±4.49	59.52±3.56	52.35±5.43	57.99±1.53
退臀比例（%）	33.07±0.93	29.11±0.71	31.43±1.31	28.98±1.67
平均背膘厚（cm）	2.28±0.54	2.68±0.26	3.46±1.27	3.27±0.74

表 3-21　松辽黑猪及其不同杂交组合的肉质试验结果

项目	松辽黑猪	大白×松辽黑猪	长白山野猪×松辽黑猪×松辽黑猪	巴克夏×松辽黑猪
pH_{24}	5.64±0.19	5.71±0.17	5.45±0.06	5.76±0.36
肉色	3.0±0.5	2.2±0.6	2.7±0.3	2.5±1.0
大理石纹	3.0±0.5	2.2±0.6	2.8±0.3	2.7±0.8
失水率（%）	19.9±2.35	32.73±6.73	33.52±1.91	27.75±9.74
瘦肉率（%）	67.41±2.63	65.82±1.63	61.91±3.61	67.15±3.98
滴水损失（%）	1.52±0.02	2.09±0.78	2.20±0.37	2.33±0.82
剪切力（kg·f）	3.33±0.68	3.05±1.27	2.83±0.20	2.56±0.85
眼肌面积（cm^2）	29.33±7.78	22.80±4.82	26.15±3.14	20.36±1.90

（四）松辽黑猪肉质特性研究情况

松辽黑猪是由民猪、长白猪和杜洛克三元杂交培育而成，其母本民猪以肉质优良著称，因此它的肉品质也是大家关注的焦点之一。张宗伟等（2013）比较了大白猪和松辽黑猪的肉质特性及肌纤维超微结构。结果发现，两个猪种在 pH_1 和肉色大理石纹方面没有差异，但在失水率上两者间有一定差异，虽未达到显著水平，但松辽黑猪具有明显的更低的失水率（比大白猪低大约 2.1%）。较低的失水率意味着肌肉的滴水损失小。松辽黑猪的眼肌肌纤维直径为 56.86μm，比大白猪细 17.34μm（$P<0.01$），肌纤维细意味着肌肉细嫩，口感细腻。但其肌纤维的间隙为 21.07μm，比大白猪的大 10.56μm。肌纤维之间的空隙是肌肉脂肪沉积的地方，在正常情况下会储存肌内脂肪，改进肌肉的口感。

于永生等（2016）利用基因芯片技术对松辽黑猪群体内背最长肌持水力高和低的个体进行了转录分析，发现 657 个基因在两者间存在显著差异；差异基因经 G 分类显示，主要参与脂肪细胞因子信号通路、胰岛素信号传导、氨基酸代谢和脂类代谢等生物学过程。随后，他们又对背最长肌肌内脂肪含量高和低的个体进行了比较，发现两者间存在 153 个差异基因；差异基因经 GO 分类显示主要参与细胞生长与死亡、信号分子及互作、信号传导、氨基酸代谢和脂类代谢等生物学过程。

吴垚群等（2020）采用高通量测序技术对 6 头松辽黑猪和 6 头长白猪的背最长肌转录组进行分析，筛选影响猪肌肉生长、肉质和脂肪沉积的关键 mRNA 和长链非编码 RNA（Long non-coding RNA，lncRNA）。结果发现，2 个猪种中共存在 4 239个显著差异表达的 mRNA，其中在松辽黑猪肌肉中2 023个上调，2 216 个下调。其中 HLCS、BTD、DGKα、LPIN1、FGF1、FGF10、FGFR1 和 ZNF7 等基因参与脂类代谢和肌肉发育相关的调控。差异表达的 mRNA 主要富集在细胞发育、生物代谢调控、肌肉发育、脂类代谢等相关的信号通路和生物代谢途径上。2 个猪种中还检测到 178 个差异表达显著的 lncRNAs，其中在松辽黑猪肌肉组织中有 84 个上调，94 个下调。联合差异表达 lncRNAs 的靶基因预测和差异表达基因结果显示，有 4 个差异表达的 lncRNA 与差异表达 mRNA 存在潜在的调控关系，分别是 TCONS-00041713、TCONS-00041712、ENSSSCT00000034982、ENSSSCT00000034269。

徐炜琳等（2017）选择了 173 头 120kg 左右的松辽黑猪，对其体重、四点背膘厚（肩部最厚处、六七肋腰、最后肋、腰荐结合处）、平均背膘厚及肌内脂肪含量进行测定和分析。结果发现松辽黑猪肌内脂肪含量为 2.95±0.72%，高于部分国外品种，处于较理想水平；各性状间均呈正相关性，其中肌内脂肪含量与肩部最厚处背膘厚之间存在极显著相关（$P<0.01$），与平均背膘厚之间存在显著相关（$P<0.05$）。

张琪等（2018）选择了 60 头 75kg 的松辽黑猪，随机分成 2 组，对照组饲喂基础饲粮，试验组饲喂基础饲粮+2%由维生素 C、维生素 E、甜菜碱、牲血素组成的复合添加剂进行生长肥育试验，在体重达到 120kg 左右时每组随机选取 3 头屠宰测定各项指标，研究复合添加剂对松辽黑猪肌肉品质和血液生化指标的影响。结果发现试验组的肉色评分、肉色红度（a）分别显著高于对照组 10.64% 和 8.39%（$P<0.05$），剪切力显著低于对照组 21.87%（$P<0.05$）；pH45min、pH24h、滴水损失 24h、滴水损失 48h、滴水损失 72h 均低于对照组，但差异均不显著（$P>0.05$）。试验组总蛋白、血清白蛋白、高密度脂蛋白含量高于对照组 17.55%、11.01%、43.64%，差异显著（$P<0.05$）；尿素氮的含量低于对照组 33.97%，差异极显著（$P<0.01$）；总胆固醇、甘油三酯含量低于对照组 20.16%、50.79%，差异显著（$P<0.05$）。结果表明，复合添加剂能够改善松辽黑猪肉色、改善肉嫩度、提高肌肉系水力，改善肉品质。

（五）养殖模式对松辽黑猪肉品质影响的研究

松辽黑猪作为地方猪种与引进猪种杂交选育的新品种，拥有地方猪种所具有的耐粗饲、抗病等特性，可开展放牧养殖。张琪等（2016）比较了放牧与舍饲条件下松辽黑猪肉品质及营养成分的差异。他们选择了 60 头体重在 25kg 左右的健康的、发育良好的松辽黑猪进行试验，60 头猪随机分成 2 组，每组 30 头，试验组放牧饲养，对照组舍饲饲养。试验猪体重达到 100kg 左右时结束饲养试验，每组随机选取 5 头进行屠宰。结果发现在大理石纹评分、熟肉率、肌内脂肪含量方面，放牧组比舍饲组分别显著提高 8.25%、5.48%和 0.84%（$P<0.05$），在失水率、滴水损失、剪切力方面，放牧组比舍饲组分别极显著降低了 11.65%、2.83%和 25.96%（$P<0.01$）。谷氨酸、甘氨酸含量以及氨基酸总量放牧组比舍饲组分别显著提高了 15.07%、9.80%和 8.83%。不饱和脂肪酸含量放牧组高于舍饲组，但差异不显著。放牧组个体的背膘厚与板油率显著低于舍饲组（$P<0.05$）。放牧组个体的肌纤维直径与肌纤维间隙显著高于舍饲组（$P<0.05$）。说明放牧组能提高松辽黑猪的猪肉品质、风味以及对人体有益的不饱和脂肪酸含量。

张立春等（2016）测定了放养和舍饲两种养殖模式下松辽黑猪的血常规、血清生化及盐离子浓度等。结果发现，放养可引起松辽黑猪血液淋巴细胞和巨噬细胞含量极显著升高（$P<0.01$），嗜碱性粒细胞含量显著升高（$P<0.05$），中性粒细胞显著降低（$P<0.05$）；放养可引起松辽黑猪血液直接胆红素（D-BIL）含量极显著升高（$P<0.01$），CO_2含量显著降低（$P<0.05$）；对其他血液生化和无机盐离子等指标影响不大。说明放养可以显著提升猪群的健康水平。

惠铄智等（2017）比较了两种养殖模式下松辽黑猪的生长性能、血液生化指标及肠道消化酶活性。结果发现放牧组松辽黑猪的日增重、料肉比显著低于舍饲组（$P<0.05$）；放牧组血清中除三酰甘油含量显著低于舍饲组（$P<0.05$）外，总蛋白、白蛋白、球蛋白、胆固醇、葡萄糖、谷草转氨酶、尿素氮的含量均差异不显著（$P>0.05$）；放牧组松辽黑猪肝脏的消化酶活性显著高于舍饲组（$P<$

0.05)，而小肠食糜消化酶活性差异不显著（$P>0.05$）。说明松辽黑猪可放牧饲养，可实现节粮的目的。

夏继桥等（2018）比较了圈养和放养条件下松辽黑猪的生长性能、屠宰性能、肉质性状以及猪肉中重金属的含量。结果发现，放养与圈养相比，平均日增重显著提高（$P<0.05$），耗料增重比极显著降低（$P<0.01$）；放养组的胴体重和瘦肉率分别显著提高了5.42%和6.06%（$P<0.05$），背膘厚显著降低了11.95%（$P<0.05$）；放养组肌内脂肪含量明显提高（$P<0.05$），含量达4.03%；剪切力下降了2.84%（$P<0.05$）；放养组个体猪肉中铅、砷、铬、镉的平均含量较低，且含量远远低于国家猪肉卫生标准。夏继桥（2019）又对两种养殖模式下松辽黑猪的生长性能、血清生化指标及肉中营养成分进行了比较研究，发现放养与圈养相比，放养组平均日增重显著提高（$P<0.05$），料肉比极显著降低（$P<0.01$），血清中总胆固醇（CHOL）、三酰甘油（TG）含量显著降低（$P<0.05$），血糖（GLU）含量极显著降低（$P<0.01$）；背最长肌中粗脂肪含量显著提高（$P<0.05$）；非必需氨基酸（NEAA）和风味氨基酸（FAA）含量极显著提高（$P<0.01$），必需氨基酸（EAA）和支链氨基酸中的缬氨酸含量呈下降趋势，但差异不显著（$P>0.05$），油酸和总脂肪酸含量显著提高（$P<0.05$）。说明放养改善了松辽黑猪生长性能和血清生化指标，并通过提高风味氨基酸和不饱和脂肪酸含量提高猪肉营养成分，改善猪肉风味。

贾立军等（2018）研究了放养与圈养对松辽黑猪免疫球蛋白和细胞因子水平的影响，发现放养的松辽黑猪免疫球蛋白IgA和IgE含量均显著高于圈养的（$P<0.05$），免疫球蛋白IgG亚类IgG1和IgG2b含量极显著高于圈养的松辽黑猪（$P<0.01$），IgG2a含量显著高于圈养松辽黑猪（$P<0.05$）；放养的松辽黑猪细胞因子IL-4和IFN-γ的含量也显著高于圈养松辽黑猪（$P<0.05$）。说明放养松辽黑猪抗病力水平显著高于圈养松辽黑猪。

（六）饲粮中添加苜蓿草粉对妊娠期母猪和育肥猪的影响

姜海龙等（2016）以吉林省农业科学院培育的松辽黑猪为研究对象，以苜蓿草粉为纤维来源，试验基础日粮以玉米和豆粕为主要原料，采用单因子试验设计，将10头胎次、配种时间、体重、背膘厚度基本一致的松辽母猪，随机分为两个处理组，每个处理组5个重复。试验组日粮纤维水平7.2%、对照组日粮纤维水平3.8%，其他的成分两组间一致，试验期为150d。结果表明，提高妊娠母猪日粮纤维的含量可以降低妊娠前期血清中尿素氮和胰岛素的浓度（$P<0.05$），并且升高IGF-Ⅰ的浓度（$P<0.05$），降低总蛋白（$P>0.05$）及甲状腺激素的浓度（$P<0.05$）；妊娠后期可以升高血清中IGF-Ⅰ的浓度（$P>0.05$），降低妊娠中期血清中胆固醇、胰岛素、IGF-Ⅰ以及甲状腺浓度（$P<0.05$）。妊娠期采食

高纤维日粮后，能降低试验组妊娠前期母猪血清中 SOD 活性和 MDA 的含量（$P<0.05$）；升高试验组妊娠中期母猪血清中 SOD 的活性（$P>0.05$），降低 MDA 的含量（$P<0.05$）；能升高试验组妊娠后期母猪血清中 SOD 活性和 MDA 的含量（$P<0.05$）。

惠铄智等（2018）研究了苜蓿草粉对育肥期松辽黑猪的生长性能、屠宰性能及血清生化指标的影响。他们选择体重相近（60.30±1.07）kg、健康状况良好的松辽黑猪 36 头，随机分为 4 组，Ⅰ组为对照组，饲喂基础日粮；Ⅱ组、Ⅲ组、Ⅳ组分别在基础日粮中添加 10%、15%、20%苜蓿草粉，每组 3 个重复，每个重复 3 头猪。通过 60d 的舍内饲养试验，对其生长性能、屠宰性能以及血清生化指标进行测定。结果发现日采食量各组间差异不显著（$P>0.05$），料肉比Ⅱ组、Ⅲ组低于Ⅰ组（$P>0.05$），显著低于Ⅳ组（$P<0.05$）；瘦肉率、屠宰率、眼肌面积Ⅱ组、Ⅲ组与Ⅰ组差异不显著（$P>0.05$），但均呈现上升趋势；白蛋白、球蛋白含量各组间差异不显著（$P>0.05$），总蛋白含量Ⅱ组、Ⅲ组、Ⅳ组均显著高于Ⅰ组（$P<0.05$），其中Ⅱ组最高；胆固醇含量Ⅱ组低于Ⅰ组，显著低于Ⅳ组（$P<0.05$）。说明在松辽黑猪育肥猪日粮中添加 10%苜蓿草粉效果最佳。

（七）松辽黑猪繁殖性能的研究

张琪等（2017）研究了不同月份气温对松辽黑猪母猪配种受胎率的影响。根据吉林省农业科学院原种猪场及国家农业科技园区飞马斯牧业种猪场提供的配种记录，结合吉林省公主岭市的气温变化，分析了每个月的松辽黑猪配种受胎率。结果发现，松辽黑猪母猪配种受胎率受不同季节温度影响，在月均温度较低的 1 月、2 月、12 月时较高，受胎率均在 90%以上；在月均温度较高的 5 月、6 月、7 月、8 月配种受胎率较低。

王万兴等（2018）探究了青贮玉米对松辽黑猪繁殖性能的影响。他们选择了 24 头体况和胎次相近的健康松辽黑猪经产母猪，配种后随机分为 4 组，每组 6 个重复。对照组饲喂玉米-豆粕型基础日粮，试验组 1、试验组 2、试验组 3 分别饲喂用 10%、15%、20%的青贮玉米等量替代基础日粮的试验日粮，试验期 90d。结果发现，试验组 2 母猪的初生窝重显著高于对照组及试验组 3（$P<0.05$），试验组 1、2、3 初生重均高于对照组，但差异不显著（$P>0.05$），各组间总产仔数、产活仔数、断乳窝重差异均不显著（$P>0.05$）。说明妊娠期日粮中添加适当比例的青贮玉米对松辽黑猪繁殖性能有一定程度的改善。

第二节 利用民猪开展的杂交工作

杂交优势是生物界普遍存在的一种现象，是指基因型不同的亲本个体相互杂交产生的杂种一代，在生长势、生活力、繁殖力、抗逆性、产量和品质等1种或多种性状上优于两个亲本的现象。杂交优势具有以下特点：①杂交优势不是某一两个性状单独表现突出，而是许多性状综合表现突出。②杂种优势的大小，取决于双亲的遗传差异和互补程度。③亲本基因型的纯合程度不同，杂种优势的强弱也不同。④杂交优势在F1代表现最明显，F2代以后逐渐减弱。

杂交育种通常是指将不同遗传类型的动物或植物进行交配，使优良性状结合于杂种后代中，通过培育和选择，创造出新品种的方法。它是动植物育种工作的基本方法之一。

杂交优势和杂交育种两者间存在着本质的区别。杂交优势主要是利用杂种F1代的优良性状，而并不要求遗传上的稳定。通过对一些杂交组合后代性状的测定，寻找和确定最佳的组合模式，通过年年配制F1代杂交种用于生产，取得经济性状，而并不要求其后代还能够保持遗传上的稳定性。杂交育种过程就是要在杂交后代众多类型中选留符合育种目标的个体进一步培育，直至获得优良性状稳定的新品种。杂交育种不仅要求性状整齐，而且要求培育的品种在遗传上比较稳定。品种一旦育成，其优良性状即可相对稳定地遗传下去。

一、二元杂交

（一）民猪与长白猪的杂交试验

庄庆士和魏孝（1975）根据黑龙江省阎家岗农场和黑龙江省香坊实验农场当时所有的品种，于1963年、1964年、1966年和1972年进行了4批杂交试验和屠宰试验。试验共分20组（表3-22），第1、第2、第3组为纯种对照组，第4~20组为试验组。第1~14组进行育肥屠宰试验，第15~20组因猪数太少未进行肥育试验。

表3-22 不同品种间的杂交组合

组别	母猪	公猪	代号
第1组	哈白	哈白	哈×哈
第2组	苏白	苏白	苏×苏
第3组	克米洛夫	克米洛夫	克×克
第4组	哈白	克米洛夫	哈×克
第5组	哈白	苏白	哈×苏
第6组	民猪	长白	民×长
第7组	哈白	长白	哈×长

（续表）

组别	母猪	公猪	代号
第 8 组	民猪	哈白	民×哈
第 9 组	哈白×苏白	苏白	哈苏一代×苏
第 10 组	哈白×苏白	哈白	哈苏一代×哈
第 11 组	哈白×苏白	哈白×苏白	哈苏一代×哈苏一代
第 12 组	哈白×苏白	克米洛夫	哈苏二代×克
第 13 组	哈白×苏白×苏白	哈白×苏白×苏白	哈苏二代×哈苏二代
第 14 组	哈白×苏白×苏白	长白	哈苏二代×长
第 15 组	民猪×长白	长白	民×长×长
第 16 组	哈白×长白	长白	哈×长×长
第 17 组	民猪×长白	哈白	民×长×哈
第 18 组	哈白×长白	哈白×长白	哈长×哈长
第 19 组	民猪×长白	民猪×长白	民长×民长
第 20 组	克米洛夫	长白	克×长

1. 杂交对母猪繁殖力的影响

杂交后，绝大多数杂交试验组的繁殖力各项指标都优于 3 个纯种对照组（表 3-23）。以民猪为母本的各杂交试验组，产仔数最多。第 6 组（民×长）为对照组的 137.9%，第 8 组（民×哈）为 108.1%，第 19 组（民长×民长）为 144.1%。但这几组初生重较低，第 6 组仅为 0.95kg，继承了民猪产仔多、生重小的特点。

以长白为父本的各杂交试验组（第 6 组除外），其余 8 个组——第 7 组（哈×长）、第 14 组哈苏二代×长、第 15 组（民×长×长）、第 16 组（哈×长×长）、第 17 组（民×长×哈）、第 18 组（哈长×哈长）、第 19 组（民长×民长）、第 20 组（克×长）的泌乳力，双月育成头数和体重都大大地超过了对照组：双月育成头数平均提高 6.4%~7.6%，而断乳体重则提高 1.4%~21.9%。

表 3-23　各组母猪生产力比较　（单位：%）

组别	代号	窝数	产仔数	泌乳力	双月育成	
					头数（头）	断乳重（kg）
第 1、2、3 组	对照组	32	100.0（平均 11.1 头）	100.0（65.3kg）	100.0（9.48 头）	100.0（14.6kg）

（续表）

组别	代号	窝数	产仔数	泌乳力	双月育成	
					头数（头）	断乳重（kg）
第4组	哈×克	4	106.3	80.1	82.3	108.1
第5组	哈×苏	13	99.9	102.6	106.5	104.8
第6组	民×长	11	137.9	59.1	67.5	100.0
第7组	哈×长	19	105.4	116.7	106.5	121.9
第8组	民×哈	1	108.1	103.9	115.3	104.8
第9组	哈苏一代×苏	40	102.7	119.0	109.7	112.3
第10组	哈苏一代×哈	32	110.9	105.2	107.6	104.8
第11组	哈苏一代×哈苏一代	21	99.9	117.3	109.7	116.4
第12组	哈苏二代×克	37	106.3	111.4	101.3	114.4
第13组	哈苏二代×哈苏二代	26	98.1	105.1	101.2	108.9
第14组	哈苏二代×长	10	108.1	109.3	107.6	117.1
第15组	民×长×长	12	100.9	102.3	91.8	107.5
第16组	哈×长×长	10	90.9	85.0	86.3	102.7
第17组	民×长×哈	1	90.9	111.1	106.4	118.5
第18组	哈长×哈长	1	100.0	81.1	106.4	101.4
第19组	民长×民长	1	144.1	99.3	106.4	118.5
第20组	克×长	7	111.7	107.3	108.6	103.4

2. 杂交对后备母猪生长发育的影响

以长白为父本的杂交后备母猪，日增重最快（第6、7、14组），比对照组提高10%~64%；8月龄体重大，身腰长（平均长7~11cm），肋骨多1.5对（对照组为14对肋骨），胸围减少4~5cm（表3-24），充分说明引入长白猪血液后，日增重提高，身腰增长，胸围缩小，有呈瘦肉猪体型的趋势。其余试验组5~6月龄日增重比对照组高5%~30%。

表3-24　杂交对后备母猪生长发育的影响

组别	代号	头数	日增重（g）		8月龄			
			2~4月龄	5~6月龄	体重	体长	胸围	体高
第1、2、3组	对照组	41	287	361	83	109	103	60

（续表）

组别	代号	头数	日增重（g）		8月龄			
			2~4月龄	5~6月龄	体重	体长	胸围	体高
第5组	哈×苏	4	230	350	82	109	99	57
第6组	民×长	14	470**	400	90	119	98	59
第7组	哈×长	9	320	470**	88	116	98	58
第9组	哈苏一代×苏	46	320	400	82	109	100	60
第10组	哈苏一代×哈	35	300	380	85	109	103	60
第11组	哈苏一代×哈苏一代	37	260	340	86	111	101	62
第12组	哈苏二代×克	5	180	420**	78	108	96	59
第13组	哈苏二代×哈苏二代	130	350*	420**	88	112	102	62
第14组	哈苏二代×长	10	470**	420**	90	120	99	60

注：** 表示差异极显著（$P<0.01$）。

3. 杂交对肥猪日增重及饲料报酬的影响

3个品种杂交组（第12组哈白×苏白×克米洛夫，第14组哈白×苏白×苏白×长白）日增重最快540~641g，增重1kg饲料报酬高（4.0~4.6饲料单位）。初生达90kg需用天数比对照组少20~28d（$P<0.01$），其他各试验组不同程度地缩短了出栏日期（表3-25）。这就大大地提前了肉猪出售时间，从而增加了经济收入。

民猪母猪虽与长白公猪或哈白公猪杂交（第6、第8两组）也获得一定杂种优势，但由于民猪本身生长太慢，杂交效果不如其他组显著。

表3-25　杂交对肥猪日增重及饲料报酬的影响

组别	头数	日增重（g）	增重1kg需要饲料单位	出生达90kg需用天数（d）
对照组	15	476	4.7	226
第4组（哈×克）	6	566	4.1	219
第5组（哈×苏）	5	489	4.6	222
第6组（民×长）	6	447	5.5	238
第7组（哈×长）	6	511	4.9	198
第8组（民×哈）	6	422	5.2	241
第9组（哈苏一代×苏）	4	488	4.4	206
第10组（哈苏一代×哈）	6	429	5.1	224

（续表）

组别	头数	日增重（g）	增重 1kg 需要饲料单位	出生达 90kg 需用天数（d）
第 11 组（哈苏一代×哈苏一代）	6	474	4.7	209
第 12 组（哈苏一代×克）	6	641	4.0	206
第 13 组（哈苏二代×哈苏二代）	6	482	5.0	218
第 14 组（哈苏二代×长）	6	540	4.6	206

4. 杂交对胴体性状的影响

从胴体资料分析，以长白为父本的各试验组的屠宰率较高（74%~75%），第 14 组 6~7 肋骨处膘较薄、瘦肉多、肥肉少（1：0.6），很符合瘦肉型标准。再一次证明，以长白为父本，以哈白×苏白×苏白做母本进行杂交可获得瘦肉型猪种。

以民猪为母本，以长白为父本（第 6 组）或以哈白为父本（第 8 组），膘厚，瘦肉：肥肉为 1：0.8，仍呈肉脂兼用型猪。含哈白、民猪、克米洛夫血液的猪，瘦肉少，肥肉多［1：（0.8~0.9）］；含长白与苏白血液者瘦肉多，肥肉少（1：0.6~1.7）（表 3-26）。

表 3-26　杂交对胴体的影响

组别	屠宰率（%）	膘厚（cm）		左半胴体重量（kg）				
		最厚处	6~7 肋骨处	骨	皮	肉	脂	肉：脂
对照组	69.2	5.6	4.3	2.85	2.25	15.44	10.47	1：0.7
第 4 组	70.0	6.8	4.8	2.30	2.45	16.33	13.78	1：0.8
第 5 组	66.1	5.8	4.9	2.69	2.05	14.53	11.37	1：0.8
第 6 组	75.9	5.2	4.7	2.47	1.74	13.24	12.43	1：0.8
第 7 组	74.9	4.8	3.8	2.82	2.01	14.71	10.05	1：0.7
第 8 组	74.5	5.5	4.4	2.57	1.86	14.14	12.11	1：0.8
第 9 组	67.7	4.4	3.3	2.50	2.17	13.50	9.59	1：0.7
第 10 组	66.7	4.6	3.3	2.60	1.90	12.92	11.32	1：0.9
第 11 组	64.8	4.7	3.1	2.52	1.75	13.20	10.20	1：0.8
第 12 组	67.6	6.8	4.7	2.55	2.32	14.85	13.34	1：0.9
第 13 组	73.9	5.3	4.2	2.37	1.79	12.75	10.61	1：0.8
第 14 组	75.1	4.8	3.5	2.75	1.88	14.78	9.15	1：0.6

（二）民猪、长白猪及杂交猪的研究

“七五”期间，东北农业大学的胡殿金等承担了提高民猪生产力的研究任务。于1986年进行了民猪、长白猪、杜民、长民和长杜民猪生长肥育的试验，研究民猪、长白猪、和二元、三元杂交猪的肥育效果。研究项目包括肥育性能、胴体评定、肌肉生长特点、肉质测定、左半胴可食部分化学组成和肌肉中氨基酸的含量。部分研究结果摘抄如下。

1. 肥育性能

供试猪选自兰西县种猪场1986年春产仔猪53头。分5个试验组。试验从20kg开始，90kg结束。分前期（20~60kg）和后期（60~90kg）两个阶段。在20kg、60kg和90kg体重阶段，连续称重2d，取两次称重平均值做为各阶段的体重。另按各组平均日龄，每隔30d称重1次。试验猪体重达90kg时，每组屠宰6头，公母各半。按常规测量调查项目。

体重20kg开始，达到60kg，民猪需136d，长白125.1d，杜民和长民为110.13d和127.36d，长杜民猪114.43d，种间差异显著。长杜民达90kg体重日龄最少，其次为杜民，民猪最长，平均为237.8d，种间差异极显著。试验期间，民猪每头日采食量最少，其余4种猪基本相同。1kg增重耗料量，长杜民最少，民猪和杜民较多（表3-27）。

表3-27　生长速度和饲料消耗

组别	头数	开始		结束		试验日数	日增重	头日料量	料肉比
		日龄	体重	日龄	体重				
民猪	12	101.95[a]	20.75[a]	237.75[a]	89.67[a]	136[a]	512[c]	1.58	3.55
长白	10	93.5[b]	21.05[a]	219.1[b]	89.75[a]	125.1[ab]	552[bc]	1.75	3.49
杜民	8	93.5[a]	20.375[a]	203.63[c]	89.28[a]	110.13[b]	638[a]	1.78	3.60
长民	11	93.45[b]	20.23[a]	220.82[b]	89.45[a]	127.36[a]	547[bc]	1.74	3.50
长杜民	7	83[c]	21.09[a]	197.43[c]	89.86[a]	114.43[b]	603[ab]	1.78	3.26
*F*值	—	26.446**	0.1296	15.5962**	0.028	6.288**	5.297**	—	—

2. 胴体评定

猪体各部比例。在宰前活重相同情况下，各猪种空体重不同，民猪最低，长杜民最高，种间差异显著。长白猪屠宰率最高，其次为长杜民、民猪最低，种间差异极显著。民猪头比例最高，长白猪最低，杜民、长民和长杜民处于中间，种间差异同样极显著。民猪蹄比例最大，但种间差异不大（表3-28）。

表 3-28　猪体各部占空体重比例

项目	民猪	长白猪	杜民	长民	长杜民	*F* 值
宰前重（kg）	89.67[a]	89.83[a]	88.5[a]	89.25[a]	89.83[a]	0.85
空体重（kg）	83.99[b]	85.45[a]	84.23[b]	84.97[a]	86.09[a]	4.583 5**
头（%）	7.03[a]	5.50[c]	6.74[ab]	6.22[b]	6.22[b]	10.454 8**
双胴（%）	70.19[b]	75.46[a]	73.21[a]	73.63[a]	74.50[a]	7.517**
四蹄（%）	1.68[a]	1.48[ab]	1.47[bc]	1.47[bc]	1.57[ab]	1.953 2

注：同一列数据字母相同，表示差异不显著，字母不同表示差异显著；** 表示差异极显著，下表同。

民猪腰段比例最大，长杜民最小，但种间差异不显著。腿臀是代表肌肉生产力的重要指标，民猪最少，长白猪最多，二元、三元杂种猪居中，种间差异极显著（表 3-29）。

表 3-29　颈肩胸、腰和腿臀重占合计重比例　（单位：%）

部位	民猪	长白猪	杜民	长民	长杜民	*F* 值
颈肩胸	55.601[a]	54.118[b]	56.424[a]	55.883[a]	56.935[a]	3.310 3*
腰	15.946[a]	14.718[a]	14.473[a]	14.817[a]	13.668[a]	1.512
腿臀	28.453[b]	31.105[a]	29.102[b]	29.299[b]	29.396[b]	6.194**

左半胴测量。民猪胴直长最短，长杜民最长，其次为长白猪，各种猪胴长差异极显著。民猪胴宽最大，长白最小，但种间差异不显著（表 3-30）。各猪种皮厚差异极显著，民猪为 0.502cm，长白猪为 0.253cm，杜民、长民和长杜民处于中间。背部四点平均膘厚和 6~7 肋处膘厚，民猪微大于其他猪种，但种间差异均不显著。

表 3-30　左半胴测量比较资料

项目	民猪	长白猪	杜民	长民	长杜民	*F* 值
胴直长	89.42[b]	92.50[ab]	89.58[b]	90.08[a]	95.08[a]	4.974 4**
胴宽	35.65[a]	29.87[a]	34.87[a]	35.60[a]	35.28[a]	1.195 1
皮厚	0.502[a]	0.253[c]	0.430[ab]	0.347[b]	0.358[b]	7.574**
眼肌面积	18.779[a]	28.148[a]	22.857[bc]	25.988[ab]	24.365[ab]	5.062 5**
四点平均背膘厚	3.518[a]	3.164[a]	3.147[a]	3.509[a]	3.044[a]	1.348 5
6~7 肋处膘厚	3.678[a]	3.235[a]	3.122[a]	3.630[a]	3.026[a]	2.110 5

左半胴组织和肾占左半胴比例。皮重占左半胴总重比例，种间差异极显著，

民猪最多，长白猪最少，随外血增加，皮厚比例下降（表3-31）。

民猪瘦肉比例最低，长白猪最高，瘦肉比例随外血增加而升高，如长白猪比民猪多9.8%，三元杂种多6.47%，杜民和长民二元杂种猪分别比民猪多5.24%和4.58%，种间差异极显著。

骨和各种脂肪占左半胴比例种间差异未达到显著水平。

表3-31　左半胴各组织和肾占总重比例　（单位：%）

项目	民猪	长白猪	杜民	长民	长杜民	F值
骨	9.438[a]	8.543[a]	9.33[a]	9.202[a]	9.98[a]	1.861 8
皮	11.586[a]	5.438[c]	8.599[b]	8.235[b]	7.723[b]	18.863 4**
肉	42.650[c]	52.450[a]	47.889[b]	47.227[ab]	49.122[ab]	7.20**
皮下脂肪	26.861[a]	25.040[a]	24.308[a]	26.691[a]	24.345[a]	0.681
肌间脂肪	2.32[a]	2.945[a]	3.675[a]	3.183[a]	3.157[a]	1.150 8
肾周脂肪	3.916[a]	3.251[a]	3.246	3.472[a]	3.231[a]	0.960
肾	0.531[a]	0.396[bc]	0.459[ab]	0.344[c]	0.37[bc]	4.568**
损耗	2.108[b]	1.843[ab]	2.494[a]	1.646[a]	2.072[ab]	2.731*

左半胴各组织占骨皮肉脂总计比例。民猪皮占骨皮肉脂总计的12.34%，长白猪为5.79%，二元、三元杂种猪分别为9.17%、8.72%和8.18%，种间差异极显著（表3-32）。

民猪纯肉率为45.40%，长白猪为55.78%，二元、三元杂种猪居中，种间差异极显著。

按瘦肉减皮肌再加肌间脂肪占左半胴骨皮肉脂总重计算，民猪瘦肉率为46.46%，长白猪为56.57%，杜民、长民和长杜民猪分别为52.71%、51.32%和53.49%，种间差异极显著。

若纯瘦肉中加入肌间脂肪，民猪瘦肉率提高到48.96%，长白猪58.95%，二元、三元杂交猪分别为54.95%、53.46%和55.53%，种间差异极显著。

皮下脂和肌间脂总量占四组织合计比例，民猪高于其他猪种，但种间差异不显著。民猪骨占四组织合计比例虽占较大比例，但种间差异同样不显著。

表3-32　各组织占骨皮肉脂合计比例　（单位：%）

项目	民猪	长白猪	杜民	长民	长杜民	F值
骨	10.06[ab]	9.08[b]	9.94[ab]	9.75[ab]	10.59[a]	1.93
皮	12.34[a]	5.79c	9.17[a]	8.72[b]	8.18[b]	20.22**

（续表）

项目	民猪	长白猪	杜民	长民	长杜民	F 值
纯瘦肉	45.40[c]	55.78[a]	51.04[b]	50.08[b]	52.17[ab]	7.72**
肉-皮肌+肌间脂肪	46.46[c]	56.57[a]	52.71[b]	51.32[b]	53.49[ab]	9.82**
肉+肌间脂肪	48.96[b]	58.95[a]	54.95[b]	53.46[b]	55.53[ab]	8.89**
脂（皮下+肌间）	32.19[a]	29.35[a]	28.85[a]	31.45[a]	29.06[a]	0.50

总脂肪和各种脂肪占总脂肪比例。总脂肪占空体重比例，其中包括肠系、肾周、皮下和肌间脂肪，民猪为25.39%，长白猪25.20%，二元、三元杂种猪为24.0%~26.42%，种间差异不显著（表3-33）。

皮下脂肪占总脂肪比例，各猪种为71%~74.9%，种间差异显著。肠系脂肪比例为6.7%~9.3%，民猪最多，长白猪最少，种间差异显著。肾周脂肪比例，民猪最多，但种间差异不显著。肌间脂肪比例，民猪和长白猪相同，均低于二元、三元杂种猪，种间差异显著（表3-33）。

表3-33　总脂肪和各种脂肪占总脂肪重比例

项目	民猪	长白猪	杜民	长民	长杜民	F 值
总脂肪占空体重百分比（%）	25.39[a]	25.20[a]	24.09[a]	26.42[a]	24.19[a]	0.4278
肠系脂肪占总重百分比（%）	9.3[a]	6.72[a]	8.39[ab]	6.93[b]	7.42[b]	3.6188*
肾周脂肪占总重百分比（%）	10.01[a]	9.69[a]	9.62[a]	9.34[a]	9.49[a]	0.1802
皮下脂肪占总重百分比（%）	71.82[ab]	74.88[a]	70.77[b]	74.68[a]	73.48[ab]	3.1057*
肌间脂肪占总重百分比（%）	8.80[b]	8.80[b]	11.22[a]	9.05[b]	9.62[ab]	2.9737*

3. 肌肉生长特点

（1）瘦肉率。按1982年规定方法测量，民猪和长白猪瘦肉率为46.456%和56.566%，杜民和长民猪为52.71%和53.32%，长杜民猪为55.53%。按左半胴不包括肌间脂肪纯瘦肉计算，民猪、长白、杜民、长民和长杜民猪瘦肉率分别为45.40%、55.78%、51.04%、50.08%和52.17%，即长白猪纯瘦肉率比民猪高10.78%，比杜民和长民猪高5.8%和6.4%，比长杜民高7.17%。由此可知，民猪肌肉生产力最低，长白猪最高，二元杂交处于二亲本中间，三元杂交高于二元杂交，并接近杂交父本猪种的水平。

（2）前躯肌肉。左半胴前躯肌肉占前躯重44.63%~53.23%，民猪最低，长白猪最高，杜民和长民二元杂交处于二亲本中间，长杜民三元杂交猪高于二元杂交。前躯肌肉占左半胴肌肉重54.57%~57.87%，民猪最高，长白猪最低，种间差异显著，民猪有明显优势，这是民猪肌肉生长的特点。

（3）中躯肌肉。中躯肌肉最少，占中躯重29.34%~39.19%，民猪最低，长白猪最高，二元、三元杂交猪处于二亲本中间。中躯肌肉占左半胴肌肉比例，各猪种为10.04%~11.05%，种间差异不显著。

（4）后躯肌肉。后躯肌肉占后躯重46.75%~58.53%，占左半胴肉重45.4%~55.78%，种间差异均极显著。

（5）前肢肌群。前肢肌群占前躯重7.93%~9.04%，前肢肌群占左半胴肌肉重9.27%~10.26%，民猪高于长白猪，种间差异极显著，表明民猪前肢肌群相对重量比长白猪占优势。

（6）肩带肌。各猪种肩带肌群占前躯重10%~11.2%，占左半胴肉重11.76%~12.98%，民猪肩带肌占左半胴肌肉总量同样高于长白猪，种间差异达到显著水平。

（7）背最长肌。民猪背腰部背最长肌占前中躯重的4.81%，长白猪占8.06%，二元杂交占6.22%和6.63%，长杜民三元杂交猪占7.02%，种间差异极显著。整块背最长肌占左半胴肌肉比例，民猪为8.06%，大白猪为10.5%，二元杂交猪为9.16%~9.91%，三元杂交猪为10.08%，种间差异显著。

（8）后肢肌群。后肢肌群占后躯重38.26%~49.96%，民猪比长白猪低11.7%，种间差异极显著。民猪后肢肌群占左半胴肌肉25.44%，长白猪为29.68%，二元、三元杂交猪为26.84%~28%，民猪显著低于长白和二元、三元杂交猪。

四肌群总重占左半胴重比例，民猪、长白、杜民、长民和长杜民猪分别为24.18%、31.97%、27.94%、28.17%和29.8%。四肌群占左半胴肌肉比例56.77%~60.96%，种间差异极显著。

（9）前肢肌。根据肌肉占前躯比例，臂三头肌是前肌10块肌肉中最大一块肌肉。臂三头肌、大圆肌和肘肌种间差异显著和极显著。冈上肌、冈下肌、肩胛下肌、喙肱肌、前筋膜张肌、三角肌和小圆肌等6块肌肉种间差异不显著。民猪臂三头肌、冈上肌、冈下肌、小圆肌和肘肌占左半胴肌肉比例大于长白猪，并且种间差异显著和极显著。

（10）肩带肌。按各肌肉占前躯重比例，除臂头肌外，民猪均小于长白猪，二元、三元杂交猪处于中间，其中胸深肌和肩胛横突肌种间差异显著和极显著。民猪腹侧锯肌、背阔肌、斜方肌、臂头肌、肩胛横突肌占左半胴肌肉比例大于长白猪，其中斜方肌、臂头肌、肩胛横突肌种间差异显著和极显著。

（11）背最长肌。整块背最长肌占前中躯4.81%~8.06%，肩胸部背最长肌占前躯3.36%~6.34%，腰部占9.27%~14.5%，除腰部外，种间差异极显著。

整块背最长肌占左半胴肌肉8.07%~10.5%，肩胸部为4.64%~6.49%，腰部为3.45%~4.01%，种间差异极显著。长白和二元、三元杂交猪比民猪有明显优势。

(12) 后肢肌肉。按肌肉占后躯比例，在后肢12块肌肉中，民猪肌肉一般比例小于长白及其二元、三元杂交猪。按肌肉占半胴肌肉比例，长白及其二元、三元杂交猪比民猪占优势。

两种计算结果相同，股二头肌、臀中肌、半膜肌、内收肌和臀浅肌种间差异显著和极显著。

4. 肉质测定

以民猪为母本用瘦肉型公猪杂交生产的二元、三元杂交猪，肌肉产量明显提高。引入瘦肉型猪血液生产瘦肉型猪能否影响民猪肉质特性，是开展商品瘦肉型猪生产需要考虑的问题（胡殿金等，1991）。

(1) 肌肉酸度、失水率、肌肉颜色、肌肉大理石纹和熟肉率。各猪种肌肉酸度（pH_1）为5.97~6.10，均属正常范围，种间差异不显著；失水率为9.33%~14.67%，种间差异同样不显著，与大围子猪和二花脸猪与长白猪的杂交结果相同；民猪肉色明显优于长白猪，二元、三元杂交猪肉色也好于长白猪；民猪肌肉大理石纹优于长白猪，长民和长杜民猪接近民猪，说明以民猪为母本与长白猪杂交对肉色未有明显影响（表3-34）。

表3-34 肌肉品质测定比较

项目	民猪	长白猪	杜民猪	长民猪	长杜民猪	F值
pH_1	6.100	5.967	6.033	6.000	5.983 0	1.983 8
失水率（%）	14.61	12.488	10.086	14.668	9.327 0	0.326 6
肌肉颜色	3.083^{a}	2.330^{b}	2.917	2.833^{a}	2.700^{ab}	$7.538\ 2^{*}$
肌肉大理石纹	3.500	3.167	3.167	3.500	3.500	0.882 4
瘦肉率（%）	56.867	62.900	57.477	62.720	59.477	0.777 8

(2) 肌肉化学组成和含热量。民猪肌肉含水量最低，干物质、粗脂肪和热量都高于长白猪。长白猪肌肉含水量多于民猪，干物质、粗脂肪和热能又低于民猪，二元、三元杂交猪处于双亲中间（表3-35）。肌肉化学组成不仅反映了猪种间的差异，还说明了民猪肌肉大理石纹和脂肪丰富的内在原因。

表3-35 腰背段最长肌化学组成和含热量

项目	民猪	长白猪	杜民猪	长民猪	长杜民猪	F值
水分（%）	67.208^{c}	71.320^{a}	58.648^{bc}	70.404^{ab}	72.128^{a}	$5.569\ 8^{**}$

（续表）

项目	民猪	长白猪	杜民猪	长民猪	长杜民猪	*F* 值
干物质（%）	32.792[a]	28.680[c]	31.354[ab]	25.596[bc]	27.872[c]	5.569 8**
粗蛋白质（%）	22.208[a]	22.356[a]	20.676[b]	21.902[a]	22.374[a]	3.393 9*
粗脂肪（%）	9.788[a]	5.750[b]	10.928[a]	6.464[b]	5.756[b]	13.152 8**
热能（MJ/kg）	7.971[a]	7.188[b]	8.088[a]	7.531[ab]	6.535[c]	8.775 6**

（3）肾周脂肪化学组成和含热量。肾周和皮下脂肪化学组成猪种间 F 测定差异均不显著，表明民猪、长白猪及其二元、三元杂交猪肾周和皮下脂肪组成基本相同，但肾周脂肪干物质、粗脂肪和含热量高于皮下脂肪，如民猪、长白猪、杜民猪、长民猪和长杜民猪肾周脂肪干物质含量分别比同一猪种皮下脂肪干物质多6.86%、6.78%、8.05%、9.19%和7.58%（表3-36和表3-37）。由此可知，以民猪为母本与瘦肉型猪杂交，不仅能提高商品瘦肉型猪的瘦肉率，并且不降低肉质的品质。

表 3-36 肾周脂肪化学组成和含热量

项目	民猪	长白猪	杜民猪	长民猪	长杜民猪	*F* 值
水分（%）	6.888	5.236	6.582	5.324	6.958	2.058 9
干物质（%）	93.112	94.764	93.418	94.676	93.042	2.058 9
粗脂肪（%）	90.050	91.267	90.244	91.950	91.030	0.633 4
热能（MJ/kg）	36.618	36.568	36.376	36.736	37.041	0.262 0

表 3-37 皮下脂肪化学组成和含热量

项目	民猪	长白猪	杜民猪	长民猪	长杜民猪	*F* 值
水分（%）	13.474	12.018	14.636	14.514	14.533	2.399 4
干物质（%）	86.256	87.982	85.364	85.486	85.462	2.399 3
粗脂肪（%）	83.314	83.996	79.022	83.050	80.952	2.671 4
热能（MJ/kg）	33.271	33.936	31.459	33.066	32.079	2.856 0

5. 左半胴可食部分化学组成

（1）胴体化学组成的相对比例。肌肉。长白猪、长杜民和长民猪含水比例较高，民猪最低，除杜民猪和长民外，民猪与长白和三元杂种猪种间差异显著。民猪干物质比例最多，长白和长杜民猪三元杂种猪最少，杜民和长民二元杂种干物质比例接近民猪。长白猪肌肉中蛋白质比例最高，长民和长杜民猪接近长白猪，种间差异不显著。民猪与杜民近似，与其他3种猪差异均显著。民猪肌肉粗脂肪比例最多，长白和长杜民猪最低，杜民和长民倾向于民猪。民猪、杜民和长民热能含量接近，长杜民显著低于民猪和杜民猪（表3-38）。肌肉化学组成是识别猪种特点和揭示种间差异的重要指标。

表3-38　肌肉化学组成相对比例　（单位:%）

项目	水分	干物质	粗蛋白质	粗脂肪	热能（MJ/kg）
M×M	65.02[b]	34.98[a]	17.69[b]	15.43[a]	2.17[a]
L×L	68.30[a]	31.70[b]	19.63[a]	11.66[bc]	2.01[ab]
D×M	66.08[b]	33.92[a]	17.55[b]	15.17[a]	2.25[a]
L×M	66.85[ab]	33.15[ab]	19.15[a]	13.68[ab]	2.02[ab]
L×DMF	68.69[a]	31.31[b]	19.28[a]	9.70[c]	1.91[b]
F 值	5.086 **	5.086 **	5.000 **	5.742 **	2.993 **

注：1. ** 差异极显著（$P<0.01$），* 差异显著（$P<0.05$），无标记为差异不显著（$P>0.05$）；

2. 肩注字母相同者表示种间差异不显著（$P>0.05$），肩注字母不同者差异显著或极显著（$P<0.05$；$P<0.01$）。

腹外脂肪和腹内脂肪。各猪种腹外脂肪水分、干物质、粗脂肪和热能含量F测验种间差异均不显著（表3-39）。腹内脂肪水分、干物质和粗脂肪相对比例和热能含量，经F测验和两两比较，种间差异都不显著（表3-40）。

表3-39　腹外脂肪化学组成相对比例　（单位:%）

项目	水分	干物质	粗脂肪	热能（Mcal/kg）
民猪	13.474[a]	86.256[ab]	83.314[a]	7.952[ab]
长白猪	12.018[b]	87.982[a]	83.996[a]	8.111[a]
杜民猪	14.636[a]	85.364[b]	79.022[b]	7.519[b]
长民猪	14.514[a]	85.486[b]	83.05[a]	7.903[ab]
长杜民	14.538[a]	85.462[b]	80.952[ab]	7.667[ab]
F 值	2.399 3	2.399 3	2.671 4	2.856

表3-40　腹内脂肪化学组成相对比例　（单位:%）

项目	水分	干物质	粗脂肪	热能（Mcal/kg）
民猪	6.888[a]	93.112[a]	90.05[a]	8.752[a]
长白猪	5.236[a]	94.764[a]	91.276[a]	8.740[a]
杜民猪	6.582[a]	93.418[a]	90.244[a]	8.694[a]

（续表）

项目	水分	干物质	粗脂肪	热能（Mcal/kg）
长民猪	5.324[a]	94.676[a]	91.95[a]	8.780[a]
长杜民	6.958[a]	93.042[a]	0.6334[a]	8.853[a]
F 值	2.0580	2.0589	91.039	0.262

（2）胴体化学组成绝对沉积量。肌肉。民猪左半胴肌肉水分最少，长白猪最多，杜民、长民和长杜民猪处于中间，种间 F 测验差异极显著。肌肉干物质总量为 4.43～5.32kg，民猪最少，长白猪最多，蛋白质为 2.25～3.3kg，民猪低于长白、长民和长杜民猪，种间差异显著。粗脂肪为 1.54～2.15kg，民猪、长白、杜民和长民猪种间差异不显著，长杜民猪左半胴粗脂肪总量最低，与其他猪种差异达到显著水准，热能沉积总量为 27.52～33.70Mcal，民猪显著低于长白猪，二元和三元杂交猪的粗蛋白质总量倾向于长白猪的水平。

腹外脂肪和腹内脂肪。左半胴腹外脂肪含水 1.19～1.04kg，干物质 6.98～8.09kg，粗脂肪 6.59～7.72kg，热能 61.94～74.61Mcal，种间差异均不显著。左半胴腹内脂肪含水 0.056～0.08kg，干物质 0.91～1.09kg，粗脂肪 0.88～1.05kg，热能 8.48～10.18Mcal，种间差异同样不显著。

左半胴可食部分化学组成沉积总量。左半胴肌肉、腹外和腹内脂肪化学组成沉积总量，水分为 9.59～12.61kg，民猪最少，长白和长杜民猪最多，种间差异显著。干物质总量为 12.96～14.43kg。民猪粗蛋白质沉积量最低，长白猪最高，二元杂交猪显著多于民猪，长杜民三元杂交猪接近长白猪的目标，但种间差异不显著。民猪粗脂肪沉积量最多，长杜民猪最少，种间差异显著，热能总量为 101.9～117.6kcal，除长杜民外，其他猪种间差异不显著。

虽然民猪在左半胴肌肉、腹外和腹内脂肪剥离重低于长白和二元、三元杂种猪，但其化学组成沉积总量中仅水分和粗蛋白质显著低于长白及其二元、三元杂种猪。民猪粗脂肪最多，干物质、粗脂肪和热能沉积量等于或高于二元、三元杂种猪。表明民猪是脂肪沉积力较强的地方猪种（胡殿金等，1989）。

6. 肌肉中氨基酸的含量

（1）个别氨基酸的含量。民猪、长白猪、杜民猪、长民猪和长杜民猪肌肉内 18 种氨基酸的含量见表 3-41。天门冬氨酸、甘氨酸、胱氨酸、异亮氨酸、酪氨酸、苯丙氨酸和脯氨酸含量种间差异显著和极显著，其余 11 种氨基酸含量种间差异不显著。

民猪与长白猪比较，9 种氨基酸差异显著，民猪的甘氨酸多于长白猪，长白猪的天门冬氨酸、苏氨酸、谷氨酸、异亮氨酸、酪氨酸、苯丙氨酸和脯氨酸多于民猪。

表 3-41　氨基酸组成（占粗蛋白质比例）　　　（单位：%）

氨基酸	民猪	长白猪	杜民猪	长民猪	长杜民猪	F 值
天门冬氨酸	9.194[b]	9.452[a]	9.354[a]	9.383[a]	9.358[a]	3.705 3*
苏氨酸	4.466[b]	4.582[a]	4.526[a]	4.476[ab]	4.526[ab]	2.016 8
丝氨酸	3.762[ab]	3.794[a]	3.726[a]	3.658[b]	3.714[bc]	1.642 6
谷氨酸	16.040[b]	16.428[a]	16.466[a]	16.422[a]	16.334[ab]	2.121 1
甘氨酸	5.400[a]	4.694[c]	5.084[ab]	4.950[bc]	4.928[bc]	5.096**
丙氨酸	5.898[a]	5.772[a]	5.848[a]	5.902[a]	5.788[a]	2.156 6
胱氨酸	0.778[ab]	0.878[a]	0.740[bc]	0.726[bc]	0.648[c]	5.727 1**
缬氨酸	5.192[a]	5.250[a]	5.232[a]	5.256[a]	5.178[a]	1.051 1
蛋氨酸	1.532[b]	1.750[ab]	1.832[a]	1.688[ab]	1.658[a]	1.862 3
异亮氨酸	4.688[b]	4.840[a]	4.772[a]	4.854[a]	4.774[a]	5.954 8**
亮氨酸	7.996[b]	8.182[a]	8.118[ab]	8.162[a]	8.086[ab]	2.623 0
酪氨酸	2.904[c]	3.118[a]	2.940[bc]	3.018[ab]	2.944[bc]	5.781 2**
苯丙氨酸	3.624[b]	3.802[a]	3.678[ab]	3.734[ab]	3.592[b]	3.129 8*
赖氨酸	8.314[a]	8.052[a]	8.000[a]	8.048[a]	8.202[a]	1.201 9
组氨酸	3.972[a]	3.736[ab]	3.808[ab]	3.198[ab]	3.642[b]	1.750 1
精氨酸	6.226[a]	6.242[a]	6.290[a]	6.268[a]	6.290[a]	0.511 1
脯氨酸	3.428[a]	3.030[b]	3.176[b]	3.132[b]	3.088[b]	7.896**
色氨酸	0.902[a]	0.960[a]	0.868[a]	1.041[a]	0.956[a]	1.517 2

注：1. ** 差异极显著（$P<0.01$）；* 差异显著（$P<0.05$）；无标记为不显著（$P>0.05$）；

2. 肩注字母相同者差异不显著（$P>0.05$）；字母不同者种间差异显著和极显著（$P<0.05$，$P<0.01$）。

（2）肌肉氨基酸的总量。各猪种肌肉中 18 种氨基酸总量占粗蛋白质 94%左右，猪种间差异不显著（表 3-42）。

各猪种肌肉蛋白质中苏氨酸、缬氨酸、蛋氨酸、异亮氨酸、亮氨酸、苯丙氨酸、赖氨酸、组氨酸、精氨酸和色氨酸 10 种必需氨基酸总量占肌肉蛋白质 47%~48%，种间差异同样不显著。

18 种氨基酸和 10 种必需氨基酸平均值，种间差异也不显著。

表 3-42　各猪种氨基酸和必需氨基酸总量及其平均值比较（占肌肉蛋白质比例）

（单位：%）

项目		民猪	长白猪	杜民猪	长民猪	长杜民猪	F 值
18 种氨基酸	合计	94.338[a]	94.532[a]	94.476[a]	94.600[a]	93.706[a]	1.281 2
	平均	5.24[a]	5.21[a]	5.25[a]	5.26[a]	5.21[a]	0.000 7
10 种必需氨基酸	合计	46.892[a]	48.132[a]	47.126[a]	47.424[a]	46.904[a]	1.384 6
	平均	4.69[a]	4.74[a]	4.71[a]	4.74[a]	4.54[a]	0.012 7

注：1. ** 差异极显著（$P<0.01$）；* 差异显著（$P<0.05$）；无标记为不显著（$P>0.05$）；

2. 肩注字母相同者差异不显著（$P>0.05$）；字母不同者种间差异显著和极显著（$P<0.05$，$P<0.01$）。

（三）以民猪为母本的杂交猪的繁殖性能

王景顺和赵刚（1989）统计了以民猪为母本的杂交猪的繁殖性能，包括哈×民、长×民、杜×民、哈×杜民以及杜×长民共计 5 个杂交组合的 6 个性状的 542 个数据，并与同等条件下民猪的相同性状进行了比较。结果发现，二元杂交猪产仔数比民猪有所增加，其中长×民组最高；三元杂交组合的产仔数均少于民猪，但差异不显著。初生窝重长×民组，杜×民组分别比民猪多 2.24kg 和 2.31kg，差异非常显著。20 日龄头数各组与民猪较接近，唯长×民组最多，与民猪比差异非常显著。20 日龄窝重，杜×长民组最高，与民猪比差异非常显著。60 日龄头数各组与民猪无显著差异，以长×民组最多。60 日龄的窝重各组均高于民猪，其中杜×长民组比民猪多 28.51kg，差异非常显著（表 3-43）。表明以民猪为母本的杂种猪的繁殖性能均有一定的杂种优势，其中长×民组，杜×长民组的繁殖性能较高。

表 3-43　以民猪为母本的杂种猪繁殖性能

项目	哈×民		长×民		杜×民		哈×杜民		杜长×民		民猪	
	n	$\bar{X}\pm S$	n	$\bar{X}\pm S$	n	$\bar{X}\pm S$	n	$\bar{X}\pm S$	n	$\bar{X}\pm S$	n	$\bar{X}\pm S$
产仔数（个）	29	14.00±0.60	25	14.88±0.66	35	14.23±0.68	17	12.67±0.66	11	12.91±0.68	107	13.70±0.33
初生窝重（kg）	17	14.09±0.78	11	16.05±1.01	33	16.12±0.72	17	14.39±0.60	—	—	58	13.81±0.32
20 日龄头数（个）	17	10.93±0.47	20	11.75±0.10	31	10.72±0.29	—	—	11	10.82±0.38	89	10.79±0.17
20 日龄窝重（kg）	17	41.75±3.02	15	47.60±1.78	31	45.87±1.97	—	—	11	50.18±2.36	90	42.64±0.91

（续表）

项目	哈×民		长×民		杜×民		哈×杜民		杜长×民		民猪	
	n	$\bar{X}\pm S$	n	$\bar{X}\pm S$	n	$\bar{X}\pm S$	n	$\bar{X}\pm S$	n	$\bar{X}\pm S$	n	$\bar{X}\pm S$
60日龄头数（个）	22	10.75±0.38	24	11.21±0.23	32	10.50±0.28	13	10.77±0.46	11	10.55±0.16	106	10.61±0.16
60日龄窝重（kg）	22	146.47±7.63	24	144.02±4.23	32	141.83±7.02	13	138.88±9.23	11	165.00±10.80	107	136.49±2.76

注：同一行字母不同表示差异显著（$P<0.05$）。

（四）民猪与巴克夏的杂交试验

巴克夏猪是世界著名的猪品种之一，原产地为英国巴克夏，1860年基本育成，为脂肪型品种。第二次世界大战后，改育为瘦肉型。现代巴克夏猪以保持该猪传统优质肉为基础，改进其生长速度、瘦肉率、繁殖性能，其成年体重200~300kg，167日龄达112.5kg。目前，巴克夏猪在国际养猪业中被普遍用作终端父本生产精品杂种猪。

张树敏等（2010）对巴克夏、民猪、巴民杂交猪各5头进行了肉质性状的测定，结果发现，24h后的pH民猪最高，极显著高于巴克夏和巴民杂交猪（$P<0.01$），巴民杂交猪最低，但未出现PSE肉。民猪的肌内脂肪极显著高于巴民杂交猪和巴克夏（$P<0.01$），巴民杂交猪也极显著高于巴克夏（$P<0.01$）（表3-44）。

表3-44　民猪、巴克夏和巴民猪的肉质比较结果

项目	巴克夏	民猪	巴克夏×民猪
pH_{24}	5.54 ± 0.12^{Bb}	5.77 ± 0.09^{Aa}	5.36 ± 0.02^{Bc}
肉色	2.60 ± 0.22^{b}	2.90 ± 0.55^{a}	2.33 ± 0.58^{b}
大理石纹	3.70 ± 0.45^{a}	3.60 ± 0.55^{a}	2.50 ± 0.87^{b}
失水率（%）	39.07 ± 1.31^{Aa}	28.50 ± 5.99^{Bb}	35.47 ± 0.28^{AaB}
熟肉率（%）	57.21±2.71	59.08±4.15	61.03±0.13
滴水损失（%）	3.32 ± 0.39^{a}	2.35 ± 0.32^{b}	2.78 ± 0.32^{a}
剪切力（kg）	3.08±0.29	2.92±0.30	3.08±0.89
眼肌面积（cm^2）	37.58 ± 4.67^{Aa}	21.24 ± 2.31^{Bb}	36.02 ± 1.22^{Aa}
肌内脂肪含量（%）	1.58 ± 0.58^{Cc}	5.39 ± 0.75^{Aa}	3.73 ± 0.74^{Bb}

注：同一行字母不同表示差异显著（$P<0.05$）。

二、三元杂交

（一）二元与三元杂交猪的比较

刘志武等（1996）在兰西县种猪场，对该场1992年和1993年的二元、三元杂交组合试验和1995年春产的14窝仔猪进行调查统计分析；1995年9月在大庆石油管理局天然气猪场，对该场1992年、1993年、1994年和1995年的二元、三元杂交组合试验和1995年春产的143窝仔猪进行统计分析。

他们调查统计了杂交猪各组合的增重速度、饲料报酬等，杂交猪的胴体性状，以及杂交猪的繁殖性能等。在日增重、饲料报酬和达90kg日龄方面，兰西县种猪场表现为二元杂交猪优于民猪纯繁，而三元杂交猪又优于二元杂交猪（表3-45）。以达90kg日龄为例，二元杂交猪比民猪提前出栏15.7d，而三元杂交猪比民猪提前39.5d出栏，比二元杂交猪提前24d出栏。杂交育肥猪提前出栏16~40d，节省饲料64~160元。在大庆天燃气猪场，也有相似的规律，三元杂交猪好于二元杂交猪。

表3-45　杂交猪日增重、饲料报酬统计

年份	单位	父本	母本	试猪头数	日增重（g）	料肉比	达90kg日龄（d）	提前日龄（d）
1992	兰西	民	民	12	412	3.75	238	
1993	兰西	杜	民	8	638	3.60	204	
1993	兰西	长	民	11	547	3.50	221	
1992	兰西	长	民（初产）	8	498	3.92	242	
二元组平均值				27	561.0	3.67	222.33	
与民猪相比（%）					+36.17	-2.13	-6.58	提前15.7d
1993	兰西	长	杜民	7	603	3.60	197	
1992	兰西	杜	长民	8	534	3.65	198.5	
三元组平均值				15	568.5	3.65	198.5	
与民猪相比（%）					+37.99	-2.74	-16.60	提前39.5d
1992—1995	天燃气	长	民	24	550	3.63	196.25	
1992—1995	天燃气	杜	民	24	555	3.58	197.75	
1992—1995	天燃气	杜	长民	24	632.5	3.51	185.5	
三元比二元（%）					+14.48	-2.77	-5.84	（提前11d）

从杂交猪的胴体性状看，二元杂交猪优于纯种猪，三元杂交猪又优于二元杂交猪。除了背膘厚有所降低外，其余各性状均为提高的趋势（表3-46）。

表3-46　杂交猪胴体性状统计

年份	单位	父本	母本	试猪头数	胴体重（kg）	屠宰率（%）	胴体长（cm）	背膘厚（cm）	眼肌面积（cm^2）	后腿比例	瘦肉率（%）
1992	兰西	民	民	12	62.10	70.19	89.42	3.52	18.78	28.45	45.40
1993	兰西	杜	民	8	63.10	73.21	89.58	3.15	22.86	29.10	51.04
1994	兰西	长	民	11	63.20	73.63	90.08	3.51	25.99	29.30	50.08
1992	兰西	长	民（初产）	8	60.03	79.54	90.23	2.74	30.62	29.93	52.61
二元组平均值				27	62.11	75.46	89.96	3.13	26.49	29.44	51.24
与民猪比（%）					+0.02	+5.27	+0.60	−10.99	+41.05	+3.48	+12.86
1992	兰西	长	杜民	7	63.50	74.50	95.08	3.04	24.37	29.40	52.17
1992	兰西	杜	长民	6	66.53	73.18	96.67	2.98	25.11	30.10	56.47
三元组平均值				13	65.02	73.84	95.88	3.01	24.74	29.75	54.32
与民猪比（%）					+4.70	+3.65	+7.22	−14.49	+31.74	+4.57	+19.65

从杂交猪的繁殖性状看，仍然是二元杂交猪优于纯种猪，三元杂交猪又优于二元杂交猪，两个猪场的规律基本相似（表3-47）。以总产仔为例，在兰西县种猪场，纯繁猪平均为13.19头，二元杂交猪为13.68头，三元杂交猪为14.33头。而60d窝重分别为125kg、149kg和171kg。二元杂交猪比纯种猪每头每产多收入144元（1kg按12元计价），三元杂交猪比二元杂交猪每头每产多收入132元，比纯种猪每头每产多收入276元，每年两产收入又增加1倍。

表3-47　杂交猪繁殖性状统计

年份	单位	组合	统计窝数	总产仔（头）	产活仔（头）	初生窝重（kg）	20d窝重（kg）	60d窝重（kg）	60d个体重（kg）	60d育活
1992	兰西	民猪	170	13.47	11.94	11.7	31.7	125.55	12.58	9.98
1995	兰西	长白	12	9.17	9.08	11.38	40.42	119.71	15.79	7.58
民、长平均值			182	13.19	11.75	11.68	32.27	125.16	12.79	9.82
1992	兰西	杜民	25	14.23	12.50	16.12	45.87	141.86	13.51	10.50
1995	兰西	哈民	25	11.84	10.96	11.98	36.78	147.52	16.84	8.76
1992	兰西	长民	25	14.88	12.0	16.05	47.60	144.05	12.85	11.21
1995	兰西	约民	18	12.67	11.83	12.86	37.33	168.61	18.62	9.06
1993	兰西	长民	15	14.80	12.50	16.20	47.20	144.52	13.02	11.10
二元组平均值			108	13.68	11.96	14.64	42.96	149.31	14.97	10.13

（续表）

年份	单位	组合	统计窝数	总产仔（头）	产活仔（头）	初生窝重（kg）	20d 窝重（kg）	60d 窝重（kg）	60d 个体重（kg）	60d 育活
与民、长比（%）				+3.71	+1.79	+25.34	+33.13	+19.30	+17.04	+3.16
1992	兰西	长×杜民	15	13.91	12.51	16.50	50.18	165.0	15.64	10.55
1992	兰西	杜×长民	15	14.50	12.40	16.30	49.30	164.85	14.31	11.52
1995	兰西	长×约民	25	14.08	12.84	12.58	42.94	151.50	17.29	8.76
1995	兰西	哈×杜民	18	14.75	12.13	13.63	43.94	170.31	18.41	9.25
1995	兰西	约×杜民	14	14.0	13.0	16.50	50.88	203.88	19.89	10.25
三元组平均值			87	14.33	12.59	15.10	47.45	171.11	17.11	10.07
与民、长比（%）				+8.64	+7.15	+29.28	+47.04	+36.71	+33.78	+2.55

（二）长白猪和民猪正反交一代杂种猪肥育性能的研究

胡殿金等（1991）研究了以民猪为父本和长白猪为母本反交一代杂交猪的肥育效果，试验从体重20~90kg，计算试验猪喂料量和增重，试验结束时屠宰测定。部分研究结果摘录如下。

达20kg体重的日龄，纯种民猪用时最长，为90.22d，长白猪最短，为75.80d。纯种民猪、正交杂交猪和杜长民杂交猪之间差异不显著，但与长民一代反交杂种猪差异显著。说明长白猪作父本可以提高杂交猪的生长速度，但长白猪作母本，则这种增速效应消失，与体重达90kg体重的日龄差异相同。日增重方面，纯种民猪的日增重最小，长白猪最大，但不同组间差异不显著（表3-48）。

表3-48　不同杂交组合的肥育性能

猪品种	头数	开始		结束		试验日数	日增重（g）	增重1kg需饲料（kg）
		日龄（日）	体重（kg）	日龄（日）	体重（kg）			
长×长	10	75.80[c]	20.15[a]	206.00[c]	89.93[a]	141.22[a]	539.44[a]	3.51[a]
民×民	9	90.22[a]	20.97[a]	231.44[a]	89.81[a]	130.20[a]	495.61[a]	4.19[a]
长×民	10	89.70[a]	19.85[a]	225.10[ab]	90.00[a]	135.40[a]	520.46[a]	3.55[b]
民×长	9	81.56[b]	20.64[a]	208.22[c]	90.19[a]	126.67[a]	553.04[a]	3.46[b]
杜×长民	10	88.00[a]	20.29[a]	217.40[bc]	89.95[a]	129.40[a]	543.21[a]	3.44[b]
*F*值		83.703**	0.617	5.450 5**	0.013 8	1.599 6	1.477 9	24.304 5**

注：**差异极显著（*P*<0.01），*差异显著（*P*<0.05显著；肩注字母不同者差异显著）；L为长白猪，M为民猪，LM为长民杂交猪，D为杜洛克，下表同。

屠宰后，纯种猪与正反交一代杂交猪的空体重和双胴重各组间无显著差异；长白猪的头重所占比例最小，与其他组差异显著，而民猪的头重所占比例最大；四蹄所占比例以民猪和杜长民最大，长民正交一代最小，其次是长白猪和长民反交一代（表3-49）。

表3-49　猪体各部重比例

项目	长×长	民×民	长×民	民×长	杜×长民	F值
空体重（kg）	85.987^{a}	85.258^{a}	85.811^{a}	84.777^{a}	84.692^{a}	1.183 1
头（%）	5.374^{b}	6.962^{a}	6.155^{ab}	6.062^{ab}	6.632^{a}	4.02 *
双胴（%）	73.632^{a}	70.988^{a}	72.858^{a}	73.201^{a}	73.411^{a}	1.623 9
四蹄（%）	1.509^{b}	1.756^{a}	1.492^{b}	1.528^{b}	1.782^{a}	4.105 7 **

注：** 差异极显著（$P<0.01$），* 差异显著（$P<0.05$ 显著；肩注字母不同者差异显著）下表同。

纯种猪和正反交一代杂交猪在颈肩胸和腰占左半胴合计重的比例方面，无显著差异；腿臀占比以长白猪最高，长民正交一代和纯种民猪的占比最低（表3-50）。

表3-50　左半胴颈肩胸、腰和腿臀重占合计重比例　（单位：%）

项目	长×长	民×民	长×民	民×长	杜×长民	F值
颈肩胸	54.641^{a}	55.217^{a}	55.214^{a}	55.170^{a}	56.260^{a}	0.864 3
腰	14.366^{a}	15.455^{a}	16.027^{a}	14.964^{a}	13.769^{a}	1.921 3
腿臀	31.160^{a}	29.251^{b}	28.744^{b}	29.867^{ab}	29.972^{ab}	3.294 9 *

在胴直长方面，纯种民猪最短，长白猪最高，两者间达显著水平；胴宽在纯种猪和正反杂交猪之间无显著差异；纯种民猪的皮最厚，长白猪的皮最薄，正反交一代居中；长白猪的眼肌面积极显著高于纯种民猪；杜长民的四点平均背膘厚和6~7肋处背膘厚最薄，甚至薄于长白猪，而纯种民猪的最厚（表3-51）。

表3-51　左半胴测量比较资料

项目	长×长	民×民	长×民	民×长	杜×长民	F值
胴直长（cm）	92.500^{a}	86.750^{b}	91.000^{a}	91.166^{a}	90.883^{a}	6.242 2 **
胴宽（cm）	36.833^{a}	38.333^{a}	37.417^{a}	37.333^{a}	36.167^{a}	2.301 9
皮厚（cm）	0.196^{c}	0.397^{a}	0.260^{bc}	0.255^{bc}	0.267^{b}	11.731 7 **
眼肌面积（cm^2）	32.998^{a}	20.430^{c}	25.168^{b}	25.967^{b}	28.402^{c}	9.146 3 **
四点平均背膘厚（cm）	3.096^{ba}	3.998^{a}	3.407^{b}	3.513^{b}	2.733^{c}	10.839 9 **
6~7肋处背膘厚（cm）	3.150^{bc}	4.197^{a}	3.662^{ab}	3.677^{ab}	2.869^{c}	6.075 **

左半胴中骨重占比在纯种猪和杂交猪间无显著差异；皮重占比纯种民猪最高，这与其皮较厚相关，长白猪的皮最薄，因此其皮重占比最低；杜长民的纯瘦肉占比最高，脂肪占比最低。可见，经过三元杂交，显著提高了瘦肉率，降低了脂肪占比（表3-52）。

表3-52 左半胴骨皮肉脂占合计比例 （单位：%）

项目	长×长	民×民	长×民	民×长	杜×长民	F值
骨	9.404[a]	9.575[a]	8.983[a]	9.512[a]	10.288[a]	1.921 7
皮	6.148[c]	13.193[a]	8.167[b]	7.853[b]	7.914[b]	24.104 8
纯瘦肉	55.291[c]	43.559[b]	52.196[b]	51.587[b]	56.189[a]	21.821 4**
肉-皮肌+肌间脂	55.638[ab]	45.528[bc]	53.307[bc]	52.210[c]	57.459[a]	24.348**
肉+肌间脂肪	58.026[ab]	47.360[bc]	55.381[bc]	54.427[c]	59.016[a]	15.671**
脂肪（皮下+肌间）	29.158[ab]	33.038[a]	30.709[a]	31.249[a]	25.611[b]	4.852 4**

（三）“二洋一本”与“洋三元”生长繁殖表现及胴体肉质性状比较

王希彪等（2004）选取经产母猪长民（长白×民猪）、大民（大白×民猪）各35头，大长（大白×长白）25头，分别以杜洛克、长杜为父本，比较其繁殖、生长性能和胴体肉质性状。结果表明，长民和大民母猪在产仔数、产活仔数和育成头数方面极显著优于大长母猪（$P<0.01$）（表3-53）。

表3-53 不同杂交组合的繁育性状

项目	杜×长民		长×大民		杜×大长	
	n	$\bar{x}\pm s_i$	n	$\bar{x}\pm s_i$	n	$\bar{x}\pm s_i$
产仔数	35	14.45±0.18	35	13.91±0.27	25	11.82±0.18
产活仔数	35	13.09±0.16	35	12.51±0.15	25	10.18±0.12
初生重（kg）	35	1.24±0.23	35	1.32±0.21	25	1.53±0.27
初生存活率（%）	35	90.72±1.51	35	89.90±2.45	25	85.58±0.96
断乳头数	35	11.92±0.13	35	11.55±0.16	25	9.09±0.09
育成率（%）	35	90.89±0.88	35	92.31±0.10	25	89.34±0.75

肥育性能方面，杜大长在日增重、料重比等方面略优于杜长民和长大民，但差异不显著（$P>0.05$）（表3-54）。

表 3-54　不同杂交组合的肥育性状

项目	杜×长×民	长×大×民	杜×大×长
试验头数	30	30	25
始重（kg）	29.86±1.51	30.88±3.92	30.44±1.94
末重（kg）	98.79±1.75	99.48±2.38	99.98±2.27
肥育天数	86	87	85
达 90kg 日龄	176	178	171
日增重（g）	802	789	818
料重比	3.12	3.18	2.84

在肉色、pH、失水率和大理石纹 4 项指标中，三者均在正常范围内，但杜大长的肉色及失水率明显高于其他两组（$P<0.01$）（表 3-55）。杜长民和长大民两组肉质细嫩多汁，不易出现 DFD 和 PSE 肉，两种杂交组合间差异不显著（$P>0.05$）（王希彪等，2004）。

表 3-55　不同杂交组合的胴体和肉质性状

项目	杜×长×民	长×大×民	杜×大×长
屠宰头数	10	10	10
宰前重（kg）	96.81±2.45	98.63±2.72	98.13±1.88
屠宰率（%）	72.15±2.14	71.83±2.37	74.20±1.53
背膘厚（cm）	3.59±0.13	2.69±0.12	2.56±0.18
眼肌面积（cm^2）	33.23±0.17	33.12±0.46	33.65±0.45
瘦肉率（%）	61.89	61.65	62.23
肉色评分	3.0	3.1	2.3
pH	6.10	6.18	5.90
大理石纹评分	3.4	3.6	3.1
失水率（%）	10.30	11.40	18.80

（四）三元杂交猪的繁殖性能和胴体性状的比较

王亚波等（2008）报道了兰西县种猪场开展的以长民、大民、大长的经产母猪为母本，分别以长白、杜洛克为父本，各杂交组合方式下杂交猪的总产仔数、产活仔数、仔猪存活率、仔猪初生重、断奶仔猪头数、仔猪育成率、达 90kg 体重、饲料报酬、瘦肉率等指标，并对肥育猪猪肉中的药物残留情况做了现场对比。部分研究结果摘录如下。

1. 繁殖性能

长民二元母猪的总产仔数为14.45头，产活仔数为13.09头，育成头数为11.92头，分别比大长二元母猪高2.63头、2.91头和2.83头。大民二元母猪的产仔数为13.91头，产活仔数为12.51头，育成头数为11.55头，分别比大长二元母猪高2.09头、2.33头和2.46头。土洋杂交平均育成头数比三洋杂交高2.65头。经t检验，长民和大民二元母猪繁殖性能与大长二元母猪的繁殖性能差异极显著（$P<0.01$）。从繁殖性能看，土洋杂交各指标明显高于三洋杂交，同时土洋杂交母猪发情明显，繁殖疾病少，母猪繁殖利用年限长。

表3-56　不同杂交模式中母猪繁殖性能的测定结果

项目	杜×长×民	长×大×民	杜×大×长
试验头数（头）	35	35	25
产仔数（头）	14.45±0.18	13.91±0.27	11.82±0.18
产活仔数（头）	13.09±0.16	12.51±0.15	10.18±0.12
初生个体重（kg）	1.24±0.23	1.32±0.21	1.53±0.27
初生存活率（%）	90.72±1.51	89.90±2.45	85.58±0.96
断乳头数	11.92±0.13	11.55±0.16	9.09±0.09
育成率（%）	90.89±0.88	92.31±0.10	89.34±0.75

2. 肥育性能

在两种模式的组合中，“三洋”杂交猪杜大长仔猪的日增重为847g，分别比“土洋”杂交的杜长民和长大民高49g和62g；料肉比为2.84，比“土洋”杂交猪分别低28%和34%；达到90kg体重的日龄为171d，比“土洋”杂交猪分别少1d和2d（表3-57）。从肥育性能看，“三洋”杂交猪各项指标均优于“土洋”杂交猪，但差异不显著（$P>0.05$），特别是在现今饲料价格涨幅大的情况下，土洋杂交耐粗饲的优点极为宝贵，可以通过添加粗料来降低饲养成本。

表3-57　不同杂交模式中肥育性状的测定结果

项目	杜×长×民	长×大×民	杜×大×长
试验头数（头）	30	30	25
始重（kg）	29.86±1.51	30.88±3.92	30.44±1.94
末重（kg）	98.79±1.75	99.48±2.38	99.98±2.27
肥育天数（d）	86	87	85
达90kg日龄	176	178	171

（续表）

项目	杜×长×民	长×大×民	杜×大×长
日增重（g）	798	785	815
料肉比	3.12	3.18	2.84

3. 胴体和肉质性状

杜大长背膘厚略薄于杜长民和长大民，差异不显著（$P>0.05$），眼肌面积和瘦肉率略大于杜长民和长大民，差异不显著（$P>0.05$）。肉质性状方面测定了肉色、pH、失水率和大理石纹 4 项指标，3 个组合均在正常范围内，但杜大长的肉色略倾向于灰白色，失水率明显高于其他两组（$P<0.01$）（表 3-58）。杜长民和长大民两组肉质保留了民猪的肉质细嫩多汁的风味，而且无 DFD 和 PSE 肉，两种杂交组合差异不显著（$P>0.05$）。

表 3-58　不同杂交模式中胴体和肉质性状表现

项目	杜×长×民	长×大×民	杜×大×长
屠宰头数	10	10	10
宰前重（kg）	96.81±2.45	98.63±2.72	98.13±1.88
屠宰率（%）	72.15±2.14	71.83±2.37	74.20±1.53
背膘厚（cm）	3.59±0.13	2.69±0.12	2.56±0.18
眼肌面积（cm^2）	33.23±0.17	33.12±0.46	33.65±0.45
瘦肉率（%）	61.89	61.65	62.23
肉色评分	3	3.1	2.3
pH	6.10	6.18	5.90
大理石纹	3.40	3.60	3.10
失水率（%）	10.30	11.40	18.80

4. 肉质的安全性检测

试验猪在肥育期严格按照原农业部发布和实施的无公害猪肉生产的农业行业标准 NY 5027—2001 至 NY 5033—2001，包括《畜禽加工用水水质》《无公害猪肉》《生猪饲养兽药使用准则》《生猪饲养兽医防疫准则》《生猪饲养饲料准则》等 7 项标准进行饲养，屠宰严格按照 GB/T 17236—2019《畜禽屠宰操作规程生猪》和 NY 467—2017《畜禽屠宰卫生检疫规范》进行。“土洋”杂交组合猪的检测结果为，滴滴涕 0.007 6mg/kg、金霉素 0.04mg/kg、汞 0.001 5mg/kg、铬 0.26mg/kg、磺胺素 0.03mg/kg、大肠杆菌 20MPN/100g、砷 0.013mg/kg、铅 0.002mg/kg，以上含量均大大低于 GB 2707—2016《食品安全国家标准鲜（冻）畜禽产品》（GB 2707）的标准。而瘦肉型杂交组合猪的检测结果为，滴滴涕0.008 7mg/kg、金霉素0.049mg/kg、汞0.001 8 mg/kg、铬 0.35mg/kg、磺胺素 0.04mg/kg、大肠杆菌27MPN/100g、砷0.024mg/kg、铅0.004mg/kg，以上含量也均低于 GB 2707—2016《食品安全国家标准鲜（冻）畜禽产品》（GB 2707）的标准。

（五）不同比例民猪血统的生长肥育猪生产性能和胴体特性

张微等（2012）选择体重相近（25kg）、健康的纯种民猪（民猪♂×民猪♀），含1/2民猪血统的杂交猪（长白♂×民猪♀），含1/4民猪血统的杂交猪（大白♂×长民♀），含1/8民猪血统的杂交猪（杜洛克♂×大长民♀）和杜大长（杜洛克♂×大长♀）各12头作为试验动物。在同一营养水平下，研究民猪血统对生长肥育猪生产性能和胴体特性的影响。部分研究结果摘录如下。

民猪与引入猪种杂交后，含不同比例民猪血统的杂交猪各阶段生产性能均显著高于民猪（$P<0.05$）。综合考虑平均日增重和料肉比后，生产性能表现的优劣顺序为：杜×大长猪、1/8民猪、1/4民猪、1/2民猪和民猪。

试验猪在体重100kg左右屠宰时，含1/2民猪血统的杂交猪、含1/4民猪血统的杂交猪和含1/8民猪血统的杂交猪的瘦肉率分别比民猪提高了3.70%、7.23%和11.85%；眼肌面积分别提高了32.35%、58.56%和57.79%；背部4点平均膘厚分别降低了6.55%、17.38%和21.66%。杜×大长杂交猪的生产性能和胴体特性与民猪及含民猪血统的杂交猪差异显著（$P<0.05$）。随民猪血统比例的增加，杂交猪的屠宰率、瘦肉率和眼肌面积逐渐降低，背部4点平均膘厚、板油率和皮下脂肪率则逐渐增加。

（六）民猪与其杂交猪肥育性能差异的研究

黄宣凯等（2016）对纯种民猪、杜民（杜洛克×民猪）、杜民杜民（杜民×杜民）、大杜民（大白×杜民）等杂交猪的料肉比进行比较分析，研究含有不同比例民猪血统下杂交品种肥育性能的差异。部分研究结果摘录如下。

在平均日增重方面，60kg和100kg体重时大杜民、杜民杜民、杜民平均日增重显著高于民猪（$P<0.05$），杂交品种间无显著性差异（$P>0.05$）。在料肉比方面，在60kg和100kg体重时大杜民、杜民杜民、杜民料肉比显著高于民猪（$P<0.05$），杂交品种间无显著性差异（$P>0.05$）。在营养物质含量较低的肥育试验中，杂交猪表现出较高的生产性能，其60kg体重、100kg体重日龄均比纯民猪短，活体背膘厚杂交猪较纯民猪薄。说明含有民猪血统的杂交猪不仅保持了引进品种的生长速度快的优点，还保持了地方品种的耐粗饲的特点。

1. 各品种仔猪初始情况比较

各品种仔猪除杜民外，其余不同品种仔猪的初始体重均在22~25kg范围内，符合试验要求。从出生体重至初始试验体重，民猪的生长期最长，为98.7d；杜民杜民的生长期最短，为75.5d。从出生体重至试验结束体重，民猪的生长期最长，为249.8d；大杜民的生长期最短，为203.2d。从初始试验体重至试验结束体重，民猪的生长期也最长，为151.0d，杜民的生长期最短，为126.7d。不同品种间不同阶段生长期差异显著（$P<0.05$）。

2. 不同品种仔猪不同阶段日增重比较分析

从试验初始体重至60kg体重，民猪的平均日增重最小，为509.1；大杜民的平均日增重最大，为631.7。从60~100kg体重，民猪的平均日增重最小，为531.5，大杜民的平均日增重最大，为610.4。不同品种间比较差异显著（$P<0.05$）。

3. 不同品种仔猪不同阶段料肉比比较分析

从试验初始体重至60kg体重，民猪的料肉比最小，为1.89；大杜民的料肉比最大，为2.879。从60~100kg体重，民猪的料肉比最小，为2.46，大杜民的料肉比最大，为4.05。不同品种间差异显著（$P<0.05$）。

三、民猪新品系选育和性能测定

金鑫等（2016）测定了在正常饲养管理条件下，吉林省农业科学院、公主岭飞马斯牧业（飞马斯）和吉林红嘴种猪繁育有限公司（红嘴）选育的新品系民猪的体型外貌、生长发育以及繁殖性状等基本数据。部分研究结果摘录如下。

（一）体型外貌

全身毛为黑色，头中等大，颜面直，耳大下垂到嘴角处，单脊，腹大下垂，乳头7~8对，四肢粗壮，后腿弯曲。

（二）生长发育

对3个猪场的后备猪和成年猪进行了体重和体尺性状的测定（表3-59和表3-60），成年公猪的体重可达200kg左右，母猪略轻；体长近150cm。

表3-59 后备猪体重和体尺测定结果

项目单位	性别	测定头数	4月龄	6月龄		8月龄			
			体重（kg）	体重（kg）	体长（cm）	体重（kg）	体长（cm）	胸围（cm）	体高（cm）
吉林省农业科学院	公	5	30.69	50.40	102.00	111.44	101.50	98.40	65.50
	母	52	27.48	41.78	93.55	108.99	97.50	101.20	64.80
飞马斯	公	4	25.90	57.80	93.80	118.30	101.50	101.50	63.50
	母	34	36.70	65.10	101.00	121.70	104.80	104.80	61.30
红嘴	公	3	31.00	53.00	95.60	105.00	95.50	95.70	66.00
	母	20	30.40	57.00	96.80	112.00	100.20	100.20	66.00

表 3-60　成年猪体重和体尺测定结果

项目单位	性别	测定头数	体重（kg）	体长（cm）	胸围（cm）	体高（cm）	胸深（cm）
吉林省农业科学院	公	5	226. 50	158. 75	141. 00	84. 25	56. 25
	母	30	180. 88	147. 47	134. 97	78. 28	52. 87
飞马斯	公	3	200. 90	152. 00	145. 60	87. 30	59. 60
	母	20	148. 00	141. 90	130. 00	87. 50	48. 00
红嘴	公	3	195. 00	148. 00	139. 00	86. 00	58. 40
	母	15	151. 00	141. 00	132. 00	82. 00	54. 50

（三）繁殖性状

在一般饲养管理条件下，生后 3~4 月龄性成熟，小公母猪相互爬跨，有强烈的性欲表现。个别小猪也有 2. 5 个月龄出现初情现象，表 3-61 列出了吉林省农业科学院养猪场的测定结果。

表 3-61　民猪生殖生理指数

性成熟	性周期		发情持续时间		断奶后发情时间（d）		妊娠期（d）		
	头数（头）	天数（d）	头数（头）	时间（h）	幅度（d）	平均（d）	头数（头）	幅度（d）	平均（d）
3~4 月龄	30	20. 3	30	97. 68	2~10	4. 7	54	111~117	113. 5±1. 38

养猪场公猪于 9 月龄体重达 90kg，母猪 8 月龄体重 80kg 初配，饲养户一般生后 7~8 月龄，体重 50~60kg 开始配种。受胎率一般为 95%~98%。

1. 产仔数

从第 1~12 产 150 窝统计，平均每窝产仔 14. 70 头，存活 14. 19 头，从第 1~12 产的平均产仔数为 12. 87 头。

2. 仔猪初生重与哺乳期发育

仔猪初生重较小，平均 0. 98kg。农业科学院对 80 头仔猪的统计处理，初生重与断奶重呈正相关，相关系数为 0. 97，初生重小，发育慢，育成率低；初生重大，育成率高，发育也快。

3. 仔猪哺乳期的生长速度

根据飞马斯的记录结果显示，10 日龄时，仔猪平均重为 2. 6kg，日增重为 149g；30 日龄时，仔猪平均重为 5. 6kg，日增重为 147g；60 日龄时，仔猪平均重为 14. 8kg，日增重为 346g。

4. 母猪的泌乳力

吉林省农业科学院猪场经产母猪 20 日龄平均窝重为 39. 88kg；公主岭飞马斯牧业为 40kg；30 日龄窝重为 60. 78kg。第 2~9 产泌乳力逐渐上升，第 10 产后开始下降。

5. 仔猪断乳窝重及哺育率

吉林省农业科学院猪场统计，初产母猪 60 日龄平均断奶窝重为 103. 0kg，最高个体重为 12. 48kg，经产母猪为 133. 04kg，个体重为 15. 81kg。红嘴猪场（105 窝）的统计结果为 60 日龄窝重为 140kg，个体重为 12. 60kg。哺育率，红嘴猪场为 74. 7%，吉林省农业科学院猪场为 84. 7%，公主岭飞马斯牧业为 82. 48%。

（四）肥育性状

增重速度和饲料报酬。吉林省农业科学院猪场的测定结果为生后 300 日龄平均体重可达 135. 99kg，肥育期平均日增重 501g，180~240 日龄增重最快，饲料报酬率也高。飞马斯猪场（2013，2014）的测定结果为生后 240 日龄体重为 98kg（母猪）和 101. 2kg（公猪），每增重 1kg 耗 4. 52 个饲料单位。120 日龄增重较快，全期平均日增重为 495g。

屠宰测定。吉林省农业科学院猪场的测定结果为 210 日龄屠宰前活重为 99. 25kg，宰后体重为 75. 00kg，屠宰率为 75. 6%；6~7 肋间膘厚为 5. 14cm，皮厚为 0. 48cm；骨、红肉、白肉分别为 8. 33%、40. 29% 和 37. 81%，红肉和白肉比例为 1：0. 94。

（五）杂交效果

用民猪做亲本开展杂交组合研究，发现民猪与长白猪、大白猪、松辽黑猪等二元杂交效果较好，但杂交优势并不相同。不同品种杂交个体的生长性能和屠宰性能的测定结果见表 3-62 和表 3-63。

表 3-62 不同杂交组合个体的生长性能测定结果

年份	项目单位	父本	母本	试验头数	开始重（kg）	结束重（kg）	日增重（g）	肉料比	优势率（%）
2013	吉林省农业科学院	民猪	长白	6	14. 00	166. 80	516. 00	4. 05	+0. 70
		长白	民猪	6	12. 60	126. 80	632. 00	3. 77	+23. 40
		民猪	民猪	6	12. 00	98. 00	478. 00	4. 11	
2014		长白	民猪	6	18. 00	127. 10	642. 00	4. 30	+17. 26
		民猪	民猪	6	17. 00	101. 20	495. 00	4. 23	
		民猪	长白	5	16. 10	111. 30	560. 00	4. 14	+8. 1

（续表）

年份	项目单位	父本	母本	试验头数	开始重（kg）	结束重（kg）	日增重（g）	肉料比	优势率（%）
2014	飞马斯	长白	民猪	5	20.00	90.00	500.00	4.43	+5.2
		民猪	民猪	5	20.20	90.00	438.00	4.89	
		民猪	长白	5	20.00	90.00	511.00	4.71	
2014	红嘴	长白	民猪	4	22.13	75.50	508.33	3.00	+9.44
		松黑	民猪	4	22.75	76.50	491.67	3.87	+2.94
		民猪	松黑	4	23.25	79.75	600.00	3.48	+25.79
		民猪	民猪	4	20.06	62.75	454.00	3.68	

表 3-63　不同品种杂交屠宰性能比较

年份	单位	组别		头数	屠宰率（%）	膘厚（cm）	眼肌面积（cm^2）	后腿比例（%）	净肉（%）	优势率（%）
		父本	母本							
2014	农业科学院	大白	东民	3	75.92	4.39	26.76	26.30	79.99	+29.70
		长白	东民	3	73.67	3.59	26.88	23.48	67.00	+24.91
		大白	大白	3	71.50	2.71	27.48	27.52	61.57	
		长白	长白	3	74.64	3.15	25.35	28.12	62.25	
		东民	东民	3	70.57	3.59	25.20	25.64	56.94	

参考文献

蔡玉环，何勇，1990. 东北民猪与哈白、长白猪繁殖力比较及其杂交效果分析［J］. 黑龙江畜牧兽医（11）：10-12.

陈润生，1985. 民猪哈白猪及其正反交 F_1 的肉质研究（摘要）［J］. 黑龙江畜牧兽医（11）：38-39.

陈润生，汪嘉燮，王性善，等，1983. 三江白猪育种工作之研讨［J］. 中国农业科学（3）：6-14.

段英超，周殿正，杨庆章，等，1981. 东北民猪、哈尔滨白猪和长白猪的主要器官数值测量分析［J］. 东北农学院学报（3）：75-80.

黑龙江省三江白猪育种协作组，1978. 猪胴体性状的遗传方式与杂种优势的研究［J］. 中国农业科学（1）：85-90.

黑龙江省畜禽育种委员会，1977. 哈白猪新品种育成［J］. 中国农业科学（2）：95-96.

胡殿金，关湛铭，赵刚，等，1989. 东北民猪、长白猪和杂种猪生长肥育的研究——Ⅲ. 胴体化学组成［J］. 东北农学院学报（2）：130-135.

胡殿金，关湛铭，赵刚，等，1991. 东北民猪、长白猪和杂种生长肥育猪肉质的特点［J］. 黑龙江畜牧兽医（5）：16-17.

胡殿金，齐守荣，1986. 东北民猪、哈白猪及其杂交一代猪生长发育的研究［J］. 东北养猪（1）：5-10.

胡殿金，王井顺，1985. 东北民猪和哈白猪性行为的观测［J］. 黑龙江畜牧兽医（5）：2-5.

胡殿金，赵刚，王景顺，等，1987. 东北民猪、长白猪和杂种猪生长肥育的研究——肥育性能和胴体评定［J］. 东北养猪（4）：23-26，34.

胡殿金，赵刚，王景顺，等，1989. 东北民猪、长白猪和杂种猪生长肥育的研究——Ⅱ. 肌肉生长的特点［J］. 东北农学院学报（1）：63-72.

胡殿全，赵刚，蔡玉环，等，1991. 长白猪和东北民猪正反交一代杂种猪肥育性能的研究［J］. 黑龙江畜牧兽医（12）：20-21.

黄宣凯，王佳辉，宋岩，等，2016. 民猪与其杂交猪育肥性能差异的研究［J］. 现代畜牧科技（9）：11，13.

惠铄智，蒙洪娇，蔡维北，等，2017. 不同饲养方式对松辽黑猪生长性能及肠道消化酶活性的影响［J］. 黑龙江畜牧兽医（8）：67-69.

惠铄智，杨海天，孔祥杰，等，2018. 苜蓿草粉对松辽黑猪生长性能、屠宰性能及血清生化指标的影响［J］. 黑龙江畜牧兽医（4）：159-162.

贾立军，张树敏，柴方红，等，2018. 放养与圈养对松辽黑猪免疫球蛋白和细胞因子水平的影响［J］. 黑龙江畜牧兽医（20）：76-77.

姜海龙，赵金波，蒙洪娇，等，2016. 苜蓿草粉对松辽母猪血清生化和抗氧化酶性能指标影响的研究［J］. 饲料工业，37（24）：35-38.

金鑫，张树敏，刘庆雨，等，2016. 东北民猪和松辽黑猪不同胎次繁殖性能测定比较［J］. 吉林畜牧兽医，37（6）：7-15.

金鑫，张树敏，刘庆雨，等，2016. 民猪新品系选育和性能测定［J］. 吉林畜牧兽医，37（5）：10-13.

康世良，1983. 东北民猪、哈尔滨白猪及其正反一代杂种猪血清脂酶活性的比较研究［J］. 东北农学院学报（4）：18-21.

李娜，金鑫，刘庆雨，等，2012. 松辽黑猪及其不同杂交组合对比试验研究［J］. 猪业科学，29（1）：116-118.

李庆，1992. 不同母本仔猪育肥效果对比试验［J］. 黑龙江畜牧兽医（7）：13.
李欣，赵中利，罗晓彤，等，2019. 松辽黑猪睾丸支持细胞的制备、体外培养及鉴定［J］. 黑龙江畜牧兽医（5）：55-57，178.
刘庆雨，张树敏，于永生，等，2012. 松辽黑猪繁殖性状的相关及通径分析［J］. 吉林畜牧兽医，33（4）：28-30.
刘志武，郭英全，王亚波，等，1996. 猪的三元杂交［J］. 黑龙江畜牧科技（2）：22-23，31.
朴政玉，金一，于永生，等，2019. 松辽黑猪前体脂肪细胞分离及诱导分化的研究［J/OL］. 吉林农业大学学报：1-10［2020-04-15］. https：//doi.org/10. 13327/j. jjlau. 2019. 5339.
汪嘉燮，陈润生，王性善，1982. 东北民猪、长白猪和三江白猪胴体各部及其主要组织生长发育的比较研究［J］. 东北农学院学报（1）：46-50.
汪嘉燮，赵俊和，2007. 记三江白猪的育种工作［J］. 猪业科学（5）：92-95.
王景顺，赵刚，1989. 东北民猪繁殖性能的研究（续）［J］. 黑龙江畜牧兽医（5）：12-13.
王万兴，刘庆雨，张琪，等，2018. 青贮玉米对松辽黑猪繁殖性能的影响［J］. 猪业科学，35（9）：132-135.
王万兴，刘庆雨，张琪，等，2018. 青贮玉米对松辽黑猪生长性能及经济效益的影响［J］. 饲料工业，39（21）：35-38.
王希彪，张宝荣，郑照利，等，2004."二洋一本"与"洋三元"生长繁殖表现与胴体肉质性状比较［C］. 2004 东北养猪研究会学术年会论文集.
王亚波，申汉彬，王希彪，等，2008. 民猪的杂交利用及产品开发的研究［J］. 畜牧兽医科技信息（4）：117-118.
吴垚群，陈少康，盛熙晖，等，2020. 用高通量测序技术研究松辽黑猪与长白猪背最长肌 mRNA 和 lncRNA 的差异表达［J］. 中国农业科学，53（4）：836-847.
夏继桥，何鑫淼，王兰，等，2018. 不同饲养方式对松辽黑猪生长性能、屠宰性能、肉质性状及肉质中重金属含量的影响［J］. 中国畜牧杂志，54（10）：112-116.
夏继桥，何鑫淼，王兰，等，2019. 放养对松辽黑猪生长性能、血清生化指标及肉质营养成分的影响［J］. 黑龙江畜牧兽医（2）：32-36.
徐炜琳，李娜，李兆华，等，2017. 松辽黑猪肌内脂肪含量与背膘厚的关联分析［J］. 黑龙江畜牧兽医（22）：68-69.

杨庆章，秦鹏春，徐昭积，1984. 三江白猪雌性生殖器官发育的研究［J］. 东北农学院学报（1）：15-23.
佚名，1975. 哈白猪杂交肥育效果的试验报告［J］. 黑龙江畜牧科技（1）：8-11.
于永生，李兆华，罗晓彤，等，2016. 松辽黑猪肌内脂肪沉积相关基因的筛选［J］. 东北农业科学，41（1）：91-94.
于永生，刘庆雨，李娜，等，2016. 松辽黑猪背最长肌持水力相关基因的分析［J］. 中国兽医学报，36（6）：1028-1031.
张立春，李兆华，金鑫，等，2016. 不同饲养方式对松辽黑猪血液常规指标及血清无机盐含量的影响［J］. 黑龙江畜牧兽医（23）：110-112.
张琪，李娜，刘庆雨，等，2019. 排酸处理对松辽黑猪猪肉品质影响的研究［J］. 养猪（3）：68-69.
张琪，刘庆雨，张庆，等，2017. 气温对松辽黑猪母猪受胎率的影响［J］. 养猪（3）：81-83.
张琪，徐炜琳，李娜，等，2016. 放牧与舍饲对松辽黑猪肉品质及营养成分的影响［J］. 养猪（4）：63-64.
张琪，徐炜琳，李娜，等，2016. 放牧与舍饲松辽黑猪胴体性能和肉质品质的比较［J］. 猪业科学，33（9）：128-129.
张琪，张明举，李娜，等，2018. 肥育后期饲粮中添加维生素 C、维生素 E、甜菜碱、牲血素对松辽黑猪血液生化指标及肉品质的影响［J］. 养猪（5）：62-63.
张树敏，李娜，李兆华，等，2010. 巴克夏、巴克夏×东北民猪及东北民猪肉质品质的对比研究［J］. 猪业科学，27（12）：104-105.
张树敏，吴文立，刘振锋，等，2012. 松辽黑猪的培育［J］. 中国猪业，7（12）：28-29.
张微，张索坤，魏国生，等，2012. 不同比例民猪血统生长肥育猪肌肉品质及肌纤维特性研究［J］. 东北农业大学学报，43（9）：17-21.
张宗伟，李娜，刘庆雨，等，2013. 松辽黑猪与大白猪肉质的对比研究［J］. 中国畜牧兽医文摘，29（9）：35-36.
郑坚伟，张立教，1987. 民猪、哈白猪骨骼外侧面积对限制营养的抵抗力和补偿力［J］. 黑龙江畜牧兽医（11）：1-4.
郑坚伟，张立教，冯欣畅，1987. 民猪、哈白猪肌肉和骨在饥饿和补偿状态下的抵抗力和补偿力［J］. 东北农学院学报（1）：13-18.
庄庆士，魏孝，1975. 不同品种猪的杂交试验报告［J］. 黑龙江畜牧科技（1）：12-16.

第四章　民猪的饲料营养

耐粗饲是民猪种质特性中一个显著特性，这与早期的养殖水平有关。当时生产力低下，玉米、豆粕等资源紧缺，一家一户的散养模式居多，百姓多就地取材。后来养殖水平得到提升，出现了集约化养殖，其配套的猪饲料也转变为统一标准，规模化生产。但该种模式下生产的猪饲料，其营养配方更适合引进猪种的营养需求，并不完全适合民猪的营养需求。老一辈从事民猪饲养营养研究的专家们，从多个角度探究了民猪的营养需求，其研究结果可为当下民猪的特色养殖提供借鉴。而新一代的猪营养学家们则更多的是从添加剂角度出发，希望饲喂出更营养、更有特色的优质民猪肉。

第一节　不同营养水平对民猪影响的研究

郑坚伟、胡殿金、许振英先生等（1983）以民猪为主，以哈白猪为对照，比较了在标准、维持和低于维持营养水平下民猪和哈白猪的胴体组织和器官生长变化、肌肉和骨骼生长发育规律、半胴脂肪重量构成比、能量与蛋白质代谢及体成分间的特点和两猪种间的差异，揭示了民猪在低营养水平下的耐受力和转入丰富营养后的补偿力。

1983 年他们从兰西县种猪场购入试验仔公猪 78 头，民猪和哈白猪仔猪各半。仔猪入场饲养到 30kg 体重后开始正式试验。整个试验分饥饿期和补偿期。按仔猪活重达 30kg 日期，每 3 头为一组，随机分为标准、维持和低维组，再按每组标准活重达 50kg 的日期进行屠宰或转入试验补偿阶段。各组活重达 70kg 结束试验，同时进行屠宰测定。表 4-1 和表 4-2 显示了当时的精料和营养物质含量。

表 4-1　饥饿期间各组混合精料或消化能喂量

组别	精料		消化能	
	（kg）	为标准组（%）	（kcal）	为标准组（%）
标准组	1.53	100.0	4 652	100.0

（续表）

组别	精料		消化能	
	(kg)	为标准组（%）	(kcal)	为标准组（%）
维持组	0.64	41.8	1 934	41.6
低维组	0.40	26.1	1 209	26.0

表 4-2　混合精料比例和营养物质含量

项目	饲料配合比例和营养含量	30~50kg	50~70kg
配合比例（%）	玉米	63.50	68.5
	豆粕	20	15
	麦麸	10	10
	豆秸粉	5	5
	贝粉	1	1
	盐	0.5	0.5
	合计	100	100
1kg 混合料中的含量	消化能（Mcal）	3.04	3.05
	可消化粗蛋白质（g）	117	101
	粗蛋白质（%）	15	13
	钙（%）	0.5	0.5
	磷（%）	0.3	0.4
	粗纤维（%）	5.3	5.1

一、不同营养水平对民猪胴体组织和器官发育的影响

（一）饥饿期

在平均日增重方面，民猪的标准组、维持组和低维组分别为 423.3g、74.4g 和-32.1g；哈白猪分别为 549.2g、51.1g 和-66.8g。两猪种标准组间差异显著，民猪的维持组和低维组虽均占优势，但差异不显著。

在胴体组织和器官发育方面，民猪头蹄比例均大于哈白猪（$P<0.01$），骨骼和皮肤占胴体的比例，民猪也高于哈白，肌肉和脂肪低于哈白，均达到显著和极显著水平。胴长与皮厚大于哈白，差异显著。眼肌面积与平均背膘厚低于哈白，但差异不显著。在器官占空体重比例上，民猪肺与脾大于哈白，心、肝和肾低于哈白。民猪肾周脂肪和肠系脂肪均高于哈白，但皮下脂肪低于哈白，差异极

显著。

进一步剖析营养水平对体组织的影响发现如下。

(1) 随营养水平的下降，骨骼和肌肉百分比呈渐增趋势，脂肪呈渐渐趋势，差异均达到显著或极显著水平。

(2) 在低营养水平，民猪的胴长、胴宽与眼肌面积均高于哈白。

(3) 营养水平对发育早或迟的部位和器官的作用不同，较早期发育的部分、组织和器官，如头、蹄、骨、肌肉、心和肝遭受影响较少；而像胴长、胴宽、膘厚和脂肪（总脂肪、肾周与皮下）等后期发育部分和组织则受低营养的影响较大，有的甚至达到显著水平和极显著水平。

总之，低维持处理的民猪比哈白减重较少，胴长、皮、肾周及肠系脂肪、肺和脾的比例均大于哈白猪，而低维持哈白猪双胴、肌肉、皮下脂肪、总脂肪、心、肝、肾和胰比民猪占优势。可以看出，在饥饿减重情况下，民猪、哈白猪胴体组织和器官变化仍保持本品种的主要特征，表明民猪和哈白猪在贫乏饲养条件下各有本品种的优势。

另外，低维民猪表现安静，躺卧时间长。哈白猪则鸣叫爬栏。两猪种行为反应不同。

(二) 补偿期

在平均日增重方面，民猪的标准组、维持组和低维组分别为 592.8g、721.9g 与 718.7g，哈白猪分别为 543.8g、809.7g 与 798.1g；民猪仍低于哈白猪，但差异不显著。每增重 1kg 需料量，民猪分别为 3.47kg、2.82kg 与 2.86kg；哈白猪分别为 3.41kg、2.80kg 与 2.71kg；种间差异也不显著。

在胴体组织和器官发育方面，民猪头、蹄、骨骼与皮肤百分比仍大于哈白猪，肌肉与脂肪仍低于哈白猪，差异均显著。胴长与皮厚仍高于哈白猪，眼肌面积与膘厚低于哈白猪。肺、脾、心、胃、胰百分比高于哈白猪，肝仍低于哈白猪。

各组经补偿饲养后各部位、组织和器官占胴体或空体重比例均基本相同，包括头、蹄、骨、皮、心、脂、胴长、胴宽、皮厚、膘厚、眼肌面积和各个器官。表明两个品种虽经 1 个多月的贫乏饲养，经过补偿阶段，猪体各部分、组织和器官营养影响消失。丰富饲养未能改变两猪种各组织器官变化的基本趋势，民猪和哈白猪仍保持本猪种的特点，并存在明显种间差异。

二、不同营养水平对民猪肌肉和骨骼生长发育规律的影响

郑坚伟和张立教（1985）将胴体肌肉按自然分布划分为九大肌群，骨骼分为脊柱、肋胸骨、前肢和后肢骨骼四大部分。进而观察了民猪和哈白猪在 3 种营

养水平下肌肉骨骼的长度、重量及两者的关系。

（一）肌肉重量的品种间差异

正常饲养时，30kg体重阶段哈白猪和民猪的肌肉重量无显著差异。50kg体重阶段，哈白猪的肩臂肌群、背最长肌、后肢肌重量都显著大于民猪。由于这三大肌群的影响，导致哈白猪的半胴肌总重也显著大于民猪。70kg体重阶段，品种间差异更大，在上阶段基础上，哈白猪的胸带肌群重也显著大于民猪。由此可知，在正常饲养情况下，哈白猪肌肉重量于50kg体重以后占绝对优势，而且随体重的逐渐增加，肌肉重量的品种间差异越来越大（表4-3）。

表4-3　正常饲养时肌肉重量的品种间差异

阶段	性状	民猪数量	民猪肌肉重量（g）	哈白猪数量	哈白猪肌肉重量（g）	*P*值
50kg	肩臂肌群	4	902. 95±27. 92	4	1 049. 00±35. 73	$P<0.05$
	背最长肌	4	619. 88±45. 79	4	818. 00±82. 05	$P<0.01$
	臂股肌群	4	2 048. 38±24. 54	4	2 508. 50±230. 66	$P<0.01$
	小腿肌群	4	302. 75±17. 28	4	398. 75±38. 21	$P<0.01$
	后肢肌	4	2 351. 38±33. 75	4	2 907. 25±264. 92	$P<0.01$
	半胴肌	4	7 886. 57±298. 69	4	8 989. 75±780. 45	$P<0.05$
70kg	胸带肌群	4	1 495. 63±52. 42	3	1 847. 50±22. 54	$P<0.01$
	肩臂肌群	4	1 249. 25±34. 44	3	1 441. 67±18. 21	$P<0.01$
	前肢肌	4	1 539. 50±57. 02	3	1 743. 67±23. 75	$P<0.05$
	背最长肌	4	806. 75±80. 20	3	1 180. 00±48. 14	$P<0.01$
	臂股肌群	4	2 790. 25±231. 00	3	3 310. 67±165. 67	$P<0.01$
	小腿肌群	4	423. 25±47. 08	3	515. 67±31. 94	$P<0.05$
	后肢肌	4	3 213. 50±275. 57	3	3 827. 33±164. 85	$P<0.05$
	半胴肌	4	10 630. 63±753. 27	3	12 311. 50±403. 32	$P<0.05$

由于限制饲养，使品种间的肌肉重量差异发生了巨大变化，民猪的大多数肌群与哈白猪比较无显著差异，更重要的是民猪的前臂、颈部肌群和胸腰杂肌反而显著大于哈白猪。由于它们的影响，使民猪的半胴肌总重也略高于哈白猪，但未达到显著水平（表4-4）。

表 4-4　维持饲养时肌肉重量的品种间差异

阶段	性状	民猪数量	民猪肌肉重量（g）	哈白猪数量	哈白猪肌肉重量（g）	P 值
前期末	前臂肌群	4	183. 38±7. 81	4	159. 50±2. 22	P<0. 05
	颈部肌群	4	419. 88±63. 43	4	315. 63±24. 01	P<0. 05
	胸腰杂肌	4	813. 63±52. 59	4	681. 00±94. 14	P<0. 05
	半胴肌	4	6 308. 13±758. 71	4	6 291. 46±290. 50	NS

低维持饲养时，民猪不仅前臂肌群和腹壁肌群显著大于哈白猪，而且其他各肌群也有大于哈巴猪的趋势。因此，使民猪的半胴肌总重超过了哈白猪，差异接近 P<0. 2（表 4-5）。

从维持和低维持饲养来看，民猪的肌肉占优势。在正常饲养的基础状况下，民猪的肌肉重量原本就显著低于哈白猪，可是经限制饲养后，民猪的肌肉重量不仅与哈白猪拉平，甚至超过。得出结论，民猪在肌肉重量方面的抗逆性明显强于哈白猪。

表 4-5　低维持饲养时肌肉重量的品种间差异

阶段	性状	民猪数量	民猪肌肉重量（g）	哈白猪数量	哈白猪肌肉重量（g）	P 值
前期末	前臂肌群	4	167. 25±3. 07	4	144. 25±4. 49	P<0. 01
	腹壁肌群	4	439. 67±17. 62	4	365. 28±41. 65	P<0. 05
	半胴肌	4	5 975. 42±466. 78	4	5 663. 03±393. 34	NS

维持饲养组经补偿后，品种间在肌肉重量上无显著差异。低维持饲养组经补偿后，哈白猪只有肩臂肌群和背最长肌又显出大于民猪，而其他肌群差异不显著（表 4-6）。

由上述补偿结果看，尽管肌肉重量的品种间差异有所补偿，但效果不明显，与正常饲养时的品种间差异比相差很远。说明两品种在 30kg 以后，如果遇到营养缺乏（即维持饲养以下），随后虽然恢复正常饲养，但到 70kg 体重时，两品种的产肉量无显著差异，即缩小了两品种产肉能力的差异。

表 4-6　低维持饲养组恢复正常后肌肉重量的品种间差异

阶段	性状	民猪数量	民猪肌肉重量（g）	哈白猪数量	哈白猪肌肉重量（g）	P 值
70kg	肩臂肌群	4	1 232. 50±47. 51	4	1 390. 75±35. 72	P<0. 05
	背最长肌	4	850. 75±32. 46	4	1 055. 25±91. 11	P<0. 01

（二）骨骼重量和长度的品种间差异

正常饲养时，骨骼重量的品种间差异在各阶段均不显著。但民猪骨骼有大于哈白猪的趋势（表4-7）。民猪前肢骨长度仅在30kg体重阶段显著大于哈白猪；而后肢骨长度在3个阶段都显著大于哈白猪。由此可知，正常饲养时骨骼重量和长度的品种间差异主要表现在后肢骨长度上。

表4-7　正常饲养时骨骼重量和长度的品种间差异

阶段	性状	民猪数量	民猪	哈白猪数量	哈白猪	*P*值
30kg	前肢骨重量（g）	6	284.67±11.47	6	255.44±5.27	*P*<0.05
	前肢骨长度（cm）	6	35.41±0.23	6	32.99±0.67	*P*<0.01
	后肢骨长度（cm）	6	37.28±0.44	6	35.38±0.33	*P*<0.01
	股骨长度（cm）	6	14.83±0.17	6	13.83±0.15	*P*<0.01
50kg	后肢骨长度（cm）	4	41.58±0.71	4	42.18±0.61	*P*<0.05
	坐骨长度（cm）	4	10.40±0.18	4	9.40±0.27	*P*<0.05
70kg	后肢骨长度（cm）	4	49.48±0.77	3	46.74±0.38	*P*<0.05
	坐骨长度（cm）	4	11.88±0.28	3	10.53±0.09	*P*<0.05

维持饲养时，由于营养水平的降低，使民猪的前、后肢骨骼重量和前肢骨骼长度都显著大于哈白猪；后肢骨长度的品种间差异比正常饲养时的更大（表4-8）。

表4-8　维持饲养时骨骼重量和长度的品种间差异

阶段	性状	民猪数量	民猪	哈白猪数量	哈白猪	*P*值
前期末	前肢骨重量（g）	4	345.88±6.74	4	323.83±6.08	*P*<0.05
	后肢骨重量（g）	4	494.25±11.07	4	443.90±7.58	*P*<0.01
	前肢骨长度（cm）	4	39.00±0.83	4	35.97±0.37	*P*<0.05
	后肢骨长度（cm）	4	43.14±1.68	4	39.10±0.55	*P*<0.01
	坐骨长度（cm）	4	9.98±0.10	4	8.55±0.21	*P*<0.01
	股骨长度（cm）	4	16.93±0.28	4	15.65±0.21	*P*<0.01

低维持饲养时，骨骼重量方面，民猪除前、后肢骨骼外，肋胸骨重量也显著大于哈白猪，结果使半胴骨总重显著大于哈白猪（表4-9）。骨骼长度方面，前、后肢骨骼长度的品种间差异比维持饲养时更大，同时，民猪的脊柱长度也显著大于哈白猪。

总之，骨骼重量的品种间差异，在正常饲养时都不显著；限制饲养时，除脊柱外，其他骨骼的差异均显著。骨骼长度的品种间差异随营养水平的降低而逐渐增大。从而反映出，民猪在骨骼重量和长度方面的抗逆性也强于哈白猪。

表 4-9 低维持饲养时骨骼重量和长度的品种差异

阶段	性状	民猪数量	民猪	哈白猪数量	哈白猪	P 值
前期末	前肢骨重量（g）	4	334. 79±21. 09	4	281. 75±4. 27	P<0. 05
	后肢骨重量（g）	4	495. 25±14. 36	4	391. 88±11. 93	P<0. 05
	肋胴骨重量（g）	4	240. 50±9. 26	4	196. 50±3. 80	P<0. 01
	半胴骨重量（g）	4	1 459. 42±62. 33	4	1 246. 93±12. 57	P<0. 05
	前肢骨长度（cm）	4	38. 65±0. 33	4	34. 65±5. 51	P<0. 01
	后肢骨长度（cm）	4	42. 05±0. 51	4	38. 23±0. 44	P<0. 01
	坐骨长度（cm）	4	9. 70±0. 18	4	8. 33±0. 16	P<0. 01
	股骨长度（cm）	4	16. 95±0. 12	4	15. 50±0. 09	P<0. 01
	脊柱长度（cm）	4	81. 50±1. 52	4	76. 38±0. 28	P<0. 05

维持饲养组恢复正常饲养后，骨骼重量的品种间显著差异基本消失。骨骼长度的品种间显著差异仍然保持限制饲养时的差异程度（表 4-10 和表 4-11）。

表 4-10 维持饲养组恢复正常饲养后骨骼重量和长度的品种间差异

阶段	性状	民猪数量	民猪	哈白猪数量	哈白猪	P 值
70kg	脊柱重量（g）	4	710. 50±11. 00	4	628. 32±25. 96	P<0. 05
	前肢骨长度（cm）	4	44. 70±0. 95	4	42. 13±0. 42	P<0. 05
	后肢骨长度（cm）	4	50. 13±0. 70	4	46. 68±0. 88	P<0. 05
	坐骨长度（cm）	4	11. 58±0. 32	4	10. 48±0. 13	P<0. 05
	股骨长度（cm）	4	20. 15±0. 31	4	18. 50±0. 29	P<0. 01
	脊柱长度（cm）	4	98. 48±0. 86	4	93. 60±1. 44	P<0. 05

表 4-11 低维饲养组恢复正常饲养后骨骼重量和长度的品种间差异

阶段	性状	民猪数量	民猪	哈白猪数量	哈白猪	P 值
70kg	肋胸骨重量（g）	4	394. 88±13. 42	4	353. 44±6. 62	P<0. 05
	前肢骨长度（cm）	4	44. 68±0. 48	4	42. 05±0. 17	P<0. 01
	后肢骨长度（cm）	4	49. 63±0. 39	4	45. 68±0. 46	P<0. 01
	坐骨长度（cm）	4	11. 50±0. 27	4	10. 03±0. 03	P<0. 01
	股骨长度（cm）	4	10. 65±0. 23	4	17. 98±0. 37	P<0. 01

三、不同营养水平对民猪和哈白猪半胴脂肪重量构成比的影响

郑坚伟等（1988）通过严格的解剖学手段，准确地分离了胴体内的皮下脂肪、肌间脂肪和板油这 3 种脂肪，深入探讨了民猪和哈白猪脂肪构成比的差异和限制饲养时 3 种脂肪的消耗速度，以及随体重的增加 3 种脂肪比例是否发生变化等问题。

（一）民猪和哈白猪半胴脂构成比的差异

1. 前期末

正常饲养情况下，民猪和哈白猪半胴脂构成比存在着很大差异。民猪的皮下脂肪比例（70.63%）显著低于哈白猪（78.51%），而肌间脂肪和板油比例则明显高于哈白猪。

在维持和低维持饲养时，两品种半胴脂构成比间差异与正常饲养时相比发生很大变化。因为皮下脂肪和肌间脂肪比例在品种间无显著差异，民猪只有板油比例仍然高于哈白猪（表 4-12）。

表 4-12　前期末不同品种对半胴重量构成比的影响　（单位：%）

项目	正常饲养			维持饲养			低维持饲养		
	民猪	哈白猪	显著性	民猪	哈白猪	显著性	民猪	哈白猪	显著性
皮下脂肪	70.64	78.51	*	70.86	76.38	NS	75.50	76.60	NS
肌间脂肪	20.54	17.72	*	20.37	18.74	NS	17.24	19.26	NS
板油	8.82	5.77	*	8.77	4.88	**	7.27	4.15	*

2. 后期末

当正常饲养到后期末时，皮下脂肪和肌间脂肪比例在品种间无显著差异，只有板油比例在品种间差异显著（表 4-13）。

当维持组经补偿饲养到后期末时，民猪的皮下脂肪比例低于哈白猪，而板油高于哈白猪；当低维持组经补偿饲养到后期末时，两品种的半胴脂构成比无显著差异。由此可见，在正常饲养情况下，当体重达到 50kg 时，民猪和哈白猪的半胴脂构成比的品种间差异很大，3 种脂肪比例差异均达显著水平；当体重达到 70kg 时，品种间差异逐渐减小，最后只有板油比例的品种间差异显著。限制饲养可以缩小民猪和哈白猪半胴脂构成比的品种间差异。

表 4-13 后期末不同品种对半胴脂肪重量构成比的影响 （单位:%）

项目	正常饲养			维持饲养			低维持饲养		
	民猪	哈白猪	显著性	民猪	哈白猪	显著性	民猪	哈白猪	显著性
皮下脂肪	72.00	74.1	NS	70.19	76.49	*	72.65	76.80	NS
肌间脂肪	17.30	15.26	NS	19.21	16.91	NS	16.43	15.73	NS
板油	10.71	6.61	**	10.61	6.61	**	9.71	7.48	NS

（二）限制营养对半胴脂构成比的影响

民猪正常饲养组的半胴脂构成比分别与维持组和低维持组比较时，差异都不显著。哈白猪的比较结果也如此（表 4-14）。后期末，品种内各营养组间比较时，所有项目的差异均不显著（表 4-15）。由此得出结论，限制饲养不能改变半胴脂构成比，同时也说明，限制饲养对 3 种脂肪消耗的相对量是相同的。

表 4-14 前期末营养水平对半胴脂肪重量构成比的影响

项目	民猪			哈白猪		
	A 与 M 比较	A 与 SM 比较	M 与 SM 比较	A 与 M 比较	A 与 SM 比较	M 与 SM 比较
皮下脂肪	NS	NS	NS	NS	NS	NS
肌间脂肪	NS	NS	NS	NS	NS	NS
板油	NS	NS	NS	NS	NS	NS

注：A 为正常饲养；M 为维持饲养；SM 为低维持饲养；NS 为差异不显著，下同。

表 4-15 后期末营养水平对半胴脂肪重量构成比的影响

项目	民猪			哈白猪		
	A 与 M 比较	A 与 SM 比较	M 与 SM 比较	A 与 M 比较	A 与 SM 比较	M 与 SM 比较
皮下脂肪	NS	NS	NS	NS	NS	NS
肌间脂肪	NS	NS	NS	NS	NS	NS
板油	NS	NS	NS	NS	NS	NS

注：A 为正常饲养；M 为维持饲养；SM 为低维持饲养。

（三）生长阶段对半胴脂构成比的影响

生长阶段的不同，对民猪的半胴脂构成比无显著影响，而对哈白猪来说，只是低维持饲养组的板油比例受到显著影响（表 4-16）。

表 4-16 生长阶段对半胴脂肪重量构成比的影响

项目	民猪			哈白猪		
	A 前后期比较	M 前后期比较	SM 前后期比较	A 前后期比较	M 前后期比较	SM 前后期比较
皮下脂肪	NS	NS	NS	NS	NS	NS
肌间脂肪	NS	NS	NS	NS	NS	NS
板油	NS	NS	NS	NS	NS	*

综上所述，民猪与哈白猪半胴脂构成比在正常饲养情况下，品种间差异很大，但在限制饲养时，这种差异相对缩小。生长阶段只是对哈白猪低维持饲养组的板油比例有一定影响，而对 3 种营养水平下的民猪半胴脂构成比均无显著影响。营养水平不能改变半胴脂构成比；限制饲养时 3 种脂肪消耗的相对量是相同的。

四、不同营养水平下能量与蛋白质代谢及体成分间的比较

许振英等（1985）从黑龙江省兰西县猪场选出公民猪、哈白断奶猪各 30 头，去势后饲至 30kg 后开始试验。每品种按 10 头为 1 组，随机分为 3 组，每组随机接受下列一种处理：自由采食组设为对照；维持组的能量按公式“165-0.8×（体重-20）/体重$^{0.75}$”供给；低维组的能量供给为前者的 60%。当对照组活重达到 50kg 时，每组屠宰 4 头，剩下全部转入自由采食，直至 70kg 试验结束。

（一）饥饿阶段

在体重变化与日增重方面，全期哈白猪维持组增加了 3.8kg，低维持组减少了 1.88kg。相应的民猪两组增加了 2.35kg 和减少了 0.73kg。自由采食的哈白猪日增重 522g，比民猪多 120g，所以达到活重 50kg 时所需日龄比民猪少 7d。

饲料能量、干物质、有机物、粗蛋白和粗纤维消化率，在限食期无论是营养水平还是品种间，皆无显著差异（$P>0.05$）。

体灰分百分比例品种间无显著差异；脂肪百分比例品种间差异显著，哈白猪比民猪平均多 3.39。民猪体脂肪百分比例随饲喂水平的降低而下降，哈白猪却变化很小，而且品种与饲喂水平互作不显著，体蛋白与水分的的百分比例民猪呈现随饲喂水平的下降略有升高，哈白猪仅蛋白百分比例如此，体水分百分比例则不然。民猪低维组体水分百分比例与相应哈白猪组差异显著，比哈白猪高 6.06%。

同一品种内，限食使日沉积蛋白、脂肪减少，与对照组差异高度显著（$P<0.01$）。在同一处理水平下，民猪体蛋白、体脂肪减少都比哈白猪少。相反，

在自由采食下，哈白猪日沉积蛋白较多，沉积水分显著高于民猪，平均多154g/d。限食对灰分沉积影响不显著。随饲喂水平降低，水分沉积渐减，处理组民猪哈白猪间无显著差异。

（二）补偿阶段

限食后补偿至70kg活重，维持与低维组民猪都比哈白猪时间长，平均多4d。同一品种内，维持组与低维组都比对照组所需时间长，民猪低维持与维持比其他对照多21d与15d。哈白猪相应组比其对照多21d与11d。

补偿期日增重维持与低维持组显著高于对照组，但维持与低维组间差异不显著。哈白猪日增重高于民猪，但未达统计学显著水平。

补偿期间处理组比对照组摄入略多的能量。在同一处理内，民猪比哈白猪需要消化能稍少，但差异不显著。补偿期维持组，低维组个体的单位增重消化能较对照组低得多，品种间较接近，除维持组外，哈白猪比民猪略低。能量及其各种养分的消化率在饲喂水平以及品种间皆无显著差异，消化能的总效率皆无显著差异。

补偿期体化学成分（粗蛋白质、粗脂肪及灰分）的比例在品种与饲喂水平间均无显著差异；仅水分百分比例在两个品种表现出低维组最高，与对照组差异显著（$P<0.05$），维持组与对照组无显著差异。

体化学成分蛋白、灰分及能量的日沉积量品种间均无显著差异。脂肪日沉积量维持组显著比对照组高，低维组虽然比对照组高，但未达到显著水平，水分沉积以低维组最多，维持组居中，对照组最少，依次差异显著（$P<0.01$）。品种间哈白猪比民猪沉积水分多，但差异不显著。

补偿后血红蛋白含量仍然民猪高于哈白猪；限食时血糖的差异，补偿后消失；血清总蛋白，经补偿营养水平间以低维组最高；清蛋白的相对比例哈白猪高于民猪（$P<0.05$），β球蛋白民猪比哈白猪均高2.6%（$P<0.05$），限食时α、γ球蛋白的差异经补偿消失。

第二节　不同营养水平不同品种猪只淋巴细胞转化能力的比较研究

机体的免疫力分为细胞免疫和体液免疫两大方面，淋转能力和E花环形成能力是细胞免疫功能具有代表性的两项指标。刘宝全等（1984）检测了不同营养水平下民猪和哈白猪的淋巴细胞转化能力，同时也检测了T细胞E花环的形成能力。

他们在试验猪只体重达50kg时屠宰一批，其中包括对照组（C组，按饲养标准饲养组）、维持饲养组（M组）和低维持饲养组（SM组）个体。70kg体重时屠宰一批，其中包括50kg前后两阶段（下同）均为标准饲养组（C-C组）、维持饲养改标准饲养组（M-C组）及低维持饲养改标准饲养组（SM-C组）个体。总计6个处理组，每组8头，哈尔滨白猪与民猪各半，共48头，检测了其中的41头。获得部分研究结果如下。

不同营养水平下民猪和哈白猪淋巴细胞的转化率存在非常显著的差异（$P<0.01$）（表4-17）。体重达50kg和70kg时屠宰的两对照组（C组与C-C组，按饲养标准饲养组）之间差异不显著，而与维持饲养组（M组）、低维持饲养组（SM组）以及维持改标准饲养组（M-C组）间差异均显著（$P<0.05$）。两对照组与低维持改标准饲养组（SM-C组）间差异非常显著（$P<0.01$）。维持组（M组）、低维持组（SM组）、维持改标准组（M-C组）及低维持改标准组（SM-C组）间相互比较，差异均不显著。可以说明，30~50kg阶段，营养水平的降低和过低，都导致猪免疫系统的功能受到严重损害，尽管50~70kg阶段改按标准饲养，其免疫功能仍未见明显恢复。

两品种的淋巴细胞转化率（哈白猪LSM＝18.50，民猪LSM＝27.90）相比较，差异显著（$P<0.05$），民猪的淋巴细胞转化率显著高于哈白猪。

表4-17　不同营养水平不同品种猪只淋巴细胞转化率及其最小二乘均数（LSM）

营养组别	淋巴细胞转化率				LSM	比较的显著性	
	头数	哈白猪	头数	民猪		5%	1%
C	4	28，30，33，38	3	21，37，76	38.24	a	A
M	2	14，21	4	12，20，26，30	18.93	B	AB
SM	4	6，10，14，11	2	22，29	17.40	B	AB
C-C	3	18，24，28	5	23，25，28，62，80	34.83	A	A
M-C	2	13，28	4	13，18，18，30	18.43	B	AB
SM-C	4	29，14，14	4	8，9，9，26	11.38	b	B
LSM		18.50^{a}		27.90^{b}	$\mu=23.20$		

注：比较的显著性栏内，有相同字母表示其间差异不显著，无相同字母表明两者差异显著。小写字母为5%显著水平，大写字母为1%显著水平。

对不同营养水平哈白猪的淋巴细胞转化率，用一般方差分析及SSR法分析的结果表明，各营养水平组间转化率差异非常显著（$P<0.01$）。C组与C-C组间差异不显著，C组与M组、SM组及SM-C组之间，差异非常显著，C组与M-C组之间差异显著（表4-18）。由此说明，哈白猪对营养水平的变化比较敏感，而不同营养水平下民猪的淋巴细胞转化率，各营养水平组的转化率差异不显

著（$P>0.05$）。各组间比较，除标准饲养组与低维持组之间差异显著外，其他各组间差异均不显著。由此可知，民猪对营养水平的改变有较强的耐受力。

表 4-18　不同营养水平不同品种猪只淋巴细胞转化率的均数及其比较

营养组别	哈白猪				民猪			
	头数	转化率	比较的显著性		头数	转化率	比较的显著性	
			5%	1%			5%	1%
C	4	32.25±2.17	a	A	3	44.66±16.33	a	A
M	2	17.50±3.50	bcd	B	4	22.00±3.91	ab	A
SM	4	11.00±1.91	cd	B	2	25.50±3.50	ab	A
C-C	3	23.33±2.90	ab	AB	5	43.60±11.56	a	A
M-C	2	20.50±7.50	bc	AB	4	19.75±3.61	ab	A
SM-C	4	9.75±2.84	d	B	4	13.00±4.34	b	A

不同营养水平下民猪和哈白猪 T 细胞总 E 花环形成率及最小二乘均数分析证明，品种和营养水平间不存在交互作用。各营养水平组间，差异不显著。各组间进行多重比较，差异均不显著（表 4-19），哈白猪与民猪两品种间差异显著（$P<0.01$）。

表 4-19　不同营养水平不同品种猪只总 E 花环形成率及其最小二乘均数

营养组别	总 E 花环形成率				LSM
	头数	哈白猪	头数	民猪	
C	3	46，50，57	3	14，26，27	36.67^{a}
M	3	18，26，53	2	14，18	24.80^{a}
SM	4	11，33，36，48	3	20，25，29	28.14^{a}
C-C	3	21，33，34	5	10，28，30，30，52	31.00^{a}
M-C	3	26，36，39	4	17，24，29，35	34.60^{a}
SM-C	3	25，29，36	4	20，24，21，30	27.14^{a}
LSM		34.66^{A}		24.60^{B}	$\mu=29.65$

不同营养水平下民猪和哈白猪 T 细胞活性 E 花环形成率及其最小二乘均数分析表明，品种和营养水平间也不存在交互作用，各营养水平组间，差异不显著（$P>0.05$），不同营养水平组间进行多重比较，差异均不显著（表 4-20）。哈白猪与民猪活性 E 花环形成率之间进行比较，差异显著（$P<0.01$）。

表 4-20 不同营养水平不同品种猪只活性 E 花环形成率及其最小二乘均数

营养组别	活性 E 花环形成率				LSM
	头数	哈尔滨白猪	头数	民猪	
C	3	24, 36, 43	3	11, 13, 20	24.50[a]
M	3	12, 22, 25	3	12, 15, 24	18.33[a]
SM	4	11, 21, 23, 28	2	6, 10	15.09[a]
C-C	3	15, 21, 28	5	6, 20, 20, 21, 25	20.56[a]
M-C	3	16, 24, 25	4	4, 11, 25, 25	19.18[a]
SM-C	3	15, 18, 31	4	3, 12, 13, 19	16.46[a]
LSM		23.26[A]		14.78[B]	μ=19.02

第三节 采食水平对民猪体热平衡和代谢热量的影响

一、采食水平对民猪生长猪体热平衡指标的影响

单玉兰等（1996）研究了采食水平对民猪生长猪体热平衡指标的影响，他们分别选择了 4 头民猪和哈白猪公猪，产后 7 日龄驯料，40 日龄断奶，48 日龄转入试验室饲养。试验猪单笼单饲，前两周饲养温度为 22～25℃，以后每周降 2℃，至 20℃为止直到试验结束。每天早中晚喂饲 3 次，自由采食，采食后饮水。经过 1 个月对试验环境的适应，待体重达 17～20kg 时，将仔猪改为生长猪饲料，其中含消化能 13.43MJ/kg、粗蛋白 16.01%。结果发现，在各个采食水平下，两品种猪的直肠温度均表现为上午低、下午高，民猪日平均直肠温度均较哈白猪低，随采食量增加，呈上升趋势，但在采食水平间无显著差异。采食水平对哈白猪的直肠温度影响较大。低采食组的体温显著低于中采食组，高采食组的体温同低采食组无显著差异。两品种猪的日均体表温度无显著差异，且不受采食水平的影响。（表 4-21）。

表 4-21 两品种猪直肠温度的节律性变化

采食水平	直肠温度（℃）				日均直肠温度（℃）		日均体表温度（℃）	
	民猪		哈白猪		民猪平均值	哈白猪平均值	民猪平均值	哈白猪平均值
	早	晚	早	晚				
低	39.41±0.32	39.34±0.19	39.21±0.21	40.04±0.41	39.38±0.25	39.63±0.29[a]	34.9±0.7	34.8±0.3

（续表）

采食水平	直肠温度（℃）				日均直肠温度（℃）		日均体表温度（℃）	
	民猪		哈白猪		民猪平均值	哈白猪平均值	民猪平均值	哈白猪平均值
	早	晚	早	晚				
中	39.35±0.02	39.66±0.12	39.96±0.16	40.52±0.30	39.51±0.06	40.25±0.16b	34.9±1.0	35.4±1.3
高	39.38±0.25	39.58±0.33	39.66±0.27	39.98±0.22	39.49±0.28	39.82±0.16[a]	35.2±0.6	34.8±1.0

二、采食水平对民猪代谢热量的影响

孟祥凤等（1996）测定了不同采食水平下民猪和哈白猪的代谢产热。采食水平分为3个梯度：低采食组（L）每天采食750g，中采食组（M）每天采食1 050g，高采食组（H）采食1 300g/d。试验猪只体重为20kg，利用呼吸测热装置测定代谢产热量。猪的平均体重、采食量和产热量见表4-22。

表4-22　在不同采食水平下民猪和哈白猪的产热量

品种	采食水平	体重（kg）	采食量（g/d）		产热量［kJ/（$kg^{0.75}$·h）］
			预饲期	实验期	
民猪	L	21.7±1.25	755	744	33.5±2.02
	M	22.0±1.33	1 036	1 042	34.5±1.10
	H	22.8±3.73	1 279	1 315	35.9±1.26
哈白猪	L	23.5±2.02	797	788	31.9±1.26
	M	22.3±2.80	1 054	1 054	33.8±1.00
	H	22.1±3.48	1 315	1 272	34.9±1.26

统计结果表明，采食水平间、品种间产热量均无显著差异（$P>0.05$）。但两品种产热量均随采食水平的提高呈逐渐增加的趋势。在同一采食水平下，民猪的产热量略高于哈白猪，在不同采食水平处理下，民猪产热量分别较哈白猪高5%、2%、3%。

表4-23列出了不同行为下民猪和哈白猪产热量的统计分析结果。无论民猪还是哈白猪，其静卧、活动和采食（采食和采食后）3种行为的产热量均存在显著差异（$P<0.05$），而采食水平和品种对其无影响。热量变化的峰值出现在采食和采食后，在测试期内两品种产热量呈相似的变化趋势。

表 4-23　不同行为下民猪和哈白猪的产热量

品种	采食水平	产热量（$kJ/kg^{0.75} \cdot h$）		
		静卧	活动	采食
民猪	L	30.5^{a}	33.8^{b}	47.8^{c}
	M	31.5^{a}	36.1^{b}	44.3^{c}
	H	31.6^{a}	38.5^{b}	46.0^{c}
哈白猪	L	30.8^{a}	32.8^{b}	39.5^{c}
	M	29.5^{a}	41.6^{b}	45.5^{c}
	H	30.0^{a}	36.9^{b}	48.7^{c}

注：同一列字母不同表示差异显著。

第四节　饲料中添加大豆对民猪生长发育的影响

徐良梅等（1999，2001，2002）研究了含有20%热处理全脂大豆、20%生全脂大豆和不含大豆制品（对照饲粮）的等能量、等氮和等赖氨酸水平的 3 种饲料（表 4-24）对民猪和长白仔猪的饲粮消化率、血液生理生化指标、器官形态以及内脏器官的影响。

表 4-24　试验饲粮的组成　（单位：%）

原料	热处理全脂大豆饲粮	生全脂大豆饲粮	对照饲粮
大豆	20.00	20.00	—
玉米	59.00	59.00	64.42
麦麸	13.59	13.59	8.39
玉米酒精糟	—	—	19.72
进口鱼粉	5.00	5.00	5.00
骨粉	0.58	0.58	1.06
石粉	0.65	0.65	0.28
L-lys	—	—	0.40
食盐	0.18	0.18	0.18
预混料	1.00	1.00	1.00
饲粮养分计算值			
粗蛋白质	17.60	17.60	17.50
消化能（MJ/kg）	13.76	13.76	13.62

（续表）

原料	热处理全脂大豆饲粮	生全脂大豆饲粮	对照饲粮
L-lys	0.95	0.95	0.95
Ca	0.70	0.70	0.70
P	0.60	0.60	0.60

一、对民猪饲粮消化率的影响

在上述试验条件下，民猪和长白仔猪对饲粮的养分消化率具有显著差异。民猪仔猪的干物质、粗蛋白质、粗脂肪（$P<0.05$）、粗纤维、无氮浸出物（$P<0.10$）的消化率显著高于长白仔猪。在粗灰分的消化率方面，两品种间没有显著差异，但是民猪仔猪略高些。在3种饲粮之间，所测养分消化率存在着差异，总的趋向是热处理全脂大豆饲粮高于生全脂大豆饲粮和对照饲粮。

热处理全脂大豆饲粮的粗蛋白质、粗脂肪、粗灰分的消化率（$P<0.01$）显著高于对照饲粮；粗纤维、干物质和无氮浸出物的消化率在2种饲粮间无显著差异，但热处理全脂大豆饲粮高于对照饲粮。热处理全脂大豆饲粮的粗蛋白质、粗脂肪（$P<0.01$）、干物质（$P<0.05$）的消化率显著高于生全脂大豆饲粮；粗灰分、粗纤维和无氮浸出物的消化率也高于生全脂大豆饲粮，但差异不显著。

生全脂大豆饲粮与对照饲粮之间，除了生全脂大豆饲粮的粗灰分（$P<0.01$）、粗纤维（$P<0.25$）的消化率显著高于对照饲粮外，其他养分的消化率相差不大。在猪种与饲粮的各组合间，未发现在养分消化率方面存在互作效应（徐良梅等，2001）。

二、对民猪血液生理与生化指标的影响

在上述试验条件下，饲喂热处理大豆饲粮和生大豆饲粮仔猪血液中红细胞数、红细胞压积（$P<0.05$）、血红蛋白的含量（$P<0.1$）显著小于饲喂对照饲粮的仔猪，3项指标在热处理大豆饲粮与生大豆饲粮间无显著差异。饲喂热处理大豆饲粮仔猪血清中GOT（谷-草转氨酶，$P<0.25$）活性大于饲喂生大豆饲粮和对照饲粮的仔猪；饲喂生大豆饲粮仔猪血清中GOT的活性小于饲喂对照饲粮的仔猪（$P<0.25$）。仔猪血液中白细胞数与血小板数尽管在饲粮间无显著差异，但饲喂热处理大豆饲粮、生大豆饲粮的仔猪比饲喂对照饲粮仔猪有减少的趋势。仔猪血液中淋巴细胞数，在饲粮间也是无显著差异，但饲喂生大豆饲粮、热处理大豆饲粮的仔猪比对照饲粮的仔猪有增加的趋势。尤其饲喂生大豆饲粮的仔猪比饲喂对照饲粮的仔猪提高了5个百分点。长白仔猪血液中红细胞数、红细胞压积大

于东北民猪仔猪（$P<0.25$）。血小板数，东北民猪仔猪大于长白仔猪（$P<0.25$）。血清 GOT、GPT（谷-丙转氨酶）以及血液中的白细胞数、血红蛋白含量、淋巴细胞数，猪品种间无显著差异（徐良梅等，1999）。

三、对民猪内脏器官的影响

在上述试验条件下，饲喂热蒸处理大豆饲粮的仔猪，其胰和肾的重量显著大于饲喂生大豆饲粮和对照饲粮的仔猪（$P<0.05$）；饲喂生大豆饲粮仔猪的小肠重显著大于饲喂热蒸处理大豆饲粮和对照饲粮的仔猪（$P<0.05$）。仔猪的品种与饲粮类型之间在小肠重（$P<0.01$）、肝重（$P<0.05$）方面存在着显著的互作（徐良梅等，1999）。

四、对民猪有关器官形态的影响

秦贵信和徐良梅等（2001）将试验饲粮进行了细分，在原有的 3 种基础上细分为 5 种，分别为含有 20%的阿根廷生大豆、阿根廷熟大豆、东北生大豆、东北熟大豆及不含大豆制品（对照饲粮）。每组仔猪饲喂试验饲粮 1 种，日喂 3 次，按料水比为 1∶1 浸泡。预饲期 3d，试验期 14d。试验结束时，将所有仔猪屠宰，立即对小肠、大肠采样，以备光镜和电镜观察，然后测定相关组织的重量和长度。结果表明，长白仔猪与民猪仔猪相比，小肠较重、较长，肾脏较重，但脾脏则较轻（$P<0.05$）。饲喂含熟化处理的全脂大豆饲粮的仔猪，其胰脏比饲喂对照饲粮（$P<0.05$）和含生全脂大豆饲粮的仔猪要轻，但在生、熟全脂大豆饲粮间差异不显著。小肠重在饲粮与猪种间存在显著互作（$P<0.05$）。长白仔猪在饲喂含全脂大豆饲粮时，其小肠较重。在光镜和扫描电镜下观察，饲喂含东北生大豆饲粮的仔猪，其小肠上皮绒毛（特别是长白仔猪）受到严重损害；在透射电镜下观察，这些猪的小肠上皮细胞微绒毛间存在气泡。组织学检查表明，饲喂对照饲粮的仔猪，其绒毛和腺窝中的杯状细胞的比例明显低于饲喂含生、熟全脂大豆饲粮的仔猪（分别为 $P<0.01$，$P<0.02$）。由此可以认为，东北生大豆抗营养因子的活性可能比阿根廷生大豆抗营养因子的活性高，长白仔猪比民猪仔猪对生大豆饲粮的反应敏感。

五、对小肠和大肠组织学参数的影响

徐良梅和张忠远（2003）研究了全脂大豆的抗营养因子对民猪小肠和大肠组织学参数的影响。试验所用全脂大豆为东北商品大豆，其胰蛋白酶抑制因子活性为 4.12mg/g，而热处理的全脂大豆是在 118℃蒸气加热 7.5min 后，其胰蛋白酶抑制因子活性仅为 0.76mg/g 的全脂大豆。

研究结果表明，在民猪和长白猪仔猪的品种间，没有发现绒毛和隐窝的杯状细胞比例存在显著差异，但民猪仔猪的小肠隐窝的杯状细胞比例有比长白仔猪升高的趋势（$P<0.16$）。饲喂对照饲粮的仔猪与饲喂生全脂大豆和热处理全脂大豆的仔猪相比，其隐窝和绒毛杯状细胞比例明显偏低（$P<0.12$ 和 $P<0.10$），但没有发现猪的品种和饲粮在这项指标上存在显著互作。饲喂全脂大豆饲粮的仔猪，其升高的隐窝和绒毛杯状细胞可能与小肠黏膜表面增加分泌黏液有关，这可能是仔猪对全脂大豆饲粮中抗营养因子的一种反应。增加分泌黏液可能是引起仔猪因饲喂全脂大豆饲粮而发生腹泻的重要原因，这与试验中观察到的饲喂全脂大豆饲粮的仔猪有腹泻的现象相符，长白仔猪腹泻的现象尤为严重。采食生、热处理全脂大豆饲粮的仔猪，其小肠绒毛和隐窝杯状细胞比例普遍增加，表明小肠上皮杯状细胞的增加可能是由全脂大豆中热稳定抗营养因子引起的。

长白仔猪结肠的肠腺显著深于东北民猪的肠腺（$P<0.01$），但 3 种饲粮对肠腺的影响在统计学上并不显著。各组数据显示饲喂对照饲粮时，猪种对肠腺深度几乎没影响，但长白仔猪采食任何一种全脂大豆饲粮时，其结肠肠腺都比东北民猪的要深一些。并且猪种与饲粮在肠腺深度上有互作效应（$P<0.01$），进一步表明，长白仔猪采食全脂大豆饲粮时，对其中热抗营养因子比民猪敏感。同时还发现，有较长和较重小肠的仔猪，其结肠肠腺也较深。

在光镜和电镜下观察，饲喂生全脂大豆饲粮的长白仔猪比民猪仔猪小肠黏膜及绒毛结构损伤严重，表明长白仔猪比民猪仔猪对全脂大豆中抗营养因子的反应更加敏感（徐良梅等，2002）。

第五节　民猪对纤维饲料利用的研究

“耐粗饲”是我国地方猪种的一个显著特点，民猪也具有这一特性。但这只是宏观上的一种描述，缺少科学的、客观的数据支持。霍贵成（1991）探讨了民猪利用纤维的能力以及纤维饲料对民猪生长的影响，以期从科学的角度阐析民猪的耐粗饲特性。赵伯成等（2004）探讨了民猪母猪日粮中添加青粗饲料的效果。

一、纤维饲料对民猪生产性能和背膘厚度的影响

该试验选择了民猪为试验材料，同时以长白×（杜洛克×哈白猪）的杂交猪为对照组。所有猪均于 60 日龄断奶，同一天运入试验场地，并用基础饲粮饲养至 30kg 开始试验，体重达到 80kg 时结束试验。以 7%或 14%的稻壳和 18%或 36%的米糠替代等比例玉米-豆饼基础饲粮中的玉米（表 4-25），研究纤维饲粮

对30~80kg民猪的生长及背膘厚度的影响（霍贵成，1991）。

表4-25　饲粮配方与营养成分

饲料	添加NDF		
	0%	10%	20%
玉米（%）	76.0	51.0	26.0
豆饼（%）	22.0	22.0	22.0
米糠（%）	—	18.0	36.0
稻壳（%）	—	7.0	14.0
预混料（%）	2.0	2.0	2.0
营养成分含量			
消化能（MJ/kg）	3.397	3.076	2.755
粗蛋白质（%）	16.0	16.0	16.1
钙（%）	0.50	0.52	0.53
磷（%）	0.54	0.67	1.01
赖氨酸（%）	0.70	0.74	0.79
ADF（%）	4.25	9.45	16.09
纤维素（%）	3.06	5.46	7.47
木质素（%）	0.63	2.33	5.87
灰分（%）	0.56	1.66	2.75

经研究表明，饲粮稻谷副产品来源的NDF含量达到10%时，民猪的日增重明显受到影响，且随饲粮NDF的升高呈线性降低，干物质采食量随饲粮NDF的变化增加不明显，民猪消化能采食量略有下降，饲料效率随饲粮NDF的升高而变差。民猪生长慢的原因，除受其固有基因型支配外，采食量小是影响其增重的关键因素。提高饲粮NDF水平影响猪固有生长潜力的发挥。中、高NDF水平下，民猪的背膘较对照杂种猪薄，降低饲粮能量浓度可获得较瘦的胴体。

二、纤维饲料对民猪消化道形态与大肠内容物重量的影响

以三元杂种猪为对照，研究了民猪在3种NDF水平（0%、10%、20%）下消化道形态及后肠内容物鲜重的变化。试验从活重30kg开始，80kg时结束，每组在最后一次给食后的2h、4h、8h、12h和16h随机屠宰2头。电击晕死后立即开膛取出内脏，分为胃、小肠、盲肠和结肠4段进行测量。结果表明，猪对饲粮

纤维含量的增加从胃肠道形态上发生明显的适应性变化，消化道长度、鲜重增加，尤其结肠长度增加明显，胃、小肠和结肠的鲜重显著地高于基础饲粮组。民猪胃重和结肠鲜重及长度的增加比对照杂种猪明显，消化道总鲜重及其占空体重的比例显著地高于对照杂种猪。随 NDF 水平的提高，大肠内容物鲜重明显增加，其中民猪更为突出，后肠是吸收水分的主要场所（霍贵成，1992）。

三、民猪母猪日粮添加青粗饲料的效果

赵伯成等（2004）以农户饲养民猪母猪日粮添加青粗饲料为条件，对民猪的耐粗饲和生产性能进行试验。母猪选择年龄相近，产次相同，上产生产水平、预产期相近的民母猪 30 头，平均分成试验组和对照组。从母猪妊娠期开始试验，至仔猪 60 日龄断奶结束、共 135d。日粮配方组成见表 4-26。

表 4-26　日粮配方组成　　（单位:%）

原料	试验组				对照组			
	母猪			仔猪	母猪			仔猪
	妊娠前期	妊娠期	哺乳期		妊娠前期	妊娠期	哺乳期	
玉米	50	50	50	55	55	53	60	58
豆饼	1	4.5	10	20	8	10	18	20
麸子	20	25	15	10	20	25	20	10
高粱				10	10	10		10
酒糟	10	10	5					
豆腐渣	8	8	6.5					
玉米秸粉	6							
青饲料	5		5	3				

注：酒糟、豆腐渣为湿品，青饲料为青绿多的鲜饲料，玉米秸粉为玉米秸粉碎的干粉。

结果发现试验组与对照组相比，产仔数、窝成活、出生重、断乳重差别不大（$P<0.01$），在母猪提供仔猪的产仔窝重、20 日龄窝重、60 日龄断乳窝重方面，试验组比对照分别提高 0.3kg、1.6kg、1.3kg，差异不显著（$P<0.05$）（表 4-27）。

表 4-27　母猪产仔性能和产仔窝重情况

项目组别	产仔数（头）	死亡（头）	存活（头）	窝活（头）	出生均重（kg）	断乳重（kg）	产仔窝重	20 日龄窝重	60 日龄窝重
试验组	181	4	177	11.8	1.33	15.1	15.7	47.6	172.2

（续表）

项目组别	产仔数（头）	死亡（头）	存活（头）	窝活（头）	出生均重（kg）	断乳重（kg）	产仔窝重	20日龄窝重	60日龄窝重
对照组	179	3	176	11.7	1.37	15.3	16.0	48.2	173.5

试验组比对照组多消耗粗料3 086kg，节省精饲料2 206.5kg，60d仔猪可节省精料0.5kg/头（表4-28）。

表4-28　饲料消耗统计

组别	母猪耗料（kg）				仔猪60d耗料（kg）	
	合计	精料	粗料	日头平均	合计	平均
试验组	11 568.5	8 482.5	3 080	5.6	2 198	12.6
对照组	10 689.0	10 689.0		5.1	2 209	13.1

第六节　民猪哺乳仔猪的发育和补料量的测定

王景顺等（1979）从秋产民母猪中，选产期接近、母性温顺、带仔10头以上经产母猪4头，计42头仔猪，进行了哺乳期仔猪的发育和补料量的测定。获得部分测定结果如下。

一、哺乳仔猪阶段生长发育

据4窝42头哺乳仔猪发育测定资料，仔猪平均出生重（0.98±0.05）kg，60d断乳重（12.11±0.87）kg，仔猪断乳重为出生重的12.3倍。哺乳期每头平均增重（11.13±0.86）kg，每日平均日增重为（185.5±12.4）g。哺乳期间，仔猪增长不均衡，初生到5日龄，增重平均为162.6g，10~20日龄增重下降，每天平均101.6~123.4g，以后增重逐渐增加。如30日龄为169.7g，45日龄为272.1g。按近断乳期间，仔猪日增重有些下降，如50~55日龄为200.7g，55~60日龄为229.4g。各窝仔猪生长速度不同，按窝全期平均日增重资料，最高为215g，最低为16.7g。

二、补料量

60d哺乳期间，每头仔猪平均采食混合料（9.90±0.83）kg，每日平均采食（165.1±13.75）g。生后10~20日龄每天平均采食17.5~28.3g，24日龄开始采食量逐渐增加，如 30 日龄、40 日龄、50 日龄和 60 日龄的采食料量分别为（78.7±685）g、（201.2±9.84）g、（338.3±31.8）g 和（728.5±60.56）g。各窝仔猪采食料量也不同，多的全期平均采食 12.15kg，少的为 8.64kg。

三、能量需要

据民猪泌乳力测定资料，哺乳期间，每头仔猪平均吃日乳 500g，采食混合料 165.1g。按整个哺乳期计算，每增重 1kg 需母乳 2.7kg 和混合料 0.86kg，折合消化能为 171cal。在 10～20 日龄期间，1kg 增重需母乳 5.0～5.5kg 和混合料 0.171～0.229kg，其中含消化能为 10 967～12 147cal。从 35 日龄开始，母猪乳量减少，但仔猪采食量增加，1kg 增重能量接近全期的平均值。

第七节　民猪不同生长阶段饥饿代谢的研究

确定饥饿代谢的能量代谢和物质消耗，是确定维持能量需要和其他各种生产状态、营养需要的基础。杨嘉实等（1989）通过测定民猪不同体重阶段饥饿状态下的产热量及体蛋白质、体脂肪分解量，探讨了民猪不同生长阶段饥饿代谢的特点，推算其维持能量需要，为应用析因法制定民猪饲养标准提供科学依据。

他们选用了 10 头双亲性能接近的纯种民猪小公猪 10 头，按体重分 5 期（25～30kg、40～45kg、50～60kg、70～75kg、90～95kg）进行测定。前两期饥饿时间为 60h，后三期为 65h。测试时小室温度为 20℃，测试时间为 6h 以上。获得部分研究结果如下。

一、产热量

不同体重阶段的饥饿产热量见表 4-29。从民猪生长期不同体重阶段总产热量变化可以看出，总产热量随体重的增长而增加。但按代谢体重计算，每天饥饿代谢产热量则随着体重增加而降低。前两期降低较快，后三期降低缓慢，逐渐趋于一致。方差分析表明，第一期产热量极显著地高于第二、第三、第四、第五期（$P<0.01$）。第二期高于第五期（$P<0.01$）；第三、第四、第五期之间差异不显著（$P>0.05$）。每千克代谢体重体蛋白质分解产热量，各期之间变异不大（$P>0.05$），而且变化很不规则，各期平均为 11.5kcal/（$kg^{0.75}$·d），体蛋白质分解产热量占总产热量的比例，随体重的增长有增加的趋势，而 1kg 代谢体重体脂肪分解产热量，则随体重的增长而逐渐降低，体脂肪分解产热盘占总产热里比例较大（最低在 85%以上），且随着体重增长有缓慢降低的趋势。将饥饿产热量与体重进行回归分析，得出 20～90kg 民猪饥饿产热量回归方程为：饥饿产热量

(kcal/d) = 1 037.00+14.48 · W (r=0.94**, RSD=6.90, n=30, W-体重) 或饥饿产热量 (kcal/d) = 796.97 +52.17 · $W^{0.75}$ (r=0.94**, RSD=7.30, n=30, $W^{0.75}$-代谢体重)。

表 4-29 民猪不同体重阶段饥饿代谢产热量

期别	体重 (kg)	产热量 (kcal/d)			产热量 [kcal/ (kg$^{0.75}$ · d)]			体物质产热占总产热百分率	
		总量	体蛋白质	体脂肪	总量	体蛋白质	体脂肪	体蛋白质	体脂肪
一	24.38±0.69	1 449.70±147.32	130.80±61.89	1 318.90±121.58	132.25±14.49	11.93±5.58	120.32±12.20	9.02	90.98
二	42.02±0.53	1 600.99±102.57	149.08±94.94	1 451.91±126.01	96.50±6.39	8.99±5.75	87.51±8.09	9.31	90.69
三	52.13±1.21	1 708.93±78.78	228.83±43.31	1 480.10±63.02	88.07±3.30	11.76±2.13	76.29±2.98	13.39	86.61
四	73.32±2.27	2 185.19±52.60	326.82±148.71	1 858.37±123.31	87.23±1.55	13.02±5.82	74.21±5.18	14.96	85.04
五	90.95±3.76	2 339.10±149.13	346.88±60.46	1 992.22±9.95	79.45±5.18	11.79±2.20	67.66±6.39	14.83	85.17

二、体物质分解量

不同体重阶段饥饿代谢体物质分解量见表 4-30。随体重增长，饥饿代谢体物质分解总量也随之增加。但按代谢体重计算，则随体重增长，体物质分解量有缓慢降低的趋势。方差分析表明：第一期极显著地高于第二、第三、第四、第五期 (P<0.01)，第二、第三、第四、第五期之间差异不显著 (P>0.05)。体蛋白质和体脂肪分解的比例各期有所不同。体蛋白质分解比例逐渐增加，而体脂肪分解比例逐渐降低，由于脂肪的热值较高，产热量也随之逐渐降低。

表 4-30 民猪不同体重阶段饥饿代谢体物质分解量

期别	体物质分解量 (g/d)			尿N量 (g/d)	体物质分解量 [g/ (kg$^{0.75}$ · d)]			尿N量 [g/ (kg$^{0.75}$ · d)]
	总量	体蛋白质	体脂肪		总量	体蛋白质	体脂肪	
一	168.64±20.87	30.10±14.28	138.54±12.59	4.82±2.28	15.39±1.98	2.75±1.29	12.64±1.27	0.44±0.21
二	186.56±17.99	34.27±21.83	152.29±12.66	5.48±3.19	11.25±1.15	2.07±1.32	9.18±0.82	0.33±0.21
三	208.38±12.32	52.60±9.96	155.78±6.63	8.42±1.60	10.74±0.60	2.71±0.49	8.03±0.31	0.43±0.08
四	270.75±22.38	75.13±34.19	195.62±12.98	11.98±5.50	10.43±1.03	2.69±1.34	7.74±0.48	0.48±0.01

（续表）

期别	体物质分解量（g/d）			尿N量（g/d）	体物质分解量［g/（$kg^{0.75}$·d）］			尿N量［g/（$kg^{0.75}$·d）］
	总量	体蛋白质	体脂肪		总量	体蛋白质	体脂肪	
五	289.45±11.28	79.74±13.90	209.71±0.87	12.76±2.22	9.84±0.49	2.72±0.51	7.12±0.67	0.44±0.08

三、维持代谢能的需要

设代谢能用于维持的效率为80%，根据不同体重阶段饥饿产热量，推算出东北民猪的维持代谢能需要量于表4-31。东北民猪20~90kg体重的维持能量需要约为1 812~2 917kcal/d的范围。随体重增长，维持能量需要逐渐增加。

按代谢体重计算，则随体重增长而下降。第一期产热量较高（165.35kcal/$kg^{0.75}$），极显著地高于第二、第三、第四、第五期；第二期极显著地高于第五期。第三、第四、第五期之间差异不显著。用维持需要与体重进行回归分析，得出20~90kg体重民猪维持代谢能需要与体重的回归方程如下：MEm（kcal/d）= 1 296.25+18.10·W（$r=0.94^{**}$，RSD=8.28，$n=30$）

表4-31　民猪维持代谢能需要量推算值

期别	体重（kg）	MEm［kcal/（$kg^{0.75}$·d）］
一	23~25	165.35
二	41~43	120.88
三	50~54	110.09
四	71~77	109.04
五	86~95	99.13

第八节　民猪经产母猪喂料量和繁殖力的测定

胡殿金和王景顺（1981）开展了民猪经产母猪喂料量和繁殖力的测定工作，他们从生产母猪群中，选配种期接近中等以上民母猪10头；另外，从哈白母猪群中，按相同原则，选哈白经产母猪10头，组成试验母猪群。每头母猪有一专用喂料桶，每次喂料分别称混合精料、青料和粗饲料量（表4-32），并立即记入饲料喂料记录中。每天清除1次饲槽，如有剩料，称重后由喂量中减去。获得部分研究结果如下。

表 4–32　混合精料比例

项目	配合比例（%）							1kg 中营养物质含量						
	玉米	豆饼	高粱糠	小麦麸	贝粉	盐	合计	消化能（kcal）	粗蛋白质（g）	消化粗蛋白质（g）	钙（g）	磷（g）	粗纤维（g）	粗纤维（%）
妊娠前期	30.6	12.2	48.6	5.8	1.6	1.2	100	3 000	131.6	90.3	9.8	4.1	88.4	8.8
妊娠后期	27.7	18.4	36.7	13.7	2.0	1.5	100	2 987	153.8	112.6	11.6	4.6	45.3	4.5
哺乳期	32.2	26.8	26.7	12.9	0.8	0.6	100	3 098	179.5	136.6	6.1	4.6	43.6	4.4

一、喂料量

（一）妊娠前期母猪的喂料量

在妊娠头 75d 内，每头母猪平均喂料量，民猪为（4. 11±0. 15）kg，其中混合精料（1. 59±0. 07）kg，青贮料 1. 41kg，粗料 1. 12kg。在同一期间，哈白母猪每头每日喂料（4. 87±0. 21）kg，其中混合精料（1. 71±0. 05）kg，青贮料 1. 68kg 和粗料 1. 48kg。日粮中可消化能的含量，民猪为 6 575. 3kcal，哈白猪为 7 407kcal。民猪日粮中可消化粗蛋白质、钙和磷的含量为 185g、20. 2g 和 8. 7g，而哈白猪日粮中各种营养物质的相应含量分别为 204. 1g、22. 7g 和 9. 7g。日粮中粗纤维的含量，民猪为 12. 6%，哈白猪为 13. 4%。

（二）妊娠后期母猪的喂料量

在妊娠 76d 到产仔期间，每头母猪每日的喂料量，民猪为（3. 469±0. 19）kg，哈白母猪为（4. 391±0. 16）kg，哈白猪每天比民猪多采食饲料 0. 92kg，差异非常显著（$P<0.01$），在每天采食饲料中，混合精料的含量，民猪为（1. 46±0. 05）kg，哈白猪为（1. 61±0. 05）kg，哈白猪比民猪多采食 0. 154kg（$P<0.05$），民猪和哈白猪青饲料采食量分别为 1. 26kg 和 1. 37kg。而粗饲料采食量分别为 0. 42kg 和 0. 75kg。

日粮中各种营养物质的含量，民猪日粮中含消化能（5 406±201. 6）kcal，哈白猪为（6 241±192. 3）kcal，哈白猪每天采食消化能比民猪多 835kcal，差异非常显著（$P<0.01$）。民猪日粮中可消化粗蛋白质、钙和磷的含量为 189g、19. 2g 和 7. 6g。而哈白猪的相应含量分别为 212. 1g、22. 3g 和 8. 5g。民猪日粮中粗纤维含量为 9. 2%，而哈白猪为 10. 3%。

（三）妊娠全期母猪的喂料量

据 10 头民猪和 10 头哈白母猪整个妊娠期间喂料量资料，每头母猪每日喂料量民猪为（3. 90±0. 10）kg，哈白猪为（4. 71±0. 18）kg，哈白猪每天平均比民猪多采食 0. 811kg，差异非常显著（$P<0.01$）。每日喂料中混合精料的含量，民猪为（1. 54±0. 04）kg，哈白猪为 1. 68kg，哈白猪每天比民猪多采食 0. 13kg（$P<0.05$）。青贮料每天采食量，民猪为 1. 36kg，哈白猪为 1. 58kg。民猪和哈白猪每天粗饲料采食量为 0. 89kg 和 1. 23kg。在整个妊娠期间，民猪每天采食消化能（6 183±167. 7）kcal，哈白猪为（7 011±236. 4）kcal，每天平均比民猪多采食 828kcal，差异显著（$P<0.05$）。

日粮中其他营养物质的含量，民猪每日采食可消化粗蛋白质 186. 4g，钙 19. 8g，磷 8. 3g，哈白猪每天各种营养物质的采食量分别为 206. 8g、22. 6g 和

9. 3g。民猪日粮含粗纤维 11. 6%，哈白猪为 12. 5%。

（四）哺乳母猪的喂料量

据 10 头民猪和 10 头哈白猪 60d 哺乳期间的喂料量资料。民猪每天平均采食饲料（7. 03±0. 15）kg，哈白猪为（8. 60±0. 14）kg，每天平均比民猪多采食饲料 1. 57kg，差异极为显著（$P<0.01$）。

每天采食饲料中混合精料的含量，民猪为（3. 88±0. 11）kg，哈白猪为（4. 16±0. 03）kg，比民猪每天多采食混合精料 0. 28kg，差异显著（$P<0.05$）。民猪每天采食西粘谷 2. 99kg，哈白猪为 3. 19kg，民猪每天平均采食粗糠 0. 15kg，哈白猪为 1. 25kg。哈白猪青粗饲料采食量均多于民猪，民猪采食饲料中含粗纤维 4. 5%，而哈白猪为 7. 5%。哺乳母猪日粮中消化能的含量，民猪为（13 435±366. 9）kcal，哈白猪为（15 608±180. 7）kcal，民猪比哈白猪少采食 2 173kcal 消化能，差异非常显著。民猪日粮中含可消化粗蛋白质（568. 4±15. 8）g，哈白猪为（634. 8±5. 2）g，民猪日粮中含钙 33. 9g，磷 17. 6g，而哈白猪为 40. 4g 和 23. 1g。

（五）1 个生产期的喂料量（由配种到断乳）

按 1 个生产周期喂料总量计算，每日每头平均喂料量，民猪为（4. 99±0. 01）kg，哈白猪为（6. 05±0. 15）kg，哈白猪每天比民猪多采食饲料 1. 07kg，差异非常显著（$P<0.01$）。每日喂料总量中混合精料的喂量，民猪为（2. 36±0. 04）kg，哈白猪为（2. 53±0. 02）kg。民猪每天采食青贮饲料 0. 89kg、西黏谷 1. 11kg、粗糠 0. 37kg、玉米秸粉 0. 26kg。哈白猪每天采食青贮 1. 03kg、西黏谷 1. 25kg、粗糠 0. 85kg、玉米秸粉 0. 39kg。民猪日粮中含粗纤维 8. 1%，哈白猪为 10%。母猪每日喂量中消化能的含量，民猪为（8 705±164. 5）kcal，哈白猪为（9 984±178. 7）kcal，哈白猪每天平均比民猪多采食消化能 1 279kcal，品种间差异非常显著。民猪日粮中含可消化粗蛋白质 319. 2g，钙 24. 7g、磷 12. 2g，而哈白猪日粮中含可消化粗蛋白质 354. 9g、钙 28. 7g 和磷 14. 1g。

二、母猪的体重变化

（一）母猪一个生产周期内各阶段的体重

据 10 头民猪和 10 头哈白猪 1 个生产周期内各阶段称重资料，民猪和哈白猪体重变化如表 4-33。从 1 个生产周期内母猪体重增减情况来看，不论绝对重量和相对重量，基本符合繁殖母猪的体重变化规律，但妊娠前期增重较多，特别是民猪，民猪和哈白猪体重差异极为显著（$P<0.01$）。

表 4-33　母猪繁殖周期内的体重变化

猪种	配种期	妊娠期					哺乳期			配种重比断乳重+或-
		30d	60d	75d	90d	产前	产后	20d	断乳	
民猪	142. 36±4. 55	166. 5±4. 09	175. 55±3. 94	178. 61±4. 09	182. 88±3. 84	192. 88±4. 31	167. 8±4. 5	162. 08±6. 29	147. 56±6. 08	-5. 2±3. 82
哈白猪	181. 22±10. 56	195. 34±10. 96	205. 24±10. 57	208. 43±10. 24	217. 28±10. 34	229. 85±10. 32	203. 5±9. 96	199. 5±10. 15	178. 4±15. 26	2. 81±3. 85

（二）母猪妊娠期增重

妊娠期间，民猪全期比哈白猪多增重 1. 89kg，差异不显著（$P>0.05$）。民猪每日平均增重比哈白猪多 20. 2g，差异同样不显著（$P>0.05$）。在妊娠前期内，民猪平均日增重比哈白猪多 120. 5g，差异显著，但在妊娠后期，民猪增重却非常显著地低于哈白猪（$P<0.01$）（表 4-34）。

表 4-34　妊娠母猪体重变化

猪种	妊娠前期（配种至妊娠 75d）		妊娠后期（妊娠 76 至产仔）		妊娠全期		
	总增重（kg）	日增重（g）	总增重（kg）	日增重（g）	妊娠日数	总增重（kg）	日增重（g）
民猪	36. 25±2. 12	483. 38±28. 22	14. 27±1. 46	374. 63±39. 14	113. 2±0. 36	50. 52±1. 76	446. 6±16. 44
哈白猪	27. 22±1. 9	362. 85±25. 37	21. 44±1. 45	544. 64±44. 1	114±0. 92	48. 63±1. 9	426. 4±15. 72

（三）母猪产期减重

根据母猪产前和产后体重计算母猪产期减重，减重中包括仔猪重（包括木乃伊和死胎）、胎衣重和损失中，其减重情况如表 4-35 所示。

表 4-35　母猪产期减重情况

猪种	合计（kg）	其中（kg）				
		仔猪（胎儿）			胎衣	损失重
		健壮	木乃伊、死胎	小计		
民猪	25. 08±3. 16	15. 68±0. 32	1. 83±0. 68	17. 5±0. 72	3. 77±0. 32	3. 82±0. 97
哈白猪	26. 24±2. 92	14. 57±1. 57	2. 15±1. 57	16. 72±1. 67	3. 85±0. 32	5. 78±1. 26

（四）母猪哺乳期间减重

哺乳期间，民猪每头平均减重（20.24±3.03）kg，哈白猪为（25.1±4.97）kg，品种间差异不显著（$P>0.5$），60d 哺乳期每头每日平均减重，民猪平均日减重比哈白猪少 81.01g，品种间差异不显著（$P>0.05$）。在哺乳前 20d 内，民猪减重大于哈白猪，但品种间差异同样不显著（$P>0.05$）。在哺乳 21～60d 间期，哈白猪每日平均减重多于民猪，差异极为显著（表 4-36）。

表 4-36　哺乳母猪减重情况

猪种	出生至 20d		21～60d		出生至 60d	
	总计（kg）	日平均（g）	总计（kg）	日平均（g）	总计（kg）	日平均（g）
民猪	5.73±2.28	286.25±114.39	14.51±1.72	362.8±43	20.24±3.03	337.3±50.28
哈白猪	4±1.53	200±76.38	21.1±2.6	205.2±64.8	25.1±4.97	418.3±82.77

第九节　民猪初生仔猪的糖代谢研究

仔猪生后第 1 天的死亡率一般在 25%左右。主要原因是体温调节能力差，窝大的、体小的更差。据胡殿金等统计，民猪初生体重平均（1.10±0.4）kg，哈白猪为（1.33±0.3）kg；民猪经产母猪平均产仔（17.2±0.87）头，哈白猪为（13.3±1.58）头；民猪零日龄可剥离脂为 35g（初生重的 3%），哈白猪为 38g（3%）。又据胡殿金等报道，出生 1h 内民猪肛温低于哈白猪，差异显著；6h 后差异消失。谭贵厚等（1981）发现，初生民猪的血糖［（138.83±8.82）mg/dL］高于哈白猪［（75.75±4.86）mg/dL］，$P<0.01$）。以上可能是民猪再生热调节力差的原因。

仔猪生前的糖原贮备，是生后哺乳前的主要能源。近十年来受到人们的重视。Okai 等（1978）报道，猪脂肝与胴体内糖原含量，到 100 日龄才猛增，分娩时分别达到鲜重的 14%与 3%。生后如不饮食，首先动用肝贮，然后肌贮；初生体脂属于结构脂肪，难以动用。测验仔猪生后短期肝糖与血糖变化，将有助于了解能量代谢，采取相应保健措施。

翟全志等（1993）测试了民猪与哈白猪生后零时与饥饿或哺乳 8h 后肝糖原与血清葡萄搪含量。发现 0h 的肝糖含量，品种间无差异，并与前人报道 10.8%相近似。以后 8h，无论食或不食，均明显下降，饥饿有略高趋势，但不够显著。0h 血糖，哈白高于民猪，介于前人报道范围（65～100）。如处饥饿状态，48h 可降到 10mg，仔猪嗜眠，昏迷，甚至死亡。但据 Boyd 等观察，如在哺乳 24h 再开始饥饿，会使血糖暂升，随后下降。可能解释饥饿 8h 后反而血糖较高。

第十节　母猪妊娠期和哺乳期蛋白限饲对后代的影响

母体的营养环境对子代机体生长发育和健康情况均有极为重要的影响，这种影响可以持续到子代成年甚至隔代。2010 年东北农业大学的单安山团队对民母猪哺乳期和妊娠期蛋白限饲对后代的影响开展了一系列研究。

包括母猪哺乳期蛋白限饲对后代肉质性状、血脂水平、仔猪生产性能等。他们以哺乳期的民母猪为试验对象，以长白猪为对照猪种，每个猪种各 6 头，体况相近，进行纯种繁育。民猪和长白猪母猪分别随机分为两组，在哺乳期饲喂不同蛋白水平日粮（对照组日粮蛋白水平为 18%，限饲组日粮蛋白水平为 9%），哺乳期为 28d，子代断奶后饲喂相同的标准日粮。子代猪生长到 180d 后开始测定各项指标。

一、妊娠期能量限饲对后代仔猪生产性能和早期肌纤维发育的影响

李丰浩等（2008）以民母猪为试验材料，将其妊娠 30d 至分娩这段时间的日粮能量设置了 2 个水平，即正常水平和限饲水平，限饲水平的能量为正常水平的 80%。将 8 头母猪随机分成 2 组，每组 4 头，每头为 1 个重复。两组日粮所含的粗蛋白、氨基酸、维生素和矿物质水平基本保持一致。仔猪出生后，在 3d、14d 和 28d 时屠宰，每次屠宰每窝随机选取仔猪 2 头，共计 48 头。比较了两组母猪后代仔猪的生产性能、不同日龄时器官重及背最长肌和半腴肌肌束内肌纤维数、密度和直径。

结果表明，母猪妊娠期（30d 至分娩）的能量限饲，极显著降低了仔猪初生重、断奶重和日增重（$P<0.01$），对初生窝重及产仔数无显著影响（$P>0.05$）。母猪妊娠期的能量限饲，使后代仔猪的 3d、14d 和 28d 的半腱肌肌束内肌纤维数与对照组相比有所降低，但差异不显著（$P>0.05$）；对半腱肌肌纤维直径和肌纤维密度无显著影响（$P>0.05$）。14d 试验组背最长肌肌纤维密度显著高于对照组（$P<0.05$），纤维直径显著低于对照组（$P<0.05$）；3d 和 28d 背最长肌肌纤维密度和直径与对照组相比均无显著变化（$P>0.05$）。

据此认为，母猪妊娠期能量限饲显著降低了后代仔猪初生重、日增重、断奶重。导致后代仔猪肌纤维发育迟缓，使后代仔猪半腱肌肌纤维数降低。

二、妊娠期能量限饲对子代生长性能和肉质的影响

（一）对子代生长性能的影响

彭济昌等（2010）选择体重相近、健康、经产的母猪及长白猪母猪 12 头（民猪和长白猪各 6 头），将每个品种母猪随机分为 2 组，每组 3 个重复，进行纯种繁育。供试母猪从妊娠期第 30 天到分娩饲喂不同能量水平日粮，对照组饲喂基础日粮，限饲组日粮能量水平为对照组的 80%，其他营养素与对照组相同，母猪妊娠期定时定量给料。母猪妊娠期 30d 前及哺乳期对照组与限饲组之间均采用相同营养标准日粮。子代日粮均按照营养标准统一饲喂，在 0d、28d、180d 时称重。

结果发现，母猪妊娠期的能量限饲，在 60d 前对日增重影响不显著（$P>0.05$），但在妊娠 90d 时，限饲组母猪的日增重显著低于对照组（$P<0.05$）。妊娠期能量限制能够显著降低初生重（$P<0.05$），有降低产仔数和提高死亡率的趋势，但没有达到显著水平（$P>0.05$）。在 90d 时，能量限饲显著降低了母猪血液中甘油三酯的含量，同时升高了血液中的生长激素和胰岛素样生长因子的水平（$P<0.05$）。生长试验的结果表明，妊娠期母体能量限饲可导致子代猪出生至出栏期体重的显著下降（$P<0.05$），子代猪的生长发育表现出明显的母体营养效应，同时，母体能量限饲所产的子代猪在生长肥育阶段未表现出补偿性生长。

民猪和长白猪的生长性能存在明显的差异（$P<0.05$）。民猪平均出生重为 1.21kg，长白猪为 1.29kg；民猪断奶重为 6.56kg，长白猪为 7.10kg；180d 民猪出栏重为 92.73kg，长白猪为 101.32kg。其中从出生至出栏屠宰，民猪与长白猪活体重均存在显著性差异（$P<0.05$）。妊娠期能量限制能够显著降低仔猪断奶前的内脏器官重（$P<0.05$），对相对重无显著性影响。总体看，母体能量限饲可导致子代猪断奶前内脏器官绝对重的下降（$P<0.05$），对 26 周龄猪内脏器官绝对重和相对重无显著影响（$P>0.05$）。日粮能量水平对后代屠宰时内脏器官的绝对重和相对重无显著影响，但在不同品种间出现了显著差异。

（二）对子代肉质的影响

子代采用相同的饲喂水平，在 180d 时屠宰，发现母猪妊娠期的限饲对子代肌肉的滴水损失、压榨损失、pH、灰分含量等均无显著性影响（$P>0.05$）。民猪的滴水损失、压榨损失和剪切力显著低于长白猪，屠宰后 45min 和 24h，民猪肌肉 pH 显著高于长白猪（$P<0.05$）。民猪肌肉水分和蛋白质含量显著低于长白猪，而脂肪、灰分和总能含量则显著高于长白猪（$P<0.05$）。肌纤维发育的研究结果表明，母猪能量限饲极显著地降低了后代 28d 及 180d 时肌纤维

密度（$P<0.01$）。与对照组相比，低能量组子代猪 28d 肌纤维直径及肌纤维面积显著降低（$P<0.05$），并在 180d 时达到极显著水平（$P<0.01$）。母猪妊娠期能量限饲对民猪及长白猪各阶段肌纤维形态的影响均达到显著水平（$P<0.05$）。

三、哺乳期蛋白限饲对后代肉质性状及肌纤维发育的影响

徐林等（2011）测定了子代猪 180d 的肉质指标及 28d 和 180d 的肌纤维横截面积，结果显示，母猪哺乳期蛋白限饲极显著地降低了后代 28d 肌纤维面积（$P<0.01$），180d 时低蛋白组肌纤维面积仍显著低于对照组（$P<0.05$），两猪种变化趋势相同，但对长白猪影响显著（$P<0.05$），而对民猪的影响未达到显著水平（$P>0.05$）（表 4-37）；哺乳期母体蛋白限饲对子代背最长肌肉色和 pH 的影响不显著（$P>0.05$），但极显著地降低了滴水损失和剪切力值（$P<0.01$），其中，对长白猪的影响显著（$P<0.05$），而对民猪的影响不显著（$P>0.05$）（表 4-38）。研究结果表明，母猪哺乳期蛋白限饲可显著降低后代肌纤维面积，从而改变子代出栏时肉质性状；哺乳期母体效应对后代猪肌纤维发育存在长期的影响，子代并未表现出明显的补偿效应；母体的影响在不同猪种间表现出一定程度的差异性，长白猪比民猪更为敏感。

表 4-37　母猪哺乳期蛋白限饲对子代肌纤维面积的影响

项目	长白猪		民猪		平均标准误	*P* 值		
	对照	低蛋白	对照	低蛋白		品种	饲料	品种×饲料
28d · μm^{-2}	314.38[a]	280.73[b]	152.17[c]	137.13[c]	3.468	0.000	0.002	0.195
180d · μm^{-2}	2 552.08[a]	2 298.46[b]	1 718.91[c]	1 572.00[c]	40.231	0.000	0.022	0.515

表 4-38　母猪哺乳期蛋白限饲对子代肉质的影响

项目	长白猪		民猪		平均标准误	*P* 值		
	对照	低蛋白	对照	低蛋白		品种	饲料	品种×饲料
pH_{45}	6.24[a]	6.31[ab]	6.39[b]	6.35[ab]	0.018	0.016	0.739	0.148
pHu	5.44[a]	5.51[a]	5.65[b]	5.71[b]	0.023	0.000	0.138	0.942
L*	39.62[a]	41.35[a]	47.18[b]	45.69[b]	0.537	0.000	0.911	0.142
a*	5.55	5.11	5.40	5.06	0.164	0.779	0.240	0.881
b*	2.99	2.78	3.04	2.71	0.071	0.942	0.066	0.674

（续表）

项目	长白猪		民猪		平均标准误	P 值		
	对照	低蛋白	对照	低蛋白		品种	饲料	品种×饲料
滴水损失（%）	3.74[a]	3.39[b]	3.19[bc]	2.94[c]	0.045	0.000	0.002	0.593
剪切力	69.82[a]	61.15[b]	51.52[c]	44.8[c]	1.191	0.000	0.002	0.683

四、哺乳期蛋白限饲对子代血脂水平、肌内脂肪含量及 H-FABP 基因表达的影响

张宏宇等（2010）测定了子代猪 28d 断奶和 180d 出栏时血清中血脂水平、背最长肌中肌内脂肪含量及心脏脂肪酸结合蛋白（H-FABP）基因相对表达量。发现母猪哺乳期蛋白限饲显著提高了长白猪子代 28d 时血清总胆固醇（CHO）含量（$P<0.05$），对 180d 子代影响不显著；有提高长白猪子代 28d 及 180d 时血清甘油三酯（TG）、低密度脂蛋白（LDL），降低高密度脂蛋白（HDL）含量的趋势，但差异不显著；民猪限饲组子代 28d 及 180d 时血清中 CHO、TG 和 LDL 含量高于对照组，HDL 含量低于对照组，但差异均不显著。母猪哺乳期蛋白限饲显著提高了长白猪子代 28d 时肌内脂肪含量及 H-FABP mRNA 相对表达量（$P<0.05$），对 180d 子代也有一定程度的提高，且有提高民猪子代 28d 和 180d 肌内脂肪含量及 H-FABP mRNA 相对表达量的趋势，但差异均不显著。据此认为母猪哺乳期蛋白限饲可对子代早期脂肪沉积产生不同程度的母体效应，但这种影响随着日龄的增加而减弱，存在补偿效应，且猪种间表现出一定的差异。

第十一节　品种、营养水平和生长阶段对民猪部分性状的影响

1983—1988 年，郑坚伟等研究了品种、营养水平和生长阶段对民猪脊柱重量构成比、前肢骨长度构成比以及半腰肌重量构成比的影响。他们于 1983 年春由兰西县种猪场引入民猪和哈白猪各 30 头。分 30kg、50kg 和 70kg 3 个屠宰阶段。入场到 30kg 为预试期，体重达 30kg 时每品种各屠宰 6 头。30～50kg 为试验前期，每品种都采用正常饲养（自由采食）、维持饲养和低维持饲养（只给维持饲养料量的 60%）3 种营养水平处理（表 4-39）。当正常饲养组体重达到 50kg 时，品种内 3 个营养组一同屠宰，每组屠宰 4 头。50～70kg 为试验后期，正常饲养组仍然正常饲养，而限制饲养组也恢复正常饲养，各营养水平组均达 70kg 体

重时屠宰，每组屠宰4头。

表4-39　混合精料比例和营养物质含量

项目	饲料（kg）	体重	
		30~50kg	50~70kg
配合比例（%）	玉米	63.5	68.5
	豆饼	20	15
	麦麸	10	10
	豆秸粉	5	5
	贝粉	1	1
	盐	0.5	0.5
1kg混合料含	可消化能（Mcal）	3.04	3.05
	可消化粗蛋白质（g）	117	101
	粗蛋白质（%）	15	13
	粗纤维（%）	5.3	5.1
	钙（%）	0.5	0.5
	磷（%）	0.3	0.4

一、对脊柱重量构成比的影响

郑坚伟等（1988）报道了品种、营养水平和生长阶段对民猪脊柱重量构成比的影响，他们发现脊柱重量构成比在品种间存在差异，营养水平会影响脊柱重量的构成比，具体研究结果如下。

（一）脊柱重量构成比在品种间的差异

1. 前期末

在正常饲养情况下，民猪的荐尻尾椎比例显著大于哈白猪。在维持饲养情况下，民猪的胸腰椎比例显著小于哈白猪，而荐尻尾椎比例则显著大于哈白猪。在低维持饲养情况下，民猪的胸腰椎比例仍然小于哈白猪（表4-40）。

表4-40　前期末不同品种对脊柱重量构成比的影响　（单位:%）

项目	正常饲养			维持饲养			低维持饲养		
	民猪	哈白猪	显著性	民猪	哈白猪	显著性	民猪	哈白猪	显著性
颈椎	23.73	23.52	NS	23.65	21.88	NS	25.93	22.14	**
胸腰椎	63.04	65.13	NS	62.11	67.60	**	61.51	67.24	**
荐尻尾椎	13.23	10.10	**	14.24	10.52	**	12.56	10.63	NS

2. 后期末

当正常饲养组体重达到后期末时，民猪各段椎骨比例与哈白猪相比都分别达到显著或极显著水平。但维持和低维持饲养组经恢复正常饲养补偿后，两品种的脊柱重量构成比均无显著差异。由此看出，在前期末正常饲养情况下，民猪与哈白猪的脊柱重量构成比差异很小，但在限制饲养情况下，品种间的差异增大。在后期末正常饲养情况下，品种间差异比前期末的明显增大，由原来的 1 项差异显著变为 3 项；限制饲养组恢复正常饲养后，品种间差异大大缩小，而且都不显著（表 4-41）。

表 4-41　后期末不同品种对脊柱重量构成比的影响　（单位:%）

项目	正常饲养			维持饲养			低维持饲养		
	民猪	哈白猪	显著性	民猪	哈白猪	显著性	民猪	哈白猪	显著性
颈椎	24.13	22.15	*	23.84	22.57	NS	23.86	22.70	NS
胸腰椎	61.82	66.02	**	64.21	63.77	NS	63.78	65.65	NS
荐尻尾椎	14.06	11.30	**	11.95	13.63	NS	12.36	11.62	NS

注：* 代表显著，** 代表极显著，NS 代表无显著。

（二）营养水平对脊柱重量构成比的影响

1. 前期末

民猪的 3 种营养组比较，脊柱重量构成比均无显著差异，哈白猪也如此（表 4-42）。

表 4-42　前期末营养水平对脊柱重量构成比的影响　（单位:%）

项目	民猪			哈白猪		
	A 与 M 比较	A 与 SM 比较	M 与 SM 比较	A 与 M 比较	A 与 SM 比较	M 与 SM 比较
颈椎	NS	NS	NS	NS	NS	NS
胸腰椎	NS	NS	NS	NS	NS	NS
荐尻尾椎	NS	NS	NS	NS	NS	NS

注：A 表示正常饲养组，M 表示维持饲养组，SM 表示低维持饲养组。

2. 后期末

民猪的正常饲养组与维持饲养组比较时，胸腰椎和荐尻尾椎比例差异都显著；哈白猪的也如此。由此看出，民猪和哈白猪的脊柱重量构成比都不受限制饲养的影响。但维持饲养组恢复正常饲养补偿后，胸腰椎和荐尻尾椎比例却发生了显著变化（表 4-43）。

表 4-43　后期末营养水平对脊柱重量构成比的影响　（单位：%）

项目	民猪			哈白猪		
	A 与 M 比较	A 与 SM 比较	M 与 SM 比较	A 与 M 比较	A 与 SM 比较	M 与 SM 比较
颈椎	NS	NS	NS	NS	NS	NS
胸腰椎	*	NS	NS	**	NS	NS
荐尻尾椎	*	NS	NS	*	NS	*

（三）生长阶段对脊柱重量构成比的影响

生长阶段对脊柱构成比的影响见表 4-44。民猪维持饲养组的荐尻尾椎比例和低维持饲养组的颈椎比例受到生长阶段影响。而哈白猪是维持饲养组的胸椎比例和荐尻尾椎比例受到生长阶段的影响。

表 4-44　生长阶段对脊柱重量构成比的影响　（单位：%）

项目	民猪			哈白猪		
	A 前后期比较	M 前后期比较	SM 前后期比较	A 前后期比较	M 前后期比较	SM 前后期比较
颈椎	NS	NS	*	NS	NS	NS
胸腰椎	NS	NS	NS	NS	**	NS
荐尻尾椎	NS	*	NS	NS	**	NS

上述结果表明，民猪和哈白猪的正常饲养组及哈白猪的低维持饲养组的脊柱重量构成比不受生长阶段的影响，但民猪的两个限制饲养组和哈白猪的维持饲养组都受到一定影响。

二、对猪前肢骨长度构成比的影响

（一）品种对前肢骨长度构成比的影响

1. 前期末

在正常饲养情况下，民猪臂骨比例显著低于哈白猪，而桡尺骨比例则高于哈白猪，两品种的肩胛骨比例无显著差异。在维持饲养情况下，两品种只有臂骨比例差异显著。进一步降低营养水平到低维持饲养，两品种的差异程度与正常饲养时基本相同见表 4-45。

表 4-45　前期末不同品种对前肢骨长度构成比的影响　（单位：%）

项目	正常饲养			维持饲养			低维持饲养		
	民猪	哈白猪	显著性	民猪	哈白猪	显著性	民猪	哈白猪	显著性
肩胛骨	40.18	39.37	NS	39.68	38.58	NS	39.84	39.96	NS

（续表）

项目	正常饲养			维持饲养			低维持饲养		
	民猪	哈白猪	显著性	民猪	哈白猪	显著性	民猪	哈白猪	显著性
臂骨	33.06	34.94	**	33.59	34.96	*	33.25	35.06	**
桡尺骨	26.76	25.70	*	26.73	26.41	NS	26.91	25.98	*

2. 后期末

在正常饲养情况下，民猪和哈白猪在前肢骨长度构成比上无显著差异，即各段骨长度的分配比例基本一致。限制饲养组从前期末恢复正常饲养到后期末（70kg 体重），两品种的差异也很小，只有低维持饲养组的桡尺骨比例在品种间差异显著见表 4-46。

表 4-46　后期末不同品种对前肢骨长度构成比的影响　（单位：%）

项目	正常饲养			维持饲养			低维持饲养		
	民猪	哈白猪	显著性	民猪	哈白猪	显著性	民猪	哈白猪	显著性
肩胛骨	40.20	40.43	NS	40.48	40.17	NS	40.34	40.72	NS
臂骨	33.49	33.34	NS	33.24	33.66	NS	33.08	33.35	NS
桡尺骨	26.31	26.23	NS	26.28	26.18	NS	26.58	25.92	**

（二）营养水平对前肢骨长度构成比的影响

不同营养水平下，不论在前期末还是在后期末，民猪和哈白猪的前肢骨长度构成比都不受营养水平的影响。即肩胛骨、臂骨、挠尺骨在 3 种营养水平下无明显变化，水平间差异不显著（$P>0.05$）。

（三）生长阶段对前肢骨长度构成比的影响

民猪在正常、维持和低维持饲养情况下，前肢骨长度构成比均不受生长阶段的影响。然而，哈白猪则不同，在正常饲养情况下，臂骨比例在阶段间差异极显著（$P<0.01$）；在维持和低维持饲养清况下，肩胛骨和臂骨比例在阶段间差异显著或极显著（$P<0.01$，在维持水平下臂骨在阶段间差异显著（$P<0.05$）（郑坚伟等，1987）。

三、对猪半胴肌重量构成比的影响

（一）品种对半胴肌重量构成比的影响

1. 前期末

正常饲养时哈白猪的臀股肌群、背最长肌和小腿肌群比例显著高于民猪，而前臂肌群比例则显著低于民猪，其他各肌群比例在品种间无显著差异。维持饲养时哈白猪的臀股肌群和背最长肌比例仍然高于民猪，前臂肌群比例仍然低于民猪。但哈白猪的颈部肌群和胸腰杂肌比例却由正常饲养时差异不显著变为显著，而且，哈白猪低于民猪。低维持饲养时，进一步降低营养水平，使两品种间的臀股肌群比例差异不显著，哈白猪的背最长肌比例仍然高于民猪，另外，腹壁肌群比例也变得低于民猪。

2. 后期末

正常饲养时两品种间的颈部肌群胸带肌群、背最长肌和腹壁肌群存在显著差异，而臀股肌群差异不显著。维持饲养组补偿后，除胸腰杂肌外，两品种间各肌群比例均无显著差异。低维持饲养组补偿后，除背最长肌外，两品种间各肌群比例也无显著差异。由此可知，在前期末两品种的半胴肌重量构成比内，主要是臀股肌群、背最长肌和前臂肌群的差异，在后期末主要是背最长肌的差异，其次是胸带肌群和腹壁肌群。

（二）营养水平对半胴肌重量构成比的影响

1. 前期末

民猪的颈部肌群、腹壁肌群和小腿肌群比例最易受营养水平的影响，其次是臀股肌群。然而，哈白猪的腹壁肌群最易受营养水平的影响，其次是背最长肌和肩臂肌群。

2. 后期末

限制饲养组由前期末恢复正常饲养到后期末时，民猪维持和低维持组的颈部肌群及维持组的腹壁肌群比例未得到恢复，而其他肌群则得到补偿。哈白猪低维持组的胸带肌群、背最长肌和胸腰杂肌比例也未得到补偿。由此可知，限饲组经补偿后，民猪的高价肉比例得到恢复，而哈白猪的却未得到补偿。

（三）不同生长阶段对半胴肌构成比的影响

民猪的颈部肌群比例在正常和维持饲养下，受生长阶段的影响，而胸腰杂肌只在低维持饲养情况下，受阶段影响。致于高价肉比例在各种营养条件下，均不受阶段影响。

哈白猪的腹壁肌群在各种营养条件下都受阶段影响，背最长肌和肩臂肌群只在低维持饲养情况下受阶段影响，而臀股肌群只在维持饲养时受阶段影响。由此可知，民猪高价肉比例在阶段间较恒定，而哈白猪的则波动较大，而且是后期末时的比例较前期末低（郑坚伟等，1987）。

总之，民猪和哈白猪在许多肌群比例间存在显著差异，哈白猪的高价肉比例较高，而民猪则较低；但在限制营养情况下，两品种都提高了高价肉比例，如民猪的臀股肌群，哈白猪的背最长肌和肩臂肌群；在不同的生长阶段间，民猪的高价肉比例保持相对稳定，而哈白猪的则前、后期间波动较大，即前期高于后期。

第十二节　限食饲养对猪肌组织影响的研究

杨庆章等（1988）从黑龙江省兰西种猪场购入试验仔猪78头，民猪与哈白猪各半，组成对比试验群。仔猪以相同的饲养水平养到29kg、30kg后，分为3个组：标准组（正常饲养）、维持组和低维持组。分两个期：饥饿期（标准组例外）和补偿期。当标准组达50kg时进行屠宰，对维持和低维持组转入补偿。对屠宰猪分别取胸腰结合部之背最长肌和股二头肌外侧远端之材料固定于中性福尔马林之中，石蜡切片，HE染色，光镜下观察并测量。

一、组织学观察

30kg时，两品种均为标准饲养。民猪和哈白猪肌组织发育正常，背最长肌和股二头肌分别为中间型纤维构成。红纤维分布于初级束之中部，以及少许在周边部。肌小束在R面积中仅白的背最长肌为6，其余均为9~10个束，比70kg时多，但差异不显著。肌纤维数30~50不等，但差异不显著，与成年数接近。肌纤维直径20~35μm，显然比成年小。结缔组织次级肌束膜（S）100~140μm，与成年无异。

50kg时，民猪标准组肌组织发育正常，肌束排列较紧密，红肌纤维散在分布，个体差异很大，纤维间见有核团密集区。维持组束间，纤维间结缔组织增多，核密集区多见，红纤维散在分布。低维组肌束膜及肌内膜明显增厚。哈白猪正常组，肌纤维发育正常，红肌纤维集群于束中央；也有散状分布的，背最长肌比股二头肌结缔组织束膜薄内膜不明显。维持组，肌纤维形态不规则，束中部具有圆形纤维，纤维间出现核密集区和结缔组织集中分布。低维组束间，束内膜发达，结缔组织纤维紧密。

70kg时，民猪正常组肌纤维排列紧密，红纤维量少，有呈单独或片块状分布。维持组，束间组织明显发达。低维组，束间结缔组织纤维粗大，两种肌纤维成片块状分布。哈白猪正常组肌组织发育良好，红纤维居中分布，亦有呈片块状分布者。维持组，束间组织增多，红肌纤维成块状排列与束中部。低维组，束间脂肪组织及纤维明显增多，肌纤维排列较松，红纤维成块分布于束中部。

二、生物统计结果

30kg时，肌纤维直径在24~36μm，两品种间差异不显著。1级肌束纤维数为30~48个，与成年时接近。在R面积中，1级束的密度为6~10个，而大多为

9~10束，说明肌束较小。品种间无显著差异（表4-47）。

表4-47　30kg时两品种间比较

项目	背最长肌			股二头肌		
	民猪	哈白猪	t	民猪	哈白猪	t
2级束膜厚（μm）	109.3±9.66	120.48±13.15	-6.81	121.43±7.75	143.1±7.04	2.07
R面积1级束数（个）	10.95±0.85	6.83±0.13	4.29	9.35±0.79	9.18±3.13	5.41
1级束膜厚（μm）	45.78±2.18	50.79±3.89	1.12	48.74±3.10	52.15±3.12	8.73
1级束纤维数（个）	32.65±5.87	48.77±9.17	1.48	30.85±2.55	42.61±14.2	0.81
肌纤维径（μm）	24.96±5.79	33.42±1.48	1.41	36.40±6.12	32.65±2.45	5.69
纤维间距	6.32±1.81	11.38±1.30	2.27	5.70±1.23	10.02±0.56	8.19

注：R面积表示（10×8）$\pi r^2=2.1mm^2$。

50kg时，2级肌束膜厚度在哈白猪低维组最厚，民猪次之。股二头肌也是哈白猪低维组最厚。在R面积中肌束数，它们大多为5~7束，仅哈白猪维持组股二头肌肌束数为12.6，是个别现象。1级肌束膜厚度，显现出股二头肌比背最长肌厚。而在维持组背最长肌民猪小于哈白猪，差异显著。1级肌束的纤维数为30~60个，而哈白猪低维组两块肌肉都高于维持组的两块肌肉，差异显著。纤维直径为30~50μm，仅低维组哈白猪两块肌肉的纤维直径比其他各组都小，股二头肌与同组民猪差异显著。纤维直径为30~50μm，仅低维组哈白猪两块肌肉的纤维直径比其他各组都小，股二头肌与同组民猪差异显著（表4-48）。

表4-48　50kg时各组两品种间比较及其F值

项目	背最长肌						F值
	N		Me		SMe		
	民猪	哈白猪	民猪	哈白猪	民猪	哈白猪	
2级束膜厚（μm）	94.93	99.33	85.21	131.99	127.77	153.39	0.44
R面积小束数（个）	6.22	6.5	6.90	5.46	5.95	5.73	1.12
小束膜厚（μm）	46.25[abc]	51.89[abc]	32.51[b]	63.16[a]	45.78[cb]	63.66[ac]	1.23
小束纤维数（个）	43.12[ab]	43[ab]	45.76[ab]	30.76[b]	42.27[ab]	58.48[a]	3.28
纤维直径	40.83[a]	44.16[a]	45.14[a]	48.30[a]	52.26[a]	38.07[a]	1.94
纤维间距	13.55[ac]	13.64[ac]	8.24[b]	14.77[a]	10.52[ab]	13.27[ac]	3.83*

（续表）

项目	股二头肌						F 值
	N		Me		SMe		
	民猪	哈白猪	民猪	哈白猪	民猪	哈白猪	
2 级束膜厚（μm）	128.94[a]	110.92[a]	132.54[a]	119.06[a]	117.04[a]	155.61[a]	1.8
R 面积小束数（个）	6.3[ab]	6.13[ab]	6.03[ab]	12.6[a]	6.99[ab]	5.3[b]	4.88*
小束膜厚（μm）	66.20	53.92	77.01	45.41	53.10	71.75	2.20
小束纤维数（个）	46.05[ab]	38.01[ab]	52.5[ab]	38.5[b]	45.52[ab]	55.7[a]	2.28
纤维直径	49.62[a]	42.23[ab]	42.13[ab]	41.09[ab]	44.01[a]	33.04[b]	1.04
纤维间距	14.27	9.33	10.46	10.25	8.83	14.55	6.97**

70kg 时，背最长肌 2 级束膜厚 F 值差异显著，说明组间肌束膜发育在不同条件下有所不同。而股二头肌差异不显著，民猪在 3 组中波动不大，而哈白猪在 3 组中波动很大，表现限食因素的影响在哈白猪反应强烈。R 面积中肌束数背最长肌 F 值差异显著，低维组哈白猪肌束数最多，与同组民猪及标准组哈白猪差异显著。股二头肌差异不显著。1 级肌束膜厚大多在 35~55μm，差异均不显著。其内纤维数为 40~50 个，股二头肌低维组数在 40 以下，它们之间差异不显著。纤维直径为 40~53μm，它们的差异均不显著。纤维间距背最长肌 8~10μm，差异不显著，股二头肌 F 值差异极显著（表 4-49）。

表 4-49　70kg 时各组两品种间比较及其 F 值

项目	背最长肌						F 值
	N		Me		SMe		
	民猪	哈白猪	民猪	哈白猪	民猪	哈白猪	
2 级束膜厚（μm）	129.53[a]	128.40[a]	108.18[ab]	117.65[ab]	109.40[ab]	94.71[b]	0.72*
R 面积 1 级束数（个）	5.66[abc]	4.55[b]	5.94[ac]	5.42[abc]	4.93[bc]	6.02[a]	5.29*
小束膜厚（μm）	4.48	50.49	38.92	55.61	42.09	40.85	1.26
小束纤维数（个）	40.73	45.85	40.46	43.87	48.1	41.55	1.09
纤维直径	53.90	49.25	48.94	49.64	43.13	48.18	0.8
纤维间距	10.46	7.96	8.92	9.41	10.02	8.72	0.97

（续表）

项目	股二头肌						F 值
	N		Me		SMe		
	民猪	哈白猪	民猪	哈白猪	民猪	哈白猪	
2 级束膜厚（μm）	123.10	90.78	120.49	116.54	123.59	107.22	0.38
R 面积小束数（个）	5.66	4.65	5.70	6.25	4.80	6.35	0.79
小束膜厚（μm）	42.40	35.86	41.45	52.55	46.58	34.32	1.60
小束纤维数（个）	40.03	49.75	43.23	42.77	41.50	36.82	1.89
纤维直径	50.54	43.57	44.92	50.53	42.76	44.98	1.37
纤维间距	8.73[a]	7.97	8.73[a]	8.07	11.62[a]	7.02[b]	11.16**

第十三节　沙棘提取物对民猪肉品质的影响

沙棘（*Hippophae rhamnoides* L.）系胡颓子科植物，富含维生素、微量元素及多种植物化学物，沙棘黄酮为其重要的生物活性成分。本课题组曾发现在饲料中添加沙棘提取物，可提高民猪血清生长激素（GH）水平，降低背膘厚度，减少脂肪体内的沉积，并降低血清总胆固醇（TC）和低密度脂蛋白胆固醇（LDL-C）水平。东北农业大学李垚团队研究了沙棘提取物对民猪肉品质的影响。

一、沙棘总黄酮对民猪胴体品质与瘦素表达的影响

张志宏等（2008）探讨了早期饲喂沙棘总黄酮对民猪、“长×大”二元杂交猪的胴体品质和瘦素表达的影响。他们选用（28±2）d 的民猪、长×大断奶仔猪各 24 头。公母各半，均分别随机分为对照组和试验组，每组 3 个重复，每重复 4 头。试验共分两个阶段，第一阶段试验从 28d 断奶开始，至 56d 结束。对照组饲喂基础日粮，试验组按 0.1%比例添加沙棘总黄酮，研究沙棘总黄酮对断奶仔猪生产性能的影响。第二阶段试验从 56d 开始，至 180d 肥育出栏时结束并全部屠宰。对照组与试验组均饲喂同一基础日粮，颈静脉采血，屠宰后速取背部皮下脂肪、肠系膜脂肪和腹部皮下脂肪。采用放射免疫法（IRA）分别测定两阶段的血清中瘦素（Leptin）含量，通过荧光定量 PCR 方法测定上述脂肪中 Leptin mRNA 的表达水平。

结果发现：①添加 0.1%沙棘总黄酮对断奶仔猪日增重、日采食量、饲料转化率没有显著影响（$P>0.05$）；②添加 0.1%沙棘总黄酮提高了试验组肥育猪的屠宰率和眼肌面积，降低了背膘厚，其中民猪试验组屠宰率比对照组提高

7.04%（$P<0.05$），眼肌面积和背膘厚无显著差异（$P>0.05$）；长×大试验组屠宰率较对照组提高 7.41%（$P<0.05$），眼肌面积较对照组增大 11.31cm^2（$P<0.05$），背膘厚较对照组降低 41.94%（$P<0.05$）；③添加 0.1%沙棘总黄酮提高了断奶仔猪与肥育猪血清中瘦素的含量，其中民猪肥育阶段试验组和长×大断奶仔猪阶段试验组均与对照组差异显著（$P<0.05$）；④添加 0.1%沙棘总黄酮显著降低长×大试验组肥育猪的背部皮下脂肪和肠系膜脂肪中 Leptin mRNA 表达水平（$P<0.05$），长×大试验组肥育猪的腹部皮下脂肪中 Leptin mRNA 表达水平高于对照组，差异极显著（$P<0.01$），但民猪试验组背部皮下脂肪、腹部皮下脂肪、肠系膜脂肪中 Leptin mRNA 表达水平与对照组差异均不显著（$P>0.05$）。

由此可知，早期添加 0.1%沙棘总黄酮可提高部分脂肪组织中 Leptin mRNA 表达水平，使得血清中瘦素含量提高，从而在一定程度上改善肥育猪的胴体品质。

二、沙棘提取物对脂肪中部分脂肪代谢相关基因表达的影响

夏蕾等（2009）选择 16 头（28±2）d 的民猪断奶仔猪，平均体重为（7.44±1.09）kg，按体重和性别随机分为对照组和处理组，每组 2 圈，每圈 4 头猪，公母各半，均去势。饲养至 180d 时，试验结束时屠宰取背部皮下脂肪组织（皮脂）和腹部脂肪组织（腹脂）。沙棘提取物经分光光度法检测沙棘总黄酮含量≥92.8%。试验组的饲料按 1 000mg/kg剂量添加沙棘提取物至基础饲料，对照组喂基础饲料，均加工为粉料。

试验组喂饲添加沙棘提取物的饲料，28d 后改喂基础饲料，180d 出栏屠宰，与对照组比皮脂与腹脂 PPARα mRNA 的表达分别增加 17%和 15%，ACO mRNA 的表达分别增加 2 倍和 38%，差异均显著（$P<0.05$）。

腹脂中 PPARγmRNA 表达与对照组比下降 70%，差异显著（$P<0.001$），皮脂中 PPARγ mRNA 表达下降 11%，但差异不显著。FAS mRNA 的表达在皮脂和腹脂中也均明显下降，与对照组比分别下降 75%和 44%（$P<0.001$）。

三、沙棘提取物对断奶仔猪生长、脂肪代谢和激素水平的影响

试验选用 28±2d 民猪和“长×大”二元杂交断奶仔猪各 24 头，分别随机分为两个处理组，每组 3 个重复，每个重复 4 头猪（公母各半）。试验组添加 1 000mg/kg沙棘提取物。结果发现，沙棘提取物对民猪和“长×大”猪平均日增重和料肉比的影响不显著（$P>0.05$）；沙棘提取物提高了民猪试验组血清 GH 水平，降低了民猪试验组的血清 TC、LDL、HDL 含量和“长×大”猪血清 INS 水平（刘长伟等，2008）。

添加了沙棘提取物的试验组个体采食量显著低于对照组（$P<0.05$），试验组

在试验第7天和第28天时血清中IGF-I的浓度显著高于对照组（$P<0.05$）；试验组在试验第21天时血清中SS显著低于对照组（$P<0.05$），且在试验第28天时血清中皮质醇浓度显著降低（$P<0.05$）（金赛勉等，2007）。

第十四节　民猪断奶期不同蛋白水平日粮对后期发育和肉质的影响

郑燕斌等（2010）选用28d的断奶民猪仔猪32头，随机分成4组，每组4个重复，每个重复2头（公母各半），分别饲喂4种日粮，日粮的粗蛋白水平分别为25%、20%、17%和15%，其中25%组为对照组。4种日粮除了粗蛋白不同外，其余成分均相同。在生长肥育期饲喂正常日粮，均重达到90kg（210日龄）时进行屠宰。屠宰后测量胴体品质及内脏器官重，并选取眼肌测量其肉质指标及MSTN和LPL基因的相对表达量。分别在42d、49d、154d和210d时采集血样制得血清用以测生化和内分泌指标。

结果发现，仔猪断奶期不同蛋白水平日粮对断奶期的日增重无影响（$P>0.05$），料肉比和日均采食量均随蛋白含量的降低而增大（$P<0.05$）；降低蛋白水平，有效地降低了腹泻指数（$P<0.01$）。降低仔猪断奶期日粮中蛋白水平，增大了210d的末重及日增重（$P<0.05$），降低了料肉比（$P<0.05$）；同时降低了肾脏和胃指标（$P<0.05$），但对其他器官无影响（$P>0.05$）。

降低仔猪断奶期日粮中蛋白水平对胴体重量无显著影响（$P>0.05$），但提高了眼肌面积、胴体长和背膘厚（$P<0.05$），降低了屠宰率（$P<0.05$），并改善了眼肌的红度和黄度（$P<0.05$），降低了pH_{45}（$P<0.05$），减小了滴水损失（$P<0.05$）和剪切力（$P<0.01$），增大了肌内脂肪（$P<0.01$）和肌纤维密度（$P<0.05$），增大了肌纤维直径和面积（$P<0.01$）。

仔猪断奶期日粮蛋白水平的下降对断奶期的内分泌指标的变化趋势无明显的影响，减缓了生长肥育期的T_3、T_4和INS的下降，促进了GH、IGF-I的上升。仔猪断奶期日粮蛋白水平的下降对断奶期的血清生化指标的变化趋势无明显的影响，而延缓了生长肥育期的Alb、A/G、SUN、AST和ALT的下降，促进了Glo、TG和CHO的上升。

仔猪断奶期日粮蛋白水平的下降增大了210日龄的眼肌的MSTN和LPL基因的相对表达量（$P<0.05$），在分子水平上解释了各处理组的肌纤维直径及肌内脂肪的变化。

上述结果说明，民猪断奶期饲喂不同蛋白水平日龄显著影响了血清生化、内分泌水平的变化趋势，降低了MSTN和LPL基因的表达水平，最终对生产性能和肉质造成显著的影响。

第十五节　不同粗纤维饲喂水平下民猪血液生化研究

王文涛等（2015）选择体重为60kg左右的民猪和大白猪各30头，分别饲喂消化能3 000kcal/kg、粗蛋白17.44%、钙0.81%、有效磷0.3%、赖氨酸0.94%、蛋氨酸0.25%，粗纤维含量为9%、12%和15%的3种日粮，每组别民猪和大白猪各10头。试验猪分别于0d和30d两个时间点空腹前腔静脉采血约10mL，取肝素抗凝血5mL，血液样品2h内送至哈尔滨市工业大学校属医院进行谷丙转氨酶、谷草转氨酶、乳酸脱氢酶、肌酸激酶指标的检测。

不同粗纤维饲喂水平下民猪血液中谷丙转氨酶、谷草转氨酶、乳酸脱氢酶、肌酸激酶的测定结果见表4-50。

表4-50　不同粗纤维饲喂水平下民猪血液生化指标测定结果

猪种	粗纤维含量（%）	谷丙转氨酶（IU/L）	谷草转氨酶（IU/L）	乳酸脱氢酶（IU/L）	肌酸激酶（IU/L）
民猪	9	43.2±2.1	31.0±1.1	607.3±8.3	291.3±3.5
	12	46.1±1.5	31.7±2.2	762.7±6.6	361.6±4.2
	15	45.7±2.2	45.2±3.2	757.4±7.1	796.3±2.5
大白猪	9	50.9±1.9	35.1±1.2	615.2±7.5	344.4±5.7
	12	49.7±2.4	59.3±2.1	782.7±6.4	824.2±4.2
	15	63.9±2.3	87.1±3.5	851.3±5.4	1 023.6±7.4

一般认为，转氨酶是反映肝脏功能的一项指标，当组织器官活动或病变时，会把其中的转氨酶释放到血液中，使血清中转氨酶含量增加，血清中谷丙转氨酶和谷草转氨酶增加是肝炎、心肌炎和肺炎病变程度的重要指标，表示肝脏、心脏、肺等组织器官可能受到了损害。试验结果显示，民猪和大白猪在饲喂粗纤维含量为9%、12%和15%的3种日粮后，其谷丙转氨酶和谷草转氨酶含量均有增加，民猪分别增加了5.8%和45.8%，大白猪分别增加了25.5%和148.1%，民猪与大白猪比较来看，民猪3个指标增加程度较小，从该角度可认为民猪更适应粗纤维含量高的日粮。

乳酸脱氢酶是糖无氧酵解及糖异生的重要酶系之一，可催化丙酮酸与L-乳酸之间的还原与氧化反应，也可催化相关的α-酮酸，机体的营养不良也会造成乳酸脱氢酶水平的升高。试验结果显示，民猪和大白猪在饲喂粗纤维含量为9%、12%和15%的3种日粮后，其乳酸脱氢酶含量均有增加，民猪增加了

24.7%，大白猪增加了38.4%，民猪与大白猪比较来看，民猪乳酸脱氢酶增加程度较小，从该角度可认为民猪更适应粗纤维含量高的日粮。

肌酸激酶通常存在于动物的心脏、肌肉以及脑等组织的细胞浆和线粒体中，是脊椎动物唯一的磷酸原激酶，是一个与细胞内能量运转、肌肉收缩、ATP再生有直接关系的重要激酶，它可逆地催化肌酸与ATP之间的转磷酰基反应，是判断动物应激、心脏和骨骼肌疾病的重要指标。试验结果显示，民猪和大白猪在饲喂粗纤维含量为9%、12%和15%的3种日粮后，其肌酸激酶含量皆有增加，民猪增加了173.4%，大白猪增加了197.2%，民猪与大白猪比较来看，民猪肌酸激酶增加程度较小，从该角度可认为民猪更适应粗纤维含量高的日粮。

第十六节　民猪与大白猪肠道菌群的比较研究

张冬杰（2018）开展了不同日龄民猪肠道菌群以及民猪与大白猪肠道菌群的比较研究，获得部分研究结果如下。

一、民猪肠道菌群特征分析

试验用猪均由黑龙江省农业科学院畜牧研究所民猪保种场提供。试验共分3个处理组，成年组为5头10月龄体重为（100±7.24）kg的民猪（M1~M5），青年组为5头6月龄体重为（50±4.28）kg的民猪（MX1~MX5），青年粗纤维组为4头6月龄体重为（50±4.34）kg的民猪（MX7~MX10）。成年组与青年组饲喂基础日粮；青年粗纤维组在日粮中添加微贮玉米秸秆发酵物（粗纤维日粮），其他营养水平与基础日粮相近。试验饲粮组成及营养成分见表4-51。饲喂30d后，在同一时间点分别取100g左右的新鲜粪样，带回实验室，进行基因组的提取及PCR扩增，最后送交公司测序。

表4-51　日粮组成及营养成分

项目	基础日粮	粗纤维日粮	项目	基础日粮	粗纤维日粮
日粮组成（%）			营养成分②		
玉米	56.0	45.0	消化能（MJ/kg）	13.13	12.98
豆粕	14.0	20.0	粗蛋白质（%）	15.81	15.62
玉米蛋白饲料	9.0	5.0	粗脂肪（%）	4.85	5.04
胚芽粕	8.0	5.0	粗纤维（%）	3.71	8.07
米糠饼	8.0	3.0	钙（%）	0.62	0.59
糖蜜	1.0	18.0	磷（%）	0.28	0.29
预混料①	4.0	4.0			

（续表）

项目	基础日粮	粗纤维日粮	项目	基础日粮	粗纤维日粮
微贮玉米秸秆发酵物	0	18.0			
合计	100.0	100.0			

注：①每千克全价料中含：铜 4.56mg，锰 2.6mg，锌 58.4mg，铁 52mg，维生素 A 1 400IU，维生素 D 156IU，维生素 E 12IU，烟酸 8.4mg。②消化能为计算值，其他营养成分为实测值。

（一）民猪肠道微生物 DNA 的提取及数据筛选

14 个样本均获得了质量良好的基因组 DNA，同时也扩增出了符合目的片段大小的 PCR 产物。测序完成后，对所测数据进行质控检查。数据经优化整理后，各组间所获得的序列条数及碱基个数经统计学检验均差异不显著（$P>0.05$）。

97%相似度下样品取样深度的稀释曲线见图 4-1，当样品随机抽取的数据量为18 000左右时，曲线开始趋于平坦，表明取样深度基本一致。3 个处理组测序列长度均集中在 441~460bp（占 69.97%）和 421~440bp（30.01%），每个处理组的平均长度同为 440bp。

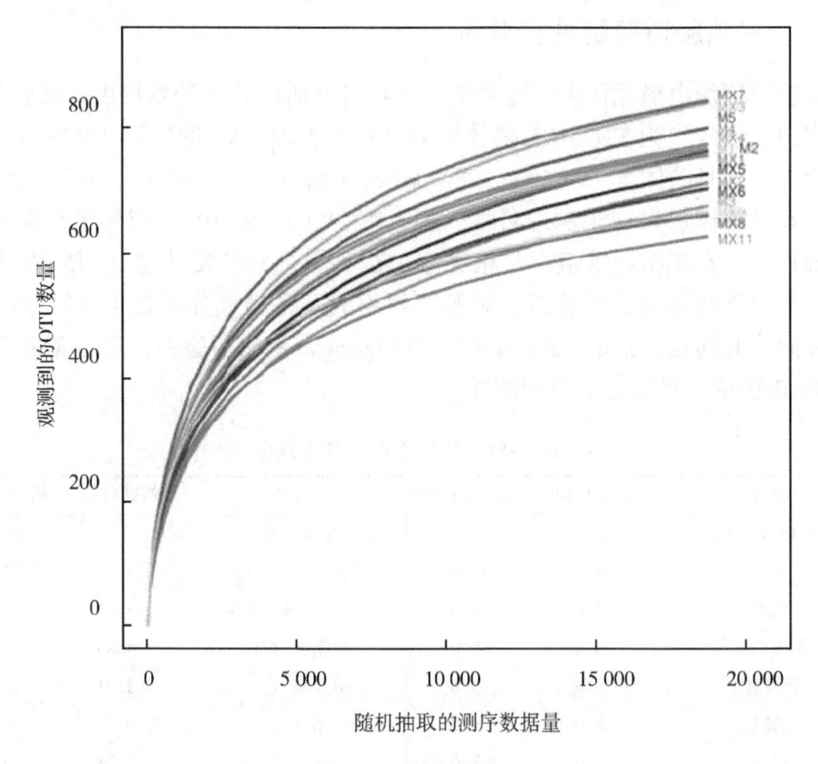

图 4-1 稀释曲线

（二）民猪肠道微生物的 OTU 分析

对 3 个试验组共计 14 个样本分别进行 OTU 统计分析，结果发现，M1～M5 个体分别获得 764、762、675、773、800 个 OTU，MX1～MX5 个体分别获得 756、711、840、767、732 个 OTU，MX7～MX10 个体分别获得 843、660、665、626 个 OTU。3 个试验组间共享 766 个 OTU，成年组专有 33 个 OTU，青年组专有 38 个 OTU，青年粗纤维组专有 55 个 OTU。由此可见，随着日龄的增加，OTU 的数量略有减少，但在饲粮中添加粗纤维则会显著增加 OTU 的数量。

（三）民猪肠道微生物 NMDS 分析及聚类结果

对 3 个试验组共计 14 个样本进行 NMDS 及聚类分析，由图 4-2 可知，各组内个体间的微生物群落组成相似（组内个体的位置相对靠近）；同一组个体均聚在同一个大的分支上（图 4-3）。表明本试验中所采集的样品重复性较好，组间菌群差异明显。

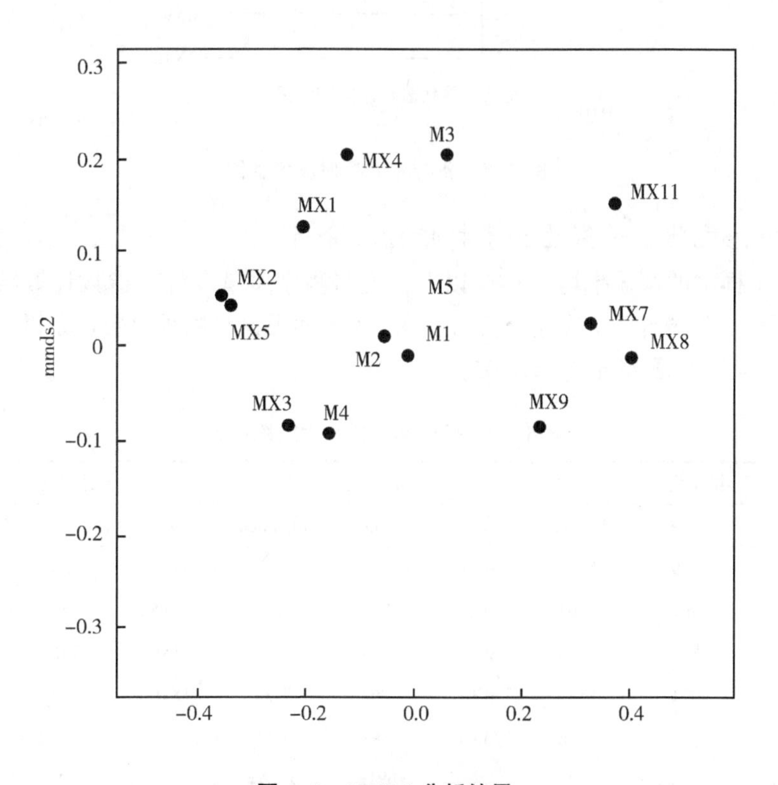

图 4-2　NMDS 分析结果

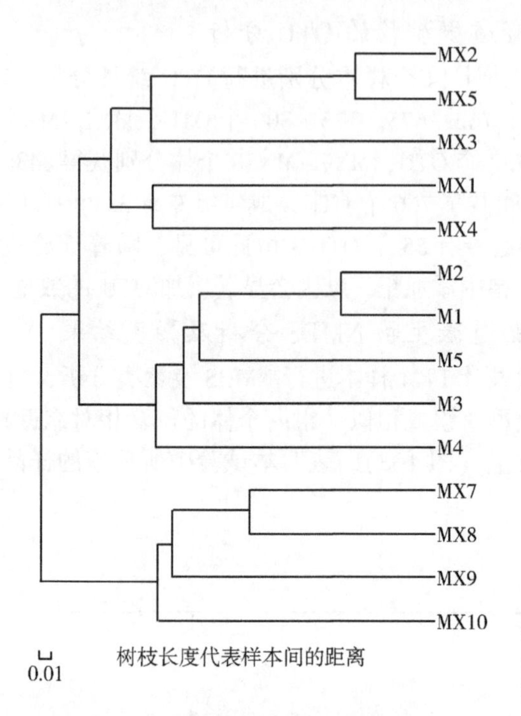

图 4-3　各样本间相似度树状图

（四）民猪肠道微生物多样性指数分析

14 个样本的覆盖率均在 99%以上，说明测序质量良好，指数计算结果如表 4-52 所示。经统计学 t 检验分析后发现，3 组间无论是物种总数还是微生物多样性在组间均无显著差异（$P>0.05$）。

表 4-52　各样本多样性指数统计表

第 1 组			第 2 组			第 3 组		
编号	Ace	Shannon	编号	Ace	Shannon	编号	Ace	Shannon
M1	869	5.1	MX1	859	5.17	MX7	958	5.38
M2	909	5.04	MX2	866	4.88	MX8	747	5.13
M3	823	4.56	MX3	974	5.33	MX9	756	5.17
M4	971	5.35	MX4	862	5.37	MX10	719	4.33
M5	916	5.26	MX5	892	5.05			
平均值	898±24.694	5.06±0.147		891±21.62	5.16±0.09		795±54.9	5.00±0.23

（五）民猪肠道微生物不同分类学水平上的群落组成

本研究检测到的肠道微生物共涉及 1 个域（细菌），25 个门，47 个纲，79 个目，121 个科，207 个属和 390 个种（表 4-53）。

表 4-53　14 个样本在不同分类学水平上的群落组成

分组信息	域	门	纲	目	科	属	种
第 1 组	1	15	28	40	63	114	234
第 2 组	1	18	34	49	74	128	249
第 3 组	1	18	33	51	76	127	231

（六）不同组间肠道微生物在门水平上的差异

共检测到 25 个门，其中拟杆菌门（Bacteroidetes）、厚壁菌门（Firmicutes）、螺旋菌门（Spirochaetae）、变形菌门（Proteobacteria）、软壁菌门（Tenericutes）、黏胶球星菌门（Lentisphaerae）、蓝菌门（Cyanobacteria）、纤维杆菌门（Fibrobacteres）等均占有一定的比例，但其中拟杆菌门、厚壁菌门和螺旋菌门所占的比例最高，总计可达到 91%~92%（图 4-4）。成年组与青年组个体的肠道微生物分布存在不同，而粗纤维的添加明显改变了青年个体肠道微生物的组成情况，大幅提升了拟杆菌门所占的比例，降低了厚壁菌门和螺旋菌门所占的比例，使其菌群分布比例更接近成年个体。

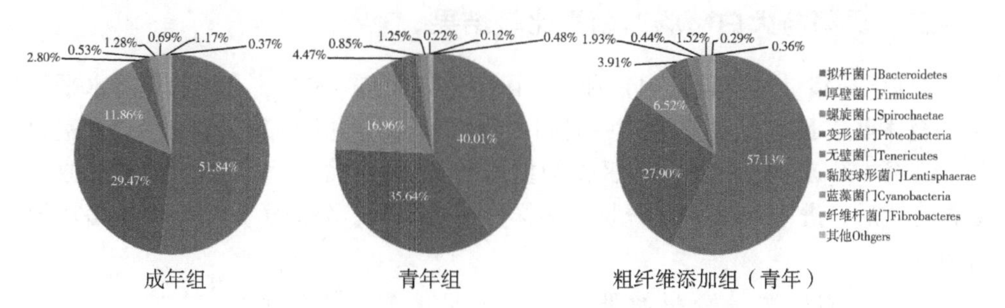

图 4-4　肠道微生物在门水平上的分布情况

（七）不同组间肠道微生物在属水平上的差异

由图 4-5 可知，成年个体与青年个体均是密螺旋体属（*Treponema*）、疣微菌科（Ruminococcaceae_ uncultured）和普氏菌属（*Prevotella*）占有较大优势，成年个体为 10.58%、10.27% 和 10.85%，青年个体为 14.60%、12.82% 和 7.39%。除此之外，成年个体有 1 个占到总数 12.12%的 S24-7_ norank，是其肠道微生物内含量最高的菌属，远高于青年个体的 3.75%，但此菌属目前尚无准确分类信息。可促进纤维消化的纤维杆菌属在成年个体肠道微生物内占 1. 17%，而在青年个体内仅为 0. 12%。

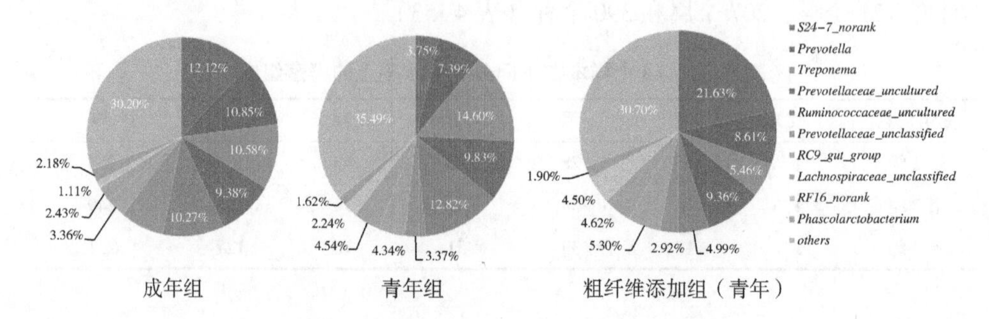

图 4-5 肠道微生物在属水平上的分布情况

此外，饲粮中添加粗纤维会改变民猪的肠道微生物，与青年组相比，密螺旋体属和疣微菌属均显著下降，普氏菌属所占比例略有升高。在成年个体肠道内高表达、目前还没有准确分类信息的 S24-7_ norank，在粗纤维添加组内所占比例显著升高，达到 21. 63%，是该组个体肠道微生物内所占比例最高的菌属，远远超过青年组（3. 75%）。据此推测这一菌属可能与粗纤维消化相关。粗纤维的添加也造成了肠道微生物内纤维杆菌属的增加，但增加幅度不大，达到 0. 29%，高于青年组（0. 12%），仍低于成年组（1. 17%）。

二、民猪与大白猪肠道菌群比较结果

4 头大白猪母猪（B1~B4）和 5 头民猪母猪（M1~M5），在同一饲养水平下饲喂至体重达 100kg。进而在同一时间点分别取 100g 左右的新鲜粪样，提取基因组。选择 16S rRNA 基因的 V4 区作为扩增和测序的目的片段。对所测得的原始数据优化后，进行 OTU 聚类分析、多样性指数分析、分类学分析等生物信息学分析。

（一）OTU 统计分析结果

将 8 个样本分别进行 OTU 统计分析后发现，B2~B4 分别获得 722，652 和 783 个 OTU，M1~M5 分别获得 764、762、675、773 和 800 个 OTU。两组间共有 OTU 885 个，大白猪特有 OTU 69 个，民猪特有 OTU 221 个。由此可知，民猪特有的 OTU 数量要远多于大白猪的，但通过对民猪和大白猪特有 OTU 丰度值得观察，发现这些 OTU 的丰度值都偏低，全部小于 20，推测它们并不起主要作用。

（二）多样性指数分析结果

分别计算了每个样本的 Ace、Chao、Shannon 和 Simpson 多样性指数，结果如表 4-54 所示，从该表可以看出，大白猪组内 B3 个体的物种多样性要低于组内另外 2 个个体，民猪组内 M3 个体的物种多样性要低于另外 4 个个体，二组间差异不显著。

表 4-54　各样本多样性指数统计表

样品编号	读序数	多样性指数			
		Ace	Chao	Shannon	Simpson
B2	18 729	843 (809, 889)	871 (821, 947)	5.19 (5.16, 5.21)	0.012 9 (0.012 5, 0.013 3)
B3	18 729	727 (704, 762)	755 (716, 816)	5.06 (5.04, 5.08)	0.015 2 (0.014 7, 0.015 7)
B4	18 729	909 (875, 955)	912 (869, 975)	5.29 (5.26, 5.31)	0.012 3 (0.011 8, 0.012 7)
M1	18 729	869 (840, 910)	877 (839, 935)	5.1 (5.07, 5.12)	0.015 2 (0.014 7, 0.015 7)
M2	18 729	909 (871, 961)	933 (879, 101 3)	5.04 (5.02, 5.07)	0.016 9 (0.016 4, 0.017 4)
M3	18 729	824 (784, 877)	809 (765, 874)	4.56 (4.53, 4.58)	0.037 7 (0.036 3, 0.039 1)
M4	18 729	871 (843, 911)	905 (860, 975)	5.35 (5.32, 5.37)	0.011 5 (0.011 1, 0.011 9)
M5	18 729	917 (885, 960)	978 (919, 1 064)	5.26 (5.24, 5.28)	0.014 3 (0.013 8, 0.014 9)

注：括号内数值表示的是_ lci \ \ _ hci：分别表示统计学中的下限和上限值。

（三）分类学统计结果

利用已有的 16S 细菌和古菌核糖体数据库 Silva 以及 ITS 真菌数据库 Unite 对获得的每个 OTU 对应的物种进行分类，并在门，纲，目，科，属共计 5 个水平上统计每个样品的群落组成，具体结果见表 4-55。通过丰度值的高低，筛选不同水平下占优势比例的细菌模式。无特殊情况，选择平均丰度值大于 100，有准确注释的细菌进行后续分析。

表 4-55　8 个样本在不同分类学水平上的群落组成

分类单元	总计	B2	B3	B4	M1	M2	M3	M4	M5
门	25	19	18	18	18	15	15	15	14
纲	47	34	33	33	34	26	26	26	26
目	80	53	43	46	49	39	40	35	36
科	121	79	64	68	75	61	65	56	58
属	207	135	116	128	128	114	108	112	109

共检测到25个门，其中拟杆菌门（Bacteroidetes）占总数的50.7%，厚壁菌门（Firmicutes）占31.7%，螺旋菌门（Spirochaetae）占10.1%，变形菌门（Proteobacteria）占3.6%（图4-6），民猪和大白猪之间具有大致相同的门水平分布。进一步分析显示，25个门中检测到47个纲，拟杆菌纲（Bacteroidia）、梭菌纲（Clostridia）、Negativicutes（厚壁菌门下的一个纲）和螺旋体纲（Spirochaetes）在两个猪种内均高表达。大白猪的丹毒丝菌纲（*Erysipelotrichia*），γ-变形菌纲（Gammaproteobacteria）和Negativicutes分别比民猪高出2.6倍、2.5倍和2.0倍。民猪的纤维杆菌门（Fibrobacteria）和Spirochaetes（属于螺旋体门）分别比大白猪高出3.7倍和1.7倍。

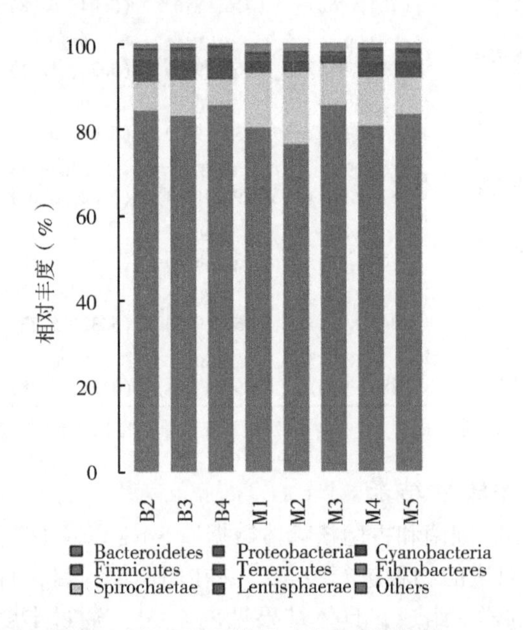

图4-6 门水平下的相对丰度分析结果

共检测到80个目，其中气单胞菌目（Aeromonadales）、拟杆菌目（Bacteroidales）、梭菌目（Clostridiales）、Selenomonadales和螺旋体目（Spirochaetales）在两个猪种内均高表达。大白猪的气单胞菌目和Selenomonadales比民猪分别高出2.6倍和2.0倍，而民猪的纤维杆菌目（Fibrobacterales）和乳酸杆菌目（Lactobacillales）以及螺旋体目（Spirochaetales）分别比大白猪高出3.7倍、1.8倍和1.7倍。共检测到121个科，其中普雷沃氏菌科（Prevotellaceae），瘤胃菌科（Ruminococcaceae）和螺旋体科（Spirochaetaceae）在民猪和大白猪中均高表达。大白猪的梭菌科（Clostridiaceae）、琥珀酸弧菌科（Succinivibrionaceae）和韦荣氏菌科（Veillonellaceae）分别比民猪高出3.4倍、2.6倍和2.8倍，民猪的Christensenellaceae、纤维杆菌科（Fibrobacteraceae）和螺旋体科（Spirochaetaceae）分别比大白猪高出 7.0 倍、3.7 倍和 1.7 倍。

共检测到 207 个属，其中普氏菌属（*Prevotella*）和密螺旋体属（*Treponema*）在两个猪种内均高表达。大白猪的厌氧弧菌属（*Anaerovibrio*）和梭菌属（*Clostridium*）分别比民猪高出 4.5 倍和 3.4 倍，民猪的纤维杆菌属（*Fibrobacter*）、螺旋体属（*Spirochaeta*）和密螺旋体属（*Treponema*）比大白猪分别高出 3.7 倍、1.6 倍和 1.7 倍（图 4-7）。

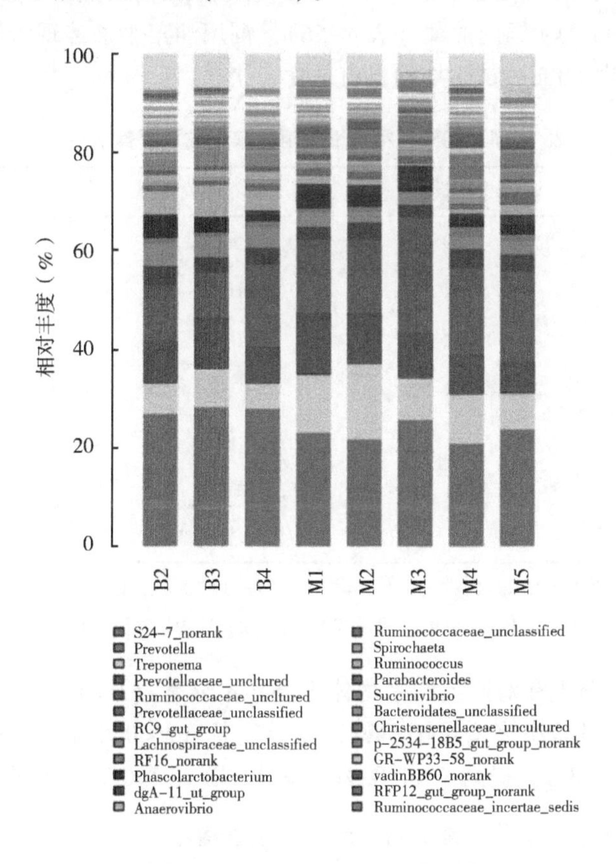

图 4-7　属水平下的相对丰度分析结果

注：分类学数据库中会出现一些分类学谱系中的中间等级，没有科学名称，以 norank 作为标记。分类学比对后根据置信度阈值的筛选，会有某些分类谱系在某一分类级别分值较低，在统计时以 Unclassified 标记。

第十七节 油菜对民猪增重效果及肉品质影响的研究

一、全株饲用油菜对民猪增重效果的分析

孙金艳等（2015）选择同胎次、80d 左右的健康民猪 20 头，将其随机分成试验组和对照组，每组设 2 个重复，每个重复 5 头，对照组饲喂基础日粮，试验组饲喂基础日粮+ 1kg 饲用油菜（表 4-56），饲用油菜为抽薹现蕾期鲜植株，舍饲圈养，试验期为 30d，试验期内自由采食、饮水。

表 4-56 基础饲粮与试验组饲粮组成及营养水平 （单位:%）

日粮组成	含量	营养水平	含量
玉米	60	粗蛋白质	18.09
麦麸	14	粗纤维	3.16
豆粕	22	粗脂肪	2.60
预混料	4	钙	0.81
		磷	0.62
		赖氨酸	0.97
		消化能 MJ/kg	13.15

注：每千克预混料中含有 Cu 4 560mg，Mn 4 590mg，Zn 12 100mg，Co 60mg，维生素 A 200 000IU，维生素 D_3 450 000IU，维生素 E 10 000IU，烟酸 3 000mg。消化能为计算值，其他营养水平为实测值。

试验前，试验组和对照组的平均体重差异不显著（$P>0.05$）。整个试验期，与对照组相比，试验组多增重 1.54kg，差异显著（$P<0.05$）；试验组平均日增重比对照组多 51.34g，提高了 14.82%，差异显著（$P<0.05$）（表 4-57）。

表 4-57 各组民猪增重情况

组别	始重（kg）	末重（kg）	试验期增重（kg）	平均日增重（g）
对照组	18.64±0.27	29.03±0.54	10.39±0.51	346.33^{a}
试验组	18.48±0.49	30.41±0.63	11.93±0.64	397.67^{b}

注：同列数据肩标字母不同表示差异显著（$P<0.05$），字母相同或无字母表示差异不显著（$P>0.05$）。

按照当时的饲料成本和销售价格计算，试验组平均每头猪日效益比对照组多

0.19元，提高利润10.67%。

表4-58　各组经济效益比较结果

组别	平均日采食量（kg）	料肉比	头日增重饲料成本（元）	头日增重产值（元）	头日效益（元）
对照组	993.97	2.87	3.48	5.26	1.78
试验组	990.19	2.49	4.07	6.04	1.97

注：精饲料价格为3.50元/kg，饲用油菜价格为0.60元/kg，市场生猪价格为15.20元/kg。

二、青贮的饲料油菜饲喂民猪的效果研究

刘明等（2019）研究了利用青贮的饲料油菜饲喂民猪的效果，其中饲料油菜品种为华油杂62。该试验于2017—2018年进行，小麦收获后复种饲料油菜，油菜地上部分的茎叶粉碎后，按不同比例与玉米混拌，混拌比例：（Ⅰ）65%饲料油菜+30%玉米秸秆+5%发酵菌；（Ⅱ）45%饲料油菜+50%玉米秸秆+5%发酵菌；（Ⅲ）95%饲料油菜+5%发酵菌；（Ⅳ）95%带芯玉米粉碎+5%发酵菌。将以上4种混拌物置于地下冷藏窖内青贮发酵2个月，测定青贮前后发酵物养分。将发酵物与玉米粉和豆粕按照1∶1的比例设计成不同配合饲料，利用80日龄左右的健康民猪进行饲喂试验，不同饲喂组设置5头民猪，每个饲喂组3次重复，试验期为30d。试验期结束后进行日增重、肉料比测算，同时对不同配合饲料喂养民猪前后的肉质进行测定和比较。

不同发酵物组成的配合饲料对民猪肉质的影响见表4-59。由此可知，用添加饲料油菜发酵物的饲料中，Ⅲ号料喂养的民猪日增重较高，与带芯玉米发酵物的Ⅳ号料做配方的饲料日增重相同，而且肉料比最高，饲料利用率较高。而且，用Ⅲ号料喂养的民猪背膘最厚，熟肉率最高，系水力较高，pH值正常，而且瘦肉率、含水量、肌内脂肪含量均接近Ⅳ号料喂养的民猪。

表4-59　不同配合饲料对民猪肉质的影响

储存方式	日增重（g）	料肉比	背膘厚（mm）	瘦肉率（%）	pH值	含水量（%）	系水力（%）	瘦肉率（%）	剪切力（N）	肌内脂肪（%）
Ⅰ	431	1∶5.0	45.26	48.37	5.82	75.24	54.23	81.41	34.12	4.25
Ⅱ	439	1∶4.8	43.72	49.32	5.81	74.93	49.34	81.30	40.64	4.33
Ⅲ	445	1∶5.1	47.68	49.52	5.80	75.43	53.89	81.86	43.57	4.45
Ⅳ	445	1∶4.8	45.34	50.51	5.91	75.62	48.43	81.72	34.77	4.47

第十八节　民猪林下养殖饲料与营养研究

一、民猪林下养殖饲料营养研究

民猪因其耐粗饲、抗病力强等特点，适合林下养殖。这样既可以开发林下资源，又可以实现民猪的绿色养殖。在黑龙江省林区，很多地方都开展了民猪或其杂交猪的林下养殖，将其统称为森林猪。森林猪由于不同季节能补充一定的饲草，圈养林下猪养殖饲料是以粉碎玉米秸粉、青贮玉米秸、籽粒苋及水稗草等青粗饲料为主，适当搭配玉米、豆饼、米糠、麦麸等精料。放养林下猪以提高肉质为主，秋冬季节可饲喂一部分胡萝卜、马铃薯、甘蓝、南瓜等块根饲料替代部分精饲料。

林下猪空怀期可大量饲喂青粗饲料，到妊娠初期调高日粮营养水平，保证青粗饲料的条件下增加精料饲喂，每天饲喂精料1.5~1.8kg。哺乳母猪日粮以精饲料为主，每天饲喂5~7kg，同时每天饲喂不少于2kg的青绿饲料。根据民猪母猪营养需求，建议日粮配方，主要营养成分见表4-60。

表4-60　母猪日粮组成及营养成分　（单位:%）

原料组成	妊娠期	哺乳期	营养水平	妊娠期	哺乳期
玉米	40.0	50.0	消化能（MJ/kg）	12.79	13.19
麦麸	15.0	15.0	干物质	82.32	83.45
米糠	11.0	10.0	粗蛋白质	16.02	15.24
豆粕	10.0	11.0	粗脂肪	4.15	4.56
胚芽粕	11.0	11.0	粗纤维	4.76	4.26
1%预混料	1.0	1.0	钙	0.58	0.59
盐	0.3	0.4	磷	0.41	0.40
石粉	0.7	0.6			
磷酸氢钙	1.0	1.0			

不同日龄育肥猪饲料配方见表4-61，预混料配方见表4-62，添加秸秆的饲料配方见表4-63。

表4-61　不同日龄育肥猪饲料配方

	28日龄前	29~70日龄	71~130日龄	131~190日龄	191~205日龄	206~220日龄	221~227日龄	228~234日龄
开料	100							

（续表）

	28日龄前	29~70日龄	71~130日龄	131~190日龄	191~205日龄	206~220日龄	221~227日龄	228~234日龄
保育料		100						
玉米			59	50	40	36	30	30
豆粕			19	17	16	15	12	
麦麸			8	9	10	10	11	12
新鲜细糠			8	9	10	10	11	12
大麦				7	10	15	18	20
小麦				4	5	5	8	14
碎米					5	5	7	12
酵母*			1*					
鱼粉			1					
石粉				1	1	1	1	
磷酸氢钙				1.2	1.2	1.2	1.2	
4%预混			4					
1%预混				1	1	1		
维生素E（mg/kg）			200**	200**	200**	200**	200**	
维生素C（mg/kg）							200/100	200/100
小苏打							0.1	0.1
黄酒/啤酒								适量
红醋								适量
盐				0.5	0.5	0.5	0.5	0.5
栽培牧草+牧地青料			#	#	#	#	#	

表4-62　预混料配方

产品名称	单位	0.1%配方组成	元素含量	1%矿物质中含量	4%预混料中含量
铁（一水硫酸亚铁）	mg/kg	26.67	0.33	8.801 1	2.20
锰（一水硫酸锰）	mg/kg	16.67	0.318	5.301 06	1.33
锌（一水硫酸锌）	mg/kg	12.86	0.345	4.436 7	1.11
铜（五水硫酸铜）	mg/kg	12	0.25	3	0.75
1%酵母硒	mg/kg	18.7	0.002	0.037 4	0.01

（续表）

产品名称	单位	0.1%配方组成	元素含量	1%矿物质中含量	4%预混料中含量
1%亚硒酸钠	mg/kg	7.78	0.004 5	0.04	0.01
1%碘化钾	mg/kg	5.33	0.007 5	0.04	0.01
		100.01			

产品名称	单位	添加含量	DSM 标准（2011）	猪饲养标准（2004）
维生素 A	IU/kg	7 000	5 000~8 000	1 300
维生素 D_3	IU/kg	1 600	1 000~1 500	150
维生素 K_3	mg/kg	2	2~4	0.50
维生素 B_{12}	mg/kg	0.01	0.03~0.05	6
维生素 B_1	mg/kg	0.5	1~2	1
维生素 B_2	mg/kg	2.4	6~10	2
维生素 B_6	mg/kg	0.2	2~3.5	1
烟酰胺	mg/kg	8.4	20~40	7.5
泛酸钙	mg/kg	5	25~45	7
叶酸	mg/kg	0.2	25~45	0.3
维生素 E	IU/kg	5	60~100	11

表 4-63　不同母猪日粮组成及营养成分

组成	71~130 日龄	131~190 日龄	191~205 日龄	206~220 日龄	221~227 日龄	228~234 日龄
秸秆		12	13	15	15	15
玉米	60	50	53	45	51	52
豆粕	19	17	16	15	12	
麦麸	8	5	5	3	3	8
细糠	8	9	3	3	3	6
大麦		4	5	8	8	8
小麦		2	3	5	3	8
碎米				4	3	3
酵母*	1*					
鱼粉	1					
石粉		1	1	1	1	

（续表）

组成	71~130日龄	131~190日龄	191~205日龄	206~220日龄	221~227日龄	228~234日龄
磷酸氢钙			1.2	1.2	1.2	
4%预混	4					
维生素 E（mg/kg）	200**	200**	200**	200**	200**	
维生素 C（mg/kg）					200/100	200/100
小苏打					0.1	0.1
盐		0.5	0.5	0.5	0.5	0.5

二、森林猪特色饲料的研究

通过在森林猪基础日粮中添加特色（松针粉、榛子粉、松塔粉、紫苏、中草药）饲料，来研究其对森林猪肉质以及抗生素残留的影响。基础日粮为全价料，参照美国 NRC（2012）中文版以及《中国肉脂型生长育肥猪饲养标准》，同时考虑地方猪耐粗饲的习性，配制成基础日粮，日粮组成及营养水平见表 4-64。测定森林猪的生长性能、胴体性能、血清生化指标、肉质常规指标、肉质中氨基酸组成及脂肪酸组成、瘦肉精以及肉质中重金属含量等。特色饲料的添加分 3 组：①日粮中添加 3%的松针粉、榛子粉、松塔粉对森林猪生长性能和猪肉品质的影响。②日粮中添加 3%、6%、9%的紫苏对森林猪生长性能和肉质品质的影响。3%紫苏替换 1.5%玉米+1.5%麦麸子；6%紫苏替换 3%玉米+3%麦麸子；9%紫苏替换 4.5%玉米+4.5%麦麸子。③中草药替代抗生素对肥育猪生长性能和抗生素残留量的影响。于屠宰前 35d 饲喂添加抗生素和中草药的 4 组日粮：对照组（400mg/kg 金霉素、1 000mg/kg 土霉素），并且试验前一直饲喂此组日粮；试验组 1、2、3 分别饲喂添加 0%、0.5%和 1%复方中草药的日粮。

表 4-64　基础日粮组成及营养水平　　（单位:%）

饲料组成（日粮含 90%的干物质 DM）	含量
玉米	68.00
豆粕	12.00
小麦麸	17.50
磷酸氢钙	0.60
石粉	0.60
食盐	0.30

（续表）

饲料组成（日粮含90%的干物质DM）	含量
预混料	1.00
营养水平组成	
粗蛋白质CP，占DM百分比	13.51
消化能DE（MJ/kg）	15.90
赖氨酸Lys，占DM百分比	0.51
蛋氨酸Met，占DM百分比	0.50
苏氨酸Thr，占DM百分比	0.43
色氨酸Trp，占DM百分比	0.14
钙Ca，占DM百分比	0.53
总磷TP，占DM百分比	0.52
有效磷AP，占DM百分比	0.33

注：预混料为每千克日粮提供：铜15mg；铁80mg；锌80mg；锰5mg；碘0.14mg；硒0.25；维生素A 6 000IU，维生素C 260mg，维生素D_3 300IU，维生素E 45mg，维生素$K_3$3.5mg，维生素B_1 3.2mg，维生素B_2 6.25mg，维生素B_6 5mg，维生素B_{12} 0.025mg，烟酸35mg，泛酸钙33mg，叶酸1.2mg，生物素0.4mg。

营养水平中的氨基酸值为总氨基酸。所有值为计算值。

（一）不同特色添加物对森林猪生产性能的影响

不同特色添加物对森林猪生产性能影响如表4-65所示，在生长速度方面，榛子组的森林猪生长速度最快，末重最大，并且与其他3组在料肉比，末重上差异显著（$P<0.05$），与对照组相比，松塔组和松针组末重、平均日采食量、平均日增重以及料肉比差异不显著。

表4-65　不同特色添加物对森林猪生长性能影响相关指标（$\bar{x}\pm s$，$n=5$）

项目	对照组	松针组	榛子组	松塔组
初始重（kg）	84.7±3.56	85.5±4.12	84.07±2.70	86.3±4.03
末重（kg）	120.6±3.92	123.4±3.85	128.8±2.67*	123.5±3.13
平均日采食（kg）	2.62±0.10	2.50±0.14	2.64±0.11	2.17±0.14
平均日增重（kg）	0.49±0.03	0.50±0.04	0.53±0.02	0.50±0.03
料肉比	4.67±0.21	4.39±0.15	3.72±0.16*	4.35±0.23

（二）不同特色添加物对森林猪肉质常规指标的影响

不同特色添加物对森林猪肉质常规指标的影响如表4-66。亮度L松针组值最小，与其他各种差异极显著（$P<0.01$），红度 a，松针组最大，与其他各组差异较显著（$P<0.05$），黄度 b、压榨损失、系水力、熟肉率、pH 所有森林组的差异不显著，滴水损失与其他 3 组差异极显著（$P<0.01$），榛子组的剪切力与其他 3 组相比，剪切力较小，差异显著（$P<0.05$），肌内粗脂肪含量松针组最高，其次是榛子组，松塔组，对照组（表 4-66）。

表 4-66　不同特色添加物对森林猪肉质常规指标影响相关指标（$\bar{x}\pm s$，$n=5$）

项目	对照组	松针组	榛子组	松塔组
L* （亮度）	48.70±0.56	43.42±1.12*	47.36±1.70	47.31±1.03
a* （红度）	10.62±0.92	12.43±0.85*	10.82±0.67	11.52±1.13
b* （黄度）	6.62±0.19*	6.50±0.14	5.64±0.11	6.17±0.19
压榨损失（%）	33.49±4.03	34.50±1.04	37.59±1.52	36.50±1.09
系水力（%）	54.62±4.10	53.50±5.14	48.64±2.12	48.17±3.18
滴水损失（%）	1.62±0.20	1.30±0.14*	2.04±0.16	2.17±0.14
含水量（%）	70.49±0.53	71.50±0.64	72.53±0.82	72.50±0.73
剪切力（N）	44.62±2.10	42.50±3.14	40.64±3.11 *	43.17±3.14
熟肉率（%）	86.49±0.53	86.50±0.54	82.53±1.02	84.50±2.03
pH 值（24h）	5.62±0.32	5.70±0.34	5.64±0.17	5.67±0.18
肌内粗脂肪（%）	4.27±0.21	4.89±0.35*	4.39±0.26	4.35±0.23

（三）不同特色添加物对森林猪肉质中主要脂肪酸的影响

不同特色添加物对森林猪肉质中主要脂肪酸的影响见表 4-67。亚麻酸含量从对照组、松塔组、松针组、榛子组逐渐降低，亚油酸含量从对照组、榛子组、松塔组、松针组逐渐降低，硬脂酸含量从对照组、松塔组、松针组、榛子组逐渐升高，棕榈酸从对照组、松塔组、榛子组、松针组逐渐升高，油酸从对照组、松塔组、松针组、榛子组逐渐降低。

表 4-67　不同特色添加物对森林猪主要脂肪酸影响相关指标（$\bar{x}\pm s$，$n=5$）

项目	对照组	松针组	榛子组	松塔组
亚麻酸（%）	0.70	0.50	0.40	0.70
亚油酸（%）	4.80	3.40	4.40	4.20
硬脂酸（%）	5.70	10.00	11.50	6.00
棕榈酸（%）	18.30	20.00	19.10	18.40
油酸（%）	68.00	63.50	62.40	67.20

（四）不同特色添加物对森林猪肉质中瘦肉精量的影响

各组肉质中所含瘦肉精量的比较见表 4－68，国标肉质中磺胺类含量≤0. 1mg/kg，盐酸克仑特罗不得检出。试验 4 个组肉质中所含的沙丁胺醇、盐酸克仑特罗、莱克多巴胺含量均为 0。

表 4-68 各试验组肉质中所含瘦肉精量相关指标（$\bar{x}$±*s*，*n*=5）

项目	对照组	松针组	榛子组	松塔组
沙丁胺醇（μg/kg）	0	0	0	0
盐酸克仑特罗（μg/kg）	0	0	0	0
莱克多巴胺（μg/kg）	0	0	0	0

（五）不同特色添加物对森林猪肉质中重金属含量的比较

不同特色添加物对森林猪肉质中重金属含量的比较见表 4-69，4 种重金属（铅、砷、铬、镉）在 4 个试验组中含量明显低于国家猪肉卫生标准（GB2707—1994），3 个试验组的两种重金属（铬、镉）含量均低于对照组，但松塔组的铅、砷含量高于对照组。

表 4-69 各实验组肉质中重金属含量相关指标（$\bar{x}$±*s*，*n*=5）

项目	国标	对照组	松针组	榛子组	松塔组
铅（mg/kg）	≤0. 5	0. 023	0. 011	0. 020	0. 034
砷（mg/kg）	≤0. 5	0. 014	0. 013	0. 000	0. 023
铬（mg/kg）	≤1. 0	0. 200	0. 190	0. 110	0. 120
镉（mg/kg）	≤0. 1	0. 003	0. 001	0. 001	0. 001

（六）不同特色添加物对森林猪肉中各种氨基酸含量比较

不同特色添加物对森林猪肉中各种氨基酸含量见表 4-70，与对对照组相比，试验组的榛子、松针、松塔在氨基酸总量上都有明显增加，其中松针组的含量最高，风味氨基酸松针组最高且与其他 3 组相比差异显著。氨基酸总量最高的松针组比对照组提高了 13. 74%，而且两组之间差异极显著。

表 4-70 不同特色添加物对森林猪猪肉各种氨基酸含量相关指标（$\bar{x}$±*s*，*n*=5）

项目	对照组	松针组	榛子组	松塔组
Lys	28. 57	29. 37	30. 25	31. 13
Phe	37. 58	38. 54	38. 25	63. 96[a]

（续表）

项目	对照组	松针组	榛子组	松塔组
Met	7.78	7.91	7.92	9.00[a]
Thr	22.43	24.40	25.62	26.55
Ile	6.40	6.31	5.30	5.91
Leu	24.60	26.01	25.08	36.74[a]
Val	11.51	12.47	9.61	8.56
Arg	11.79[a]	14.23[a]	10.93[b]	13.74[a]
His	11.04	12.08	10.87	12.76[a]
Asp	3.49	3.60	3.04	5.16[a]
Ser	7.17	7.27	6.90	7.70[a]
Glu	18.49	20.95	18.15	19.62
Gly	33.61	34.35	36.50	36.12
Ala	32.98	33.96	28.63	31.24
Cys	4.39	4.31	4.29	5.25[a]
Thr	11.01	12.81	10.06	14.36[a]
总 AA	183.40	208.60	197.90	192.10[a]
总 NEAA	110.1	115.7	117.6	119.6[a]

（七）不同特色添加物对森林猪屠宰性能的影响

不同特色添加物对森林猪屠宰性能的影响如表 4-71，榛子组的屠宰率、腿臀、肝、肠肚比例明显高于其他 3 组（$P<0.05$），达到 73.36%。头、心、肺、肾、蹄尾，在 4 个试验组中差异不明显，榛子组的眼肌面积和背标厚度成相反关系，眼肌面积大，背标厚度小。

表 4-71　不同特色添加物对实验猪屠宰性能影响相关指标（$\bar{x}\pm s$，$n=5$）

项目	对照组	松针组	榛子组	松塔组
屠宰率（%）	70.70±0.56	71.42±1.10	73.36±1.70*	71.31±1.13
腿臀比例（%）	30.62±0.92	29.43±0.83	32.82±0.68*	31.52±1.10
眼肌面积（cm^2）	33.62±0.19*	34.50±0.14	35.64±0.11	34.17±0.19
背标厚度（mm）	33.49±1.63	34.50±1.24	32.59±1.52*	34.50±1.00
心（kg）	0.62±0.10	0.59±0.14	0.64±0.12	0.57±0.18
肝（kg）	1.62±0.20	1.70±0.14	2.04±0.16*	1.87±0.14

（续表）

项目	对照组	松针组	榛子组	松塔组
头（kg）	10.49±0.53	10.50±0.64	10.53±0.82	10.50±0.73
肠肚（kg）	5.62±2.10	5.50±3.17	5.64±3.11*	5.17±3.14
蹄尾（kg）	86.49±0.53	86.50±0.54	82.53±1.02	84.50±2.03
肺（kg）	2.62±0.32	2.70±0.32	2.60±0.17	2.67±0.18
体长（cm）	84.27±5.21	84.89±4.35*	84.39±3.26	84.35±3.23

（八）不同比例紫苏对森林猪生产性能的影响

不同比例紫苏对森林猪生产性能影响如表 4-72 所示，3 个试验猪的初始体重无显著差异，符合试验标准。在生长速度方面，6%组的试验猪生长速度最快，末重最大，料肉比为 3.86∶1，并且与其他 3 组在料肉比、平均日采食量、末重上差异极显著（$P<0.01$），与对照组相比，9%的试验组和 3%的试验组在末重上也有不同程度的增高，但差异不明显。

表 4-72　不同比例紫苏对森林猪生长性能影响相关指标（$\bar{x}±s$，$n=5$）

项目	对照组	3%组	6%组	9%组
初始重（kg）	85.5±3.5	86.5±4.5	84.5±2.5	86.5±4.5
末重（kg）	132.5±3.5	135.5±7.5	142.5±2.5*	136.5±3.5
平均日采食（kg）	2.87±0.40	2.89±0.34	3.24±0.11*	2.65±0.15
平均日增重（kg）	0.58±0.05	0.63±0.07	0.78±0.08	0.63±0.07
料肉比	5.27±0.28	4.79±0.19	3.86±0.27*	4.35±0.26

（九）不同添加比例紫苏对森林猪肉质常规指标的影响

不同添加比例紫苏对森林猪肉质常规指标的影响如表 4-73，随着紫苏添加量的增加，肉质中的红度 a* 和肌内粗脂肪，系水力，含水量，熟肉率度都有不同程度的增加，但是增加趋势随着添加量的增多而放缓，但是各种中的试验差异不显著（$P<0.05$）；随着紫苏添加量的增加，亮度 L*、黄度 b*、压榨损失、剪切力等肉质指标呈降低趋势，其中对照组的压榨损失和剪切力与试验组差异显著（$P<0.05$）；24h 后的肉质 pH 值 4 组试验组中无显著差异。

表 4-73　不同添加比例紫苏对森林猪肉质常规指标影响相关指标（$\bar{x}±s$，$n=5$）

项目	对照组	3%组	6%组	9%组
L*（亮度）	52.70±0.50	53.42±1.10	52.36±1.25	50.31±1.00

（续表）

项目	对照组	3%组	6%组	9%组
a*（红度）	11.65±0.90	12.43±0.75*	13.82±0.65	13.52±1.10
b*（黄度）	8.62±1.19*	7.50±1.15	6.64±1.11	5.17±1.19
压榨损失（%）	40.49±2.03	39.50±1.04	38.59±2.52	36.50±1.89
系水力（%）	38.62±3.10	39.50±5.14	38.64±2.12	40.17±3.10
滴水损失（%）	2.62±0.20	2.30±0.14*	2.04±0.16	1.17±0.14
含水量（%）	70.49±0.53	71.50±0.68	72.33±0.80	72.50±0.73
剪切力（N）	44.62±2.10*	40.50±3.14	35.64±3.15	30.17±3.10
熟肉率（%）	85.49±0.53*	86.50±0.54	86.53±1.02	87.50±2.03
pH值（24h）	5.66±0.32	5.70±0.32	5.64±0.37	5.67±0.20
肌内粗脂肪（%）	4.20±0.21*	4.49±0.35	4.59±0.20	4.65±0.23

（十）不同添加比例紫苏对森林猪肉质中脂肪酸的影响

不同添加比例紫苏对森林猪肉质中主要脂肪酸的影响见表4-74，共检测到31中脂肪酸，亚麻酸含量从对照组、3%组、9%组、6%组逐渐升高，含量差异极显著，亚油酸含量从对照组、9%组、3%组、6%组逐渐升高，含量差异显著，棕榈酸从对照组、3%组、9%组、6%组、逐渐升高，油酸从对照组、3%组、9%组、6%组逐渐降低。

表4-74　不同添加比例紫苏对森林猪主要脂肪酸影响相关指标（$\bar{x}$±s，n=5）

脂肪酸（%）	对照组	3%组	6%组	9%组
C4：0	6.72	14.44	18.02	14.25
C6：0	3.31	5.36	7.71	8.63
C8：0	0.02	0.01	0.01	0.02
C10：0	0.06	0.08	0.07	0.08
C12：0	0.05	0.06	0.04	0.05
C14：0	1.05	1.11	0.89	0.88
C14：1	0.02	0.02	0.02	0.05
C16：0（棕榈酸）	22.41	21.06	18.28	19.96
C16：1	3.07	0.18	2.93	2.71
C17：0	0.14	0.13	0.10	0.08
C17：1	0.13	0.12	0.08	0.06

（续表）

脂肪酸（%）	对照组	3%组	6%组	9%组
C18：0	9.90	8.42	7.30	8.55
C18：1n9t（油酸）	42.55	37.56	31.31	33.40
C18：1n9c	3.43	3.45	3.34	4.02
C18：2n6t（亚油酸）	0.06	0.11	1.17	0.94
C18：2n6c	4.82	5.29	4.77	3.60
C20：0	0.20	0.11	0.58	0.23
C18：3n6	0.02	0.03	0.10	0.02
C20：1	0.79	0.50	0.54	0.55
C18：3n3（亚麻酸）	0.19	0.87	1.61*	1.11
C21：0	0.05	0.05	0.10	0.03
C20：2	0.20	0.17	0.19	0.13
C22：0	0.05	0.03	0.03	0.03
C20：3n6	0.08	0.08	0.05	0.09
C22：1n9	0.02	0.01	0.02	0.05
C20：3n3	0.04	0.13	0.22	0.47
C23：0	0.41	0.38	0.26	0.56
C22：2	0.01	0.01	0.02	0.06
C20：5	0.01	0.06	0.07	0.25
C24：1	0.09	0.06	0.05	0.09
C22：6ns	0.07	0.12	0.12	0.07

（十一）不同添加比例紫苏对森林猪血清生化指标的影响

不同添加比例紫苏对森林猪血清生化指标的影响见表4-75，4个试验组的总蛋白、白蛋白、球蛋白、甘油三酯、血糖以及甘油三酯之间差异不显著（$P>0.05$），6%的试验组的白球比例与对照组相比，差异显著（$P<0.05$），而且要高于对照组；与对照组相比总胆固醇、低密度脂蛋白、高密度脂蛋白3个添加紫苏的实验猪含量均降低，且有显著差异（$P<0.05$）；与对照组相比6%的森林猪的血清中尿素氮的含量明显增高（$P<0.01$）。

表4-75　不同添加比例紫苏对森林猪血清生化指标的影响（$\bar{x}\pm s$，$n=5$）

项目	对照组	3%组	6%组	9%组
总蛋白（g/L）	72.55	68.35	71.40	71.13
白蛋白（g/L）	43.32	42.10	44.15	43.13

（续表）

项目	对照组	3%组	6%组	9%组
球蛋白（g/L）	29.22	26.25	17.25	28.00
白球比例（%）	1.49	1.63	1.96*	1.55
甘油三酯（mmol/L）	0.56	0.47	0.61	0.36
总胆固醇（mmol/L）	2.87*	2.11	2.56	2.33
低密度脂蛋白（mmol/L）	1.45*	1.12	1.33	1.21
高密度脂蛋白（mmol/L）	1.06*	0.80	0.95	0.86
尿素氮（mmol/L）	5.38	5.60	5.83*	4.53
血糖（mmol/L）	5.30	4.72	5.20	5.25

注：*代表同一行存在显著差异（$P<0.05$）。

（十二）森林猪特色饲料价格之间的比较

特色添加物价格之间的比较见表4-76。松针、松塔成本较高，榛子和紫苏成本较低，急需开发更便宜的橡子或蓝莓废弃物的添加物。

表4-76　当地绿色添加物价格之间的比较

项目	榛子	松塔	松针	紫苏	橡子或蓝莓废弃物
单价（元/kg）	24	16	40	12	—
添加量（%）	3	3	3	6	5
饲喂时间（d）	75	75	75	75	75
增加成本（元/kg）	0.8	1.20	1.48	0.6	0.4

（十三）不同添加比例紫苏肉质中各种氨基酸含量比较

不同添加比例紫苏肉质中各种氨基酸含量见表4-77，与对照组相比，非必需氨基酸和必需氨基酸含量都有不同程度升高，其中氨基酸总量随着紫苏的添加而升高，其中9%试验组的试验猪含量最高达到占干物质的76.94%，比对照组提高了15.0%。

表4-77　不同比例紫苏森林组肉质中各种氨基酸含量相关指标（$\bar{x}±s$，$n=5$）

项目（%）	对照组	3%组	6%组	9%组
天冬氨酸	6.99	7.81	8.17	8.37
甘氨酸	2.68	3.02	3.09	3.45
谷氨酸	11.78	13.34	13.36	13.69

（续表）

项目（%）	对照组	3%组	6%组	9%组
丙氨酸	3.90	4.31	4.33	4.62
丝氨酸	2.91	3.23	3.28	3.49
非必需氨基酸	28.28	31.71	31.92	33.63
苏氨酸	3.41	3.76	3.69	3.52
甲硫氨酸	0.96	1.82	1.83	1.67
异亮氨酸	2.84	2.99	3.11	3.04
亮氨酸	6.13	6.66	6.73	6.52
苯丙氨酸	2.62	2.74	2.66	2.79
赖氨酸	6.72	7.42	7.37	7.77
组氨酸	3.05	3.41	3.20	3.52
缬氨酸	3.41	3.51	3.51	3.61
精氨酸	4.33	4.77	4.88	4.93
半胱氨酸	0.48	0.43	0.47	0.51
酪氨酸	2.33	3.01	2.97	3.05
脯氨酸	2.36	2.28	2.38	2.38
必需氨基酸	38.63	42.80	43.19	43.31
合计	66.91	74.51	75.12	76.94

（十四）不同添加比例紫苏对森林猪屠宰性能的影响

不同添加比例紫苏对森林猪屠宰性能的影响如表4-78，6%组的屠宰率、腿臀、眼肌面积、心、肝、肠肚比例等明显高于其他3组（$P<0.05$），肝和心、肠肚的重达越大，说明此试验组的试验猪对日粮中的营养成分越容易吸收。头、肺、肾、蹄尾，在4个试验组中差异不明显，6%组的眼肌面积和背标厚度成相反关系，眼肌面积大，背标厚度小。胴体直长和胴体斜长、板油重量与试验猪只的体重相关性很大，而且6%的试验组与其他各组试验猪差异显著（$P<0.05$）。

表4-78 不同添加比例紫苏对森林猪屠宰性能常规指标影响相关指标（$\bar{x}\pm s$，$n=5$）

项目	对照组	3%组	6%组	9%组
屠宰率（%）	71.78±0.56	72.42±1.18	74.36±1.72*	73.31±1.19
腿臀比例（%）	32.62±0.92	35.43±0.87	36.82±0.69*	33.52±1.12
眼肌面积（cm^2）	40.60±1.19*	41.50±1.28	46.64±1.31*	44.17±1.20

（续表）

项目	对照组	3%组	6%组	9%组
背标厚度（mm）	40.41±1.63	39.50±1.86	36.59±1.57*	34.50±1.62
心（kg）	0.58±0.12	0.63±0.19	0.64±0.16	0.63±0.21
肝（kg）	1.62±0.27	1.78±0.17	2.24±0.15*	1.92±0.14
头（kg）	10.58±0.53	10.85±0.64	11.53±0.84	10.52±0.78
肠肚（kg）	5.62±2.10	5.50±3.17	5.64±3.11*	5.17±3.14
蹄尾（kg）	86.49±0.53	86.50±0.54	82.53±1.02	84.50±2.03
肺（kg）	2.62±0.32	2.70±0.32	2.90±0.18	2.67±0.18
胴体斜长（cm）	82.27±5.21	83.89±4.35*	85.30±3.23*	84.35±3.28
胴体直长（cm）	100.5±2.25	101.9±2.96	104.7±3.06*	103.5±1.08
左板油（kg）	1.42±0.56	1.55±0.86	1.60±0.73	1.57±0.62
右板油（kg）	1.48±0.45	1.61±0.47	1.62±0.75	1.58±0.52

（十五）日粮中添加中草药对森林猪生产性能的影响

日粮中添加中草药对森林猪生产性能的影响如表4-79所示，试验组（1、2、3）与抗生素对照组相比，在初始重、末重、平均日采食量均无明显差异（$P>0.05$）；与未添加任何添加剂的试验1组相比，添加抗生素对照组和添加1%复方中草药试验3组料肉比分别降低了9.16%（$P<0.05$）和11.57%（$P<0.05$）。

表4-79　日粮中添加中草药对森林猪生产性能的影响

项目	对照组	试验1组	试验2组	试验3组
始重（kg）	84.9±3.56	85.5±4.12	84.07±2.70	86.3±4.03
末重（kg）	115.6±3.92	113.4±3.85	112.8±1.67	116.5±3.13
ADFI（kg）	3.32±0.10	3.30±0.11	3.34±0.11	3.17±0.14
ADG（kg）	$0.88±0.03^{a}$	$0.80±0.04^{b}$	$0.83±0.02^{ab}$	$0.86±0.03^{a}$
F/G	$3.77±0.20^{ab}$	$4.15±0.05^{c}$	$4.02±0.06^{bc}$	$3.67±0.25^{a}$

注：同一字母不同表示差异显著（$P<0.05$）。

（十六）日粮中添加中草药对森林猪血液中土霉素含量影响

日粮中添加中草药对森林猪血液中土霉素含量影响如图4-8、表4-80所示。

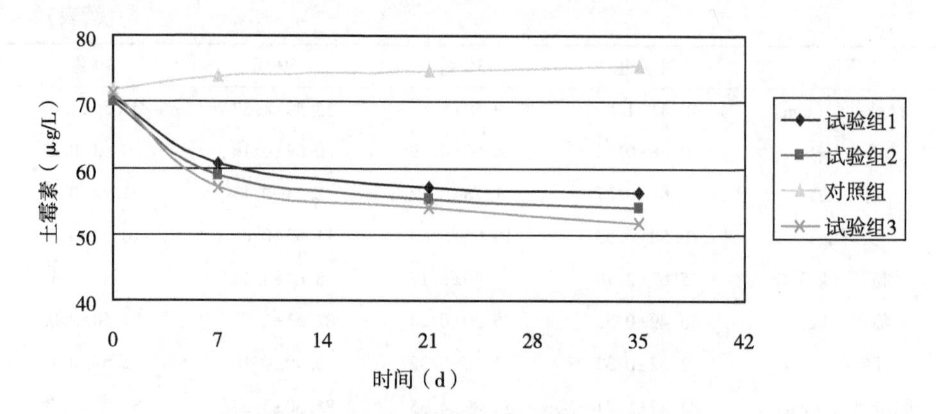

图 4-8　肥育猪血液中土霉素含量变化趋势

表 4-80　各时期血液中土霉素含量　　（单位：μg/L）

试验分组	1d	8d	22d	36d
对照组	71.87±2.89[a]	74.00±4.35[a]	74.73±3.70[a]	75.37±4.01[a]
试验组 1	70.70±3.35[a]	60.63±1.27[b]	57.03±1.14[b]	56.17±1.42[b]
试验组 2	70.13±1.76[a]	58.80±1.21[b]	55.47±1.55[b]	53.93±1.50[b]
试验组 3	71.40±2.13[a]	57.13±1.33[b]	53.9±0.11[b]	51.4±1.84[c]

试验初期，抗生素对照组与试验组（1、2、3）血液中土霉素含量均无明显差异（$P>0.05$）；停止采食抗生素后，在正式试验第 8 天时，各试验组（1、2、3）血液中土霉素含量显著降低（$P<0.05$），较第 1 天分别下降了 14.24%、16.16%和 19.98%；在试验第 36 天时，试验 3 组的试验猪血液中土霉素含量降低最明显，较第 1 天降低了 28.01%（$P<0.05$）而对照组土霉素含量升高了 4.87%。

1~36d，抗生素组血液中土霉素含量呈缓慢上升趋势，代谢规律呈二次函数：$y=-0.0036(x-1)^2+0.2192(x-1)+71.96$，$R^2=0.9284$，$y$ 为土霉素含量（μg/L），x 为时间（d），同下；停止采食抗生素后，1~8d，试验组（1、2、3）血液中土霉素含量迅速降低，8~35d，各试验组（1、2、3）血液中土霉素含量呈缓慢下降趋势，试验期 1~36d，整体代谢趋势与药物代谢动力学中药物浓度-时间曲线相符合且呈二次函数如下。

试验 1 组代谢函数：$y=0.021(x-1)^2-1.1448(x-1)+70.638$，$R^2=0.9339$；

试验 2 组代谢函数：$y=0.0222(x-1)^2-1.2268(x-1)+69.875$，$R^2=0.9211$；

试验3组代谢函数：$y = 0.0267(x-1)^2 - 1.4721(x-1) + 70.869$，$R^2=0.8964$。

试验3组与试验1组血液中土霉素含量、试验2组与试验1组血液中土霉素含量相关回归性进行线性函数和二次函数分析，其函数分别为 $y=-17.966+1.25x$，$R^2=0.915$；$y^2=-58.057+2.514x-0.01x^2$，$R^2=0.916$，相关回归性极显著（$P<0.01$）。

待测样本经高效液相色谱法检测后，对照组和试验组（1、2、3）血液中金霉素含量均小于20μg/L。

参考文献

胡殿金，王景顺，1981. 东北民猪经产母猪喂料量和繁殖力的测定［J］. 东北农学院学报（3）：50-58.

胡殿金，许振英，1986. 不同营养水平对民猪及哈白猪生长影响的研究Ⅰ. 总体设计与胴体组织和器官发育［J］. 东北农学院学报（1）：44-52.

霍贵成，1991. 地方猪种对纤维饲料利用的研究Ⅰ. 纤维饲料对生产性能和背膘厚度的影响［J］. 畜牧兽医学报（4）：318-322.

霍贵成，1992. 地方猪种对纤维饲料利用的研究Ⅱ. 消化道形态与大肠内容物重量的变化［J］. 畜牧兽医学报（1）：34-38.

金赛勉，李垚，左金国，等，2007. 沙棘提取物对东北民猪断奶仔猪生长性能和血清激素水平的影响［J］. 中国饲料（19）：17-19.

李丰浩，2008. 母猪妊娠期能量限饲对后代仔猪生产性能和早期肌纤维发育的影响：中国畜牧兽医学会动物营养学分会第十次学术研讨会论文集［C］. 59.

刘宝全，王立群，徐玉绪，等，1984. 不同营养水平不同品种猪只淋巴细胞转化能力的比较研究［J］. 东北农学院学报（3）：64-69.

刘长伟，李垚，左金国，等，2008. 沙棘提取物对断奶仔猪生长和脂肪代谢的影响［J］. 饲料工业（8）：6-8.

孟祥凤，栾冬梅，孙黎，等，1996. 采食水平对东北民猪代谢热量的影响［J］. 黑龙江畜牧兽医（10）：1-4.

彭济昌，2010. 母猪妊娠期能量限饲对子代肉质的影响：第六次全国饲料营养学术研讨会论文集［C］. 中国畜牧兽医学会，592.

彭济昌，2010. 母猪妊娠期能量限饲对子代生长性能的影响：第六次全国饲料营养学术研讨会论文集［C］. 中国畜牧兽医学会，593.

秦贵信，徐良梅，VANDERPOEL A F B，等，2001. 大豆对不同猪种有关器官形态的影响［J］. 中国兽医学报（4）：403-408.
单玉兰，孙媛霞，孙黎，等，1996. 采食水平对不同品种生长猪体热平衡指标的影响［J］. 黑龙江畜牧兽医（2）：1-3.
王景顺，齐守荣，胡殿金，1980. 东北民猪哺乳仔猪阶段发育和补料量的测定［J］. 黑龙江畜牧兽医（3）：35-41.
王文涛，2015. 不同粗纤维饲喂水平对民猪、大白猪部分血液生化指标影响研究［J］. 黑龙江省畜牧兽医（12）：42-43.
夏蕾，张志宏，左金国，等，2009. 沙棘提取物对猪脂肪中部分脂肪代谢相关基因表达的影响［J］. 营养学报，31（2）：177-180.
徐良梅，秦贵信，姜海龙，1999. 大豆抗营养因子对两种仔猪内脏器官的影响［J］. 饲料博览（5）：1-3.
徐良梅，秦贵信，姜海龙，2001. 两种猪种对含全脂大豆抗营养因子饲粮的消化率反应［J］. 黑龙江畜牧兽医（8）：3-5.
徐良梅，秦贵信，姜海龙，2001. 全脂大豆的抗营养因子对两种猪种血液生理与生化指标的影响［J］. 饲料博览（2）：4-6.
徐良梅，滕小华，张忠远，2002. 全脂大豆抗营养因子对两种猪种小肠形态结构的影响［J］. 东北农业大学学报（4）：364-367.
徐良梅，张忠远，2003. 全脂大豆中抗营养因子对两种猪种小肠和大肠的组织学参数的影响［J］. 饲料工业（2）：14-15.
徐林，单安山，张宏宇，2011. 母猪哺乳期蛋白限饲对后代肉质性状及肌纤维发育的影响［J］. 东北农业大学学报，42（6）：12-17.
许振英，徐孝义，霍贵成，1985. 不同营养水平对民猪及哈白猪生长影响的研究——Ⅲ. 在饥饿与补偿状态下能量与蛋白质代谢及体成分间的比较［J］. 东北农学院学报（2）：1-14.
杨嘉实，苏秀霞，万伶俐，等，1989. 东北民猪不同生长阶段饥饿代谢的研究［J］. 养猪（2）：3-5.
杨庆章，秦鹏春，郑坚伟，1988. 限食饲养对猪肌组织影响的研究［J］. 东北农学院学报（2）：162-170.
翟全志，许振英，谢郁雯，1993. 东北民猪与哈白猪初生仔猪的糖代谢研究［J］. 黑龙江畜牧兽医（11）：12.
张冬杰，张跃灵，王文涛，等，2018. 民猪肠道菌群特征分析［J］. 中国畜牧杂志，54（3）：27-32，40.
张冬杰，张跃灵，王文涛，等，2018. 民猪与大白猪肠道菌群的比较研究

[J]. 畜牧与兽医，50 (1)：67-72.
张宏宇，单安山，徐林，等，2010. 母猪哺乳期蛋白限饲对子代血脂水平、肌内脂肪含量及 H-FABP 基因表达的影响 [J]. 中国农业科学，43 (6)：1229-1234.
张志宏，2008. 沙棘总黄酮对不同品种猪胴体品质与瘦素表达的影响 [J]. 中国畜牧兽医学会动物营养学分会第十次学术研讨会论文集，549.
赵伯成，白风森，巩国才，等，2004. 东北民猪母猪日粮添加青粗饲料的效果 [J]. 养殖技术顾问 (10)：13.
郑坚伟，李凤兰，郑晓锋，1988. 不同营养水平对民猪及哈白猪生长影响的研究——对半胴脂肪重量构成比的影响 (Ⅳ) [J]. 东北农学院学报 (1)：31-34.
郑坚伟，张立教，1985. 不同营养水平对民猪和哈白猪影响的研究Ⅱ. 肌肉和骨骼生长发育规律 [J]. 东北农学院学报 (4)：17-25.
郑坚伟，张立教，1987. 品种、营养水平和生长阶段对猪前肢骨长度构成比的影响 [J]. 黑龙江畜牧兽医 (2)：16-17
郑坚伟，张立教，冯欣畅，1988. 品种、营养水平和生长阶段对脊柱重量构成比的影响 [J]. 辽宁畜牧兽医 (2)：5-6.
郑坚伟，张立教，杨庆章，1987. 品种、营养水平和生长阶段对猪半胴肌重量构成比的影响 [J]. 中国畜牧杂志 (5)：11-13.
郑燕斌，2010. 民猪断奶期不同蛋白水平日粮对后期发育和肉质的影响：第六次全国饲料营养学术研讨会论文集 [C]. 中国畜牧兽医学会，69.
OKAI D B，WYLLIE D，AHERNE F X，et al.，1978. Glycogen reserves in the fetal and newborn pig [J]. Journal of Animal Science，46 (2)：391-401.